# LES SOCIÉTÉS HUMAINES FACE AUX CHANGEMENTS CLIMATIQUES 3

# LES SOCIÉTÉS HUMAINES FACE AUX CHANGEMENTS CLIMATIQUES

# HUMAN SOCIETIES FACING CLIMATE CHANGE

## Volume 3

## DÉTERMINISMES DANS LES SOCIÉTÉS PRÉHISTORIQUES : CHANGEMENTS CLIMATIQUES, ENVIRONNEMENTS, CONTRAINTES FONCTIONNELLES ET TRADITIONS CULTURELLES

## DETERMINISMS IN PREHISTORIC SOCIETIES: CLIMATE CHANGES, ENVIRONMENTS, FUNCTIONAL CONSTRAINTS AND CULTURAL TRADITION

COMPTES-RENDUS 2023 DE L'ACADÉMIE INTERNATIONALE DE PRÉHISTOIRE ET DE PROTOHISTOIRE
2023 REPORTS OF THE INTERNATIONAL ACADEMY OF PREHISTORY AND PROTOHISTORY

**Textes collectés et révisés par François Djindjian**

ARCHAEOPRESS ARCHAEOLOGY

ARCHAEOPRESS PUBLISHING LTD
13-14 Market Square
Bicester
Oxfordshire OX26 6AD
United Kingdom
www.archaeopress.com

ISBN 978-1-80327-891-9
ISBN 978-1-80327-892-6 (e-Pdf)

# Sommaire

# Foreword

Volume 3 contains the papers given at a symposium organized by the International Academy of Prehistory and Protohistory at the Institute of Human Paleontology in Paris, on June 3, 2023.

The chosen theme "Determinisms in prehistoric societies: climate change, environments, functional constraints and cultural traditions" is part of the project "Human societies in the face of climate change" supported by the International Academic Union (UAI).

Twelve presentations were given face-to-face and remotely;

1. Henry de Lumley
   Evolution du climat au Pléistocène inférieur et premier peuplement de l'Europe
2. Francis Thackeray
   Quantification of morphological variability expressed by a "log sem" statistic in the context of human evolution (*Australopithecus*, *Paranthropus* and early *Homo*)
3. François Djindjian
   Cultural changes in middle and upper European palaeolithic: from cultural historical typology to process analysis
4. Martin Oliva
   L'évolution culturelle et l'interprétation des données. Quelques exemples
5. Lioudmila Iakovleva
   Cultural Changes in the upper palaeolithic of Eastern Europe: the influence of climate change
6. Jacek Kabacinski
   Exploring the life of Central European hunter-gatherers: research on Polish Mesolithic peat-bog sites
7. Mehmet Özdoğan
   Cultural Changes during the Transformation of Neolithic Way of Living from Anatolia to Balkans
8. Chris Scarre
   Megaliths, islands and mobility in Neolithic Northwest Europe
9. Hans Gebel
   The Rajajil Cultures: Socio-Economic and Cultural Evolution Reacting to Climate Change in Northern Arabia (4500-3500 BCE)

The publication was supported by two complementary contributions by Eszter Bánffy and João Luís Cardoso.

# Avant-propos

Le volume 3 contient les communications données dans le cadre d'un symposium organisé par l'Académie Internationale de Préhistoire et de Protohistoire à l'Institut de Paléontologie Humaine à Paris, le 3 juin 2023. Le thème choisi "Déterminismes dans les sociétés préhistoriques : changements climatiques, environnements, contraintes fonctionnelles et traditions culturelles » s'inscrit dans le cadre du Projet 'Sociétés humaines face aux changements climatiques » soutenu par l'Union académique Internationale (UAI).

Douze communications ont été données en présentiel et en distanciel, listées ci-dessus.

La publication a reçue le renfort de deux contributions complémentaires d'Eszter Bánffy et João Luís Cardoso.

# List of authors / Liste des auteurs

**Eszter Bánffy**
Director of the Romano-Germanic Commission at the German Archaeological Institute. Professor at the Archaeological Institute of the Hungarian Academy of Sciences
eszter.banffy@dainst.de

**João Luís Cardoso**
Universidade Aberta (Lisboa). ICArEHB (Universidade do Algarve). Centro de Estudos Arqueológicos do Concelho de Oeiras (Câmara Municipal de Oeiras)
cardoso18@netvisao.pt

**François Djindjian**
Professeur honoraire Université Paris 1 Panthéon Sorbonne et UMR 7041 Arscan
fdjindjian@gmail.com

**Hans Gebel**
Freie Universität Berlin & ex oriente, Berlin
hggebel@zedat.fu-berlin.de

**Svend Hansen**
Prof. Dr. Dr. h. c. mult. Svend Hansen, Eurasien-Abteilung, Deutsches Archäologisches Institut
svend.hansen@dainst.de

**Jacek Kabacinski**
The Institute of Archaeology and Ethnology, Polish Academy of Sciences
j.kabacinski@iaepan.edu.pl; jacek.kabacinski@interia.pl

**Lioudmila Iakovleva**
Directeur de recherches Institut d'Archéologies NAS Ukraine
Chercheur associée UMR 7041 ArScAn, Membre AIPP
Luda.iakovleva@gmail.com

**Martin Oliva**
Moravian museum, Brno, CZ
moliva@mzm.cz

**Mehmet Özdoğan**
Emeritus Prof. İstanbul University Prehistory Section
c.mozdo@gmail.com

**Francis Thackeray**
Evolutionary Studies Institute, University of the Witwatersrand,
Johannesburg, South Africa
mrsples@global.co.za

# Quantification of morphological variability expressed by a "log sem" statistic in the context of human evolution (*Australopithecus*, *Paranthropus* and early *Homo*)

Francis Thackeray

## Abstract

*In this review of a morphometric technique, conspecific pairwise comparisons are made between craniodental measurements of adult hominoid specimens (representing extant and extinct species), in least squares linear regression analyses which are associated with equations of the form y=mx+c, where m is the slope and c is the intercept. The log of the standard error of the m-coefficient ("log sem") is a reflection of the degree of scatter around a regression line, related to variability in shape. The m-coefficient is a reflection of size. Regressions are undertaken when measurements of any specimen P are on the x-axis, and those of another (conspecific) specimen Q on the y-axis; and vice-versa. Respectively, mean log sem values of -1.61± 0.13 and -1.62 ± 0.12 have been observed in the context of crania and dentition of extant (Holocene) Homo, Pan (chimpanzee) and Gorilla conspecifics. Values of circa -1.61 also appear to be the case in conspecific comparisons of extinct Plio-Pleistocene hominins, notably Early Homo (Early Pleistocene), Paranthropus (also Early Pleistocene) and Plio-Pleistocene Australopithecus. A mean log sem value of-1.61 ± 0.1 is confirmed as a reflection of a typical degree of morphological variability within hominoid species if not also in other taxa. It can be used as a probabilistic definition of a species (notably for hominoids), applicable in paleontological morphometric contexts.*

*Keywords: Morphometrics, hominoid, human evolution, Holocene, Pleistocene, Pliocene, species definition*

## Résumé

*Dans étude d'une technique morphométrique, des comparaisons par paires conspécifiques sont effectuées entre des mesures craniodentaires de spécimens d'hominoïdes adultes (représentant des espèces existantes et éteintes), dans des analyses de régression linéaire des moindres carrés qui sont associées à des équations de la forme y=mx+c, où m est la pente et c est l'ordonnée à l'origine. Le logarithme de l'erreur-type du coefficient m (« log sem ») est un reflet du degré de dispersion autour d'une droite de régression, lié à la variabilité de la forme. Le coefficient m est le reflet de la taille. Les régressions sont entreprises lorsque les mesures d'un échantillon P sont sur l'axe des x et celles d'un autre échantillon (conspécifique) Q sur l'axe des ordonnées ; et vice-versa. Respectivement, des valeurs moyennes de log sem de -1,61± 0,13 et -1,62 ± 0,12 ont été observées dans le contexte des crânes et de la dentition de congénères Homo, Pan (chimpanzé) et Gorille existants (Holocène). Des valeurs d'environ -1,61 semblent également être le cas dans les comparaisons conspécifiques d'hominidés éteints du Plio-Pléistocène, notamment Early Homo (début du Pléistocène), Paranthropus (également début du Pléistocène) et*

*Australopithecus (Plio-Pléistocène). Une valeur moyenne de log sem de -1,61 ± 0,1 est confirmée comme reflétant un degré typique de variabilité morphologique chez les espèces d'hominoïdes, sinon aussi chez d'autres taxons. Elle peut être utilisée comme définition probabiliste d'une espèce (notamment pour les hominoïdes), applicable dans des contextes morphométriques paléontologiques.*

*Mots-clés : Morphométrie, hominoïde, évolution humaine, Holocène, Pléistocène, Pliocène, définition des espèces*

## Introduction

One of the major challenges in biology, and especially in palaeobiology, concerns quantification of the degree of morphological variability within a species. This issue is closely related to the question of what constitutes a species and how it can be defined in such a way that the definition applies to both modern and fossil fauna. The intention of this review is to confirm that a "log sem" morphometric method (outlined here, with clarifications) reflects a way in which the degree of morphological variability within a species may be quantified for a diversity of taxa, including Holocene and Plio-Pleistocene hominoids.

The approach has been previously used in pairwise comparisons of cranial or dental dimensions in extant hominoids (*Homo sapiens*, *Pan troglodyes* (common chimpanzee), *Pan paniscus* (bonobo) and *Gorilla gorilla*) (Thackeray and Dykes, 2016). It has also been used by Thackeray and Dykes (2016) to analyse craniodental measurements of East African and South African Plio-Pleistocene hominins (*Australopithecus*, *Paranthropus* and early *Homo*) as an extension of initial exploratory studies of anatomical measurements of extant vertebrates (Thackeray, 2007; Thackeray *et al.*, 1997). New examples of the application of the method are presented here in which the dentition of specimens attributed to *P. robustus* is compared, and in which cranial measurements of specimens attributed to *A. africanus*, *H. habilis* and *H. erectus* are analysed in conspecific comparisons. As a demonstration of method, the results of previous and current research reflect what appears to be a fundamental degree of morphological variability within hominin species. This relates to Darwin's (1859) appeal, in the last chapter of *The Origin of Species*, to "weigh more carefully and to value higher the actual *amount*" of variation in species.

## Method

Pairwise comparisons are made between craniodental measurements of adult hominoids in least squares linear regression analyses which are associated with equations of the form $y=mx+c$, where $m$ is the slope and $c$ is the intercept (Thackeray, 2007; 2022; Thackeray, Dykes, 2016; Thackeray *et al.*, 1997; Thackeray, Odes, 2013). The log of the standard error of the

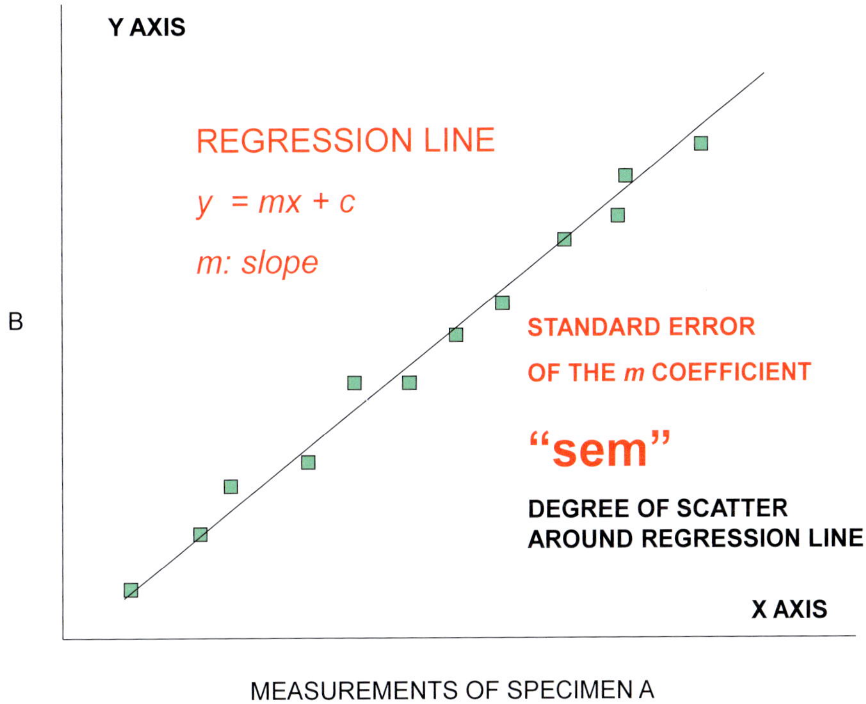


Figure 1. Relationship between craniodental measurements of two adult hominoid specimens of the same species, associated with the regression equation y = mx + c.

The standard error of the slope m is referred to as "sem", reflecting the degree of scatter around the regression line, associated with variability in shape.

*m*-coefficient ("log sem") is a reflection of the degree of scatter around a regression line, related to shape (Figure 1).

The *m*-coefficient is a reflection of size, sensitive to sexual dimorphism (Thackeray *et al.*, 2000) and age (Thackeray, Kashe-Katiya, 2002). For any two specimens P and Q, two regression analyses are undertaken, one with measurements of P on the x-axis and Q on the y-axis. A second analysis is undertaken with P on the y-axis and with Q on the x-axis. A mean log sem value is obtained from the two regressions. "Delta log sem" expresses the difference between log sem values (Thackeray, Dykes, 2016). Clarifications are given in Appendix 1.

## Results

A mean log sem value of *circa*-1.61 for conspecifics is expressed by the following results based on data published by Gordon and Wood (2013):

- -1.61 (Crania: female-female comparisons of *Pan paniscus*) (Gordon, Wood, 2013)
- -1.62 (Crania: male-male comparisons of *Pan paniscus*) (Gordon, Wood, 2013)

- -1.61 (Crania: female-male comparisons of *Pan paniscus*) (Gordon, Wood, 2013)
- -1.62 (Crania: female-female comparisons of *Pan troglodyes*) (Gordon, Wood, 2013)
- -1.60 (Crania: male-male comparisons of *Pan troglodytes*) (Gordon, Wood, 2013)
- -1.60 (Crania: female-male comparisons of *Pan troglodytes*) (Gordon, Wood, 2013)
- -1.61 (Crania: *H. sapiens, P. troglodytes, Gorilla gorilla)* (Thackeray, Dykes, 2016*)*

These mean log sem values, with central tendency around -1.61, are remarkably consistent. The standard deviations associated with each set of data for *Pan-Pan* comparisons are consistently *circa* 0.1 (Gordon, Wood, 2013). Thackeray and Dykes (2016) showed that the mean log sem value of -1.61 from a study restricted to crania of extant hominoid conspecifics (three species) is associated with a standard deviation of 0.13 (n = 8,072 regressions). The mean delta log sem value is small (0.03).

The following mean log sem value has been obtained from analyses of measurements of lower first molars (extant conspecifics):

- -1.62 (Molars: *H. sapiens, P. troglogdytes, P. paniscus, Gorilla gorilla* (Dykes, 2014)

The mean delta log sem value is small (0.05). The standard deviation associated with the mean log sem value of -1.62 is 0.12 (n = 1520 regressions) for molars. The result is essentially identical to that which was obtained for crania (-1.61 ± 0.13, n = 8072 regressions).

The following mean log sem value has been obtained from pairwise comparisons between rare Early Pleistocene crania attributed to *H. erectus*, as an example of a particular case (based on Thackeray, Odes, 2013) using data published by Wood (1991). KNM-ER 3733 and KNM-ER 3883 are skulls from the Turkana Basin (Kenya).

- Mean log sem = -1.56 (KNM-ER 3733 and KNM-ER 3883, *H. erectus*).

This value of -1.56 (for two specimens of the same species) falls within one standard deviation from a mean log sem value of -1.61 ± 0.1 calculated for conspecifics (Thackeray, Dykes, 2016). The delta log sem value is small (< 0.01).

The following mean log sem value has been obtained from pairwise comparison between Early Pleistocene crania attributed to *H. habilis,* as another example of a particular case (based on Thackeray, Odes, 2013), using data published by Wood (1991). OH 24 is a skull from Olduvai Gorge (Tanzania) and KNM-ER 1813 is from the Turkana Basin (Kenya).

- Mean log sem = -1.69 (OH 24 and KNM-ER 1813, *H. habilis*)

This value of -1.69 (for two specimens of the same species) falls within one standard deviation from a mean log sem value of -1.61 ± 0.1 calculated for conspecifics (Thackeray, Dykes, 2016). The delta log sem value is small (0.02).

The following mean log sem value has been obtained from pairwise comparison between Pliocene skulls that have been attributed to *Australopithecus africanus,* as a particular example for hominins based on data published by Wood (1991) and analyzed by Thackeray, Odes (2013). Sts 5 ("Mrs Ples", an almost complete skull) and Sts 71 (a partial skull) are both from Sterkfontein (South Africa).

- Mean log sem = -1.67 (Sts 5 and Sts 71).

This mean log sem value of -1.67 (for two specimens of the same species) falls within one standard deviation from a mean log sem value of-1.61 ± 0.1 calculated for conspecifics (Thackeray, Dykes, 2016). The delta log sem value is small (0.04).

The mean of the mean log sem values for pairwise comparisons of these six Plio-Pleistocene hominin crania (representing *H. erectus, H. habilis* and *A. africanus*) is -1.64± 0.06 (mean delta log sem = 0.02), which is not significantly different from the mean log sem value of -1.61± 0.13 (mean delta log sem = 0.03) obtained from crania of extant hominoid conspecifics (n = 8,072 regressions).

The following mean log sem values have been obtained from pairwise comparisons between first lower molars ($M_1$) attributed to *Paranthropus robustus* (early Pleistocene), based on data obtained by Dykes (2014). TM 1517 is the holotype from Kromdraai (South Africa). Other specimens are from Swartkrans (South Africa).

- Mean log sem = -1.59 (TM 1517 and SK6 L)
- Mean log sem = -1.64 (TM 1517 and SK6 R)
- Mean log sem = -1.56 (TM 1517 and SK 23 L)
- Mean log sem = -1.51 (TM 1517 and SK 23 R)
- Mean log sem = -1.70 (TM 1517 and SK 63 L)
- Mean log sem = -1.63 (TM 1517 and SK 63 R)
- Mean log sem = -1.66 (TM 1517 and SKW5 R)

The mean of the mean log sem values equals -1.61 ± 0.06 (mean delta log sem = 0.03) which is essentially identical to the mean log sem of -1.62 ± 0.12 (n = 1520 regressions) obtained for conspecific pairs in the case of dentition in extant (Holocene) hominoids, notably *H. sapiens, P. troglodytes, P. paniscus,* and *Gorilla gorilla* (Thackeray, Dykes, 2016).

The following mean log sem value has been obtained for first lower molar analyses undertaken on Plio-Pleistocene conspecific hominins, based on data obtained by Dykes (2014) and published by Thackeray and Dykes (2016):

- -1.61 (Molars: *A. africanus, A. afarensis, H. habilis, H. erectus, P. robustus, P. boisei*).

The mean delta log sem value is 0.05. The standard deviation associated with the mean log sem value of -1.61 is 0.10 (n = 176 pairwise regressions). This is essentially identical to the result obtained by Dykes (2014) for extant hominoid dentition (-1.62 ± 0.12, n = 1520 regressions), as published by Thackeray, Dykes (2016).

## Discussion

The method reviewed here facilitates quantification of the degree of morphological variability within a species (Figure 2).

It has the potential to be used in the development of a probabilistic morphometric definition of species (Thackeray, 2007; Thackeray, Dykes, 2016; Thackeray, Schrein, 2017), applicable in palaeoanthropological contexts by using anatomical landmarks for purposes of pairwise comparisons of measurements in regression equations (see Appendix 1 for clarifications). The method has potential value in other contexts, not just in palaeoanthropology. The study by Thackeray *et al.* (1997) was pioneering in the sense that it described the approach. This led on to the calculation of a mean log sem value of -1.61, designated T, based on cranial measurements of terrestrial vertebrates (a diversity of mammals, reptiles and birds, taken together) (Thackeray, 2007).

## Conclusion

This study reviews examples in which a morphometric method has been applied to hominoids, summarizing results of earlier and current analyses obtained from extant species and extinct (Plio-Pleistocene) hominins. Dentition of *P. robustus* is a new example which serves to confirm that a mean log sem value of -1.61 ± 0.1 appears to reflect a typical degree of morphological variability in extinct as well as in extant hominoid species (Table 1).

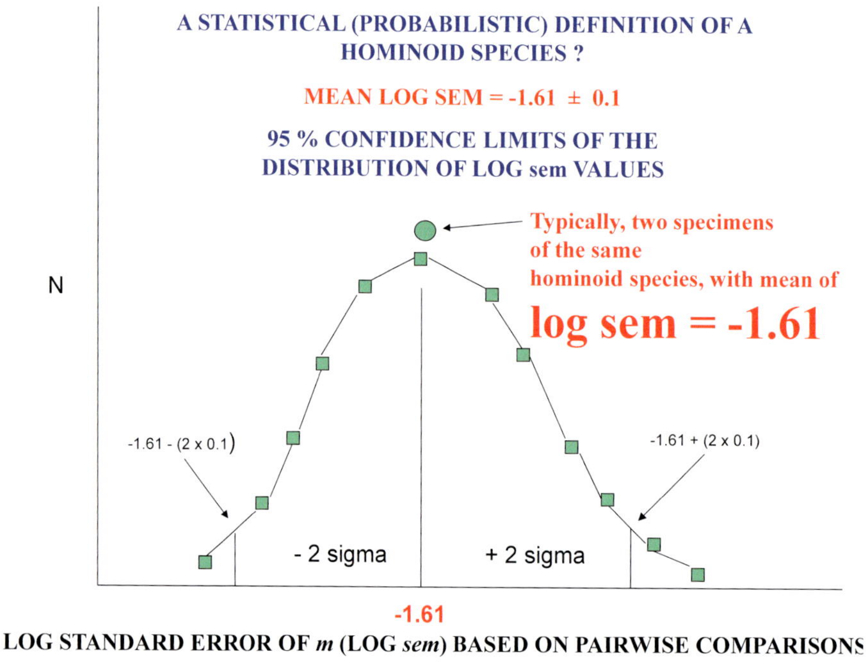


Figure 2. Log-normal distribution of log sem values for pairwise comparisons of specimens representing one species, with a mean log sem value of -1.61 ± 0.1 (idealised, based on data presented in Table 1 for almost 10,000 least squares linear regressions).

A morphometric (probabilistic) definition of a hominoid species is expressed by

T = -1.61 ± 0.1

where T is an approximation of a species constant (Thackeray, Dykes, 2016). The probabilistic approach is related to "sigma taxonomy" (Thackeray, Schrein, 2017; Thackeray, 2018) which is defined as "The classification of taxa in terms of probabilities of conspecificity, without assuming distinct boundaries between species" (Thackeray, 2018). This concept relates to Figures 3 and 4 in Appendix 2, and to Figures 5 and 6 in Appendix 3.

## Acknowledgements

The approach presented in this paper was developed with financial support from the National Research Foundation in South Africa. I am most grateful to Caitlin Schrein (Independent Researcher, Washington DC) and to the late Sue Dykes (palaeoanthropologist formerly at the Evolutionary Studies Institute, University of the Witwatersrand in Johannesburg) for their enthusiastic support and encouragement. This article relates to a preprint posted on Research Square: https://www.researchsquare.com/article/rs-2019746/v1

Table 1. Summary of results obtained from morphometric analyses of crania and dentition of extant (Holocene) hominoids including humans (*Homo sapiens*), common chimpanzees (*Pan troglodytes*), bonobos (*P. paniscus*) and gorillas (*G. gorilla*), in addition to Plio-Pleistocene hominins (*Homo habilis, H. erectus, Paranthropus robustus, P. boisei, Australopithecus africanus* and *A. afarensis*). For comparisons of conspecific pairs, the mean of the mean log sem values in this Table is -1.618 ± 0.1 for both modern and fossil sets of data (9,788 regressions). Perhaps not coincidentally the value of the "Golden Ratio" (Phi, ϕ) is 1.618.

| | Mean log sem | Number of regressions | Reference |
|---|---|---|---|
| Extant hominoids (crania) | -1.61 ± 0.13 | 8072 | Thackeray, Dykes (2016) |
| Extant hominoids (dentition) | -1.62 ± 0.12 | 1520 | Dykes (2014) and Thackeray, Dykes (2016) |
| Plio-Pleistocene hominoids (crania) | -1.64± 0.06 | 6 | This study, based on Thackeray, Odes (2013) |
| Plio-Pleistocene hominoids (dentition) | -1.61 ± 0.10 | 176 | Thackeray, Dykes (2016) |
| *Paranthropus robustus* (dentition) | -1.61 ± 0.06 | 14 | This study, based on Dykes (2014) |

## Appendix 1 Clarifications

In their analyses of cranial measurements of *Pan troglodytes* (the common chimpanzee), *G. gorilla* and *H. sapiens* (using more than 20 measurable dimensions as published by Gordon, Wood, 2013), Thackeray and Dykes (2016) obtained the following results from pairwise comparisons:

A. Mean of mean log sem values = -1.612 ± 0.129 (n = 8,072 pairwise regressions) reflects what is considered to be a typical degree of *intraspecific variation* within extant hominoids.

B. Mean of mean log sem values = -1.063 ± 0.126 (n = 26,780 regressions), reflecting the degree of variability from *interspecific comparisons* of extant hominoids in this study.

These results clearly show (from very large numbers of regressions), that there is indeed a significant difference between the mean log sem values calculated for intraspecific and interspecific comparisons. Mean delta log sem values are small (0.03) for comparisons between specimens that belong to the same species, contrasting with higher delta log sem values for interspecific comparisons.

The results above are relevant to a comparison between two idealized skulls sketched by Gordon and Wood (2013), comprising a "monkey-like" skull (M) and an idealized "australopith-like" cranium (A). They selected only a few dimensions (k = 4) based on landmarks in their example. Clearly the two crania are different in shape, but they suggested that according to log sem, "the shape of these two crania would be identical". However, it is possible to calculate a log sem value for pairwise comparisons of at least 28 measurable dimensions (k = 28), based on landmarks for the idealized crania. Measurements have been obtained for homologous pairs as if A and M were actual skulls. When measurements of M (x-axis) are plotted against those of A (y-axis), there is a high degree of scatter around the regression line, reflecting differences in shape, and a relatively high log sem value of -1.165 is obtained. When measurements of A (x-axis) are plotted against those of M (y-axis), a log sem value of -1.216 is obtained (k = 28). Differences in shape are again associated with a high degree of scatter around the regression line. The mean log sem value is as high as -1.190 (delta log sem = 0.051), significantly different from T = -1.61 ± 0.1 for conspecifics. It would *not* be correct to suggest (in the context of the log sem approach) that the two obviously different-shaped crania ("monkey" M and "australopithecine" A) could be thought to be identical in morphology, when the number of available measurements is increased (k = 28 in this case). Gordon and Wood (2013) had used only a few measurements (k= 4) and as such were being highly selective, giving an incorrect impression that log sem was not sensitive to shape differences. The log sem statistic is indeed sensitive to variability in shape when one increases the number of measurements from available landmarks. Ideally there should be at least 20 measurements per specimen for reasons given by Thackeray and Dykes (2016). Contrary to the view expressed by Gordon and Wood (2013), the idealized monkey (M) is distinguishable from an idealized australopithecine A. They are most certainly *not* "identical".

When comparing two crania representing different species, for example the common chimpanzee (*Pan troglodytes*) and bonobo (*P. paniscus*), it is necessary to examine pairs of log sem values obtained from two regressions (one with P on the x axis and Q on y axis, and vice versa), in relation to delta log sem. About 50% of log sem values in a set of pairwise comparisons would be relatively low, in *some* cases < -1.61. As noted by Thackeray and Dykes (2016), "in all cases where there is a very low log sem value (around –1.61 or even less), the corresponding "paired" log sem value (with specimens compared on the opposing axes) is always very high". Under the latter conditions, delta log sem values would tend to be relatively high (> 0.03). The associated mean log sem values would also be relatively high (> -1.61). Together the log sem and delta values would reflect differences in shape. *The fact that the lower of a pair of log sem values may be< -1.61 does not necessarily imply a high probability of conspecificity, because it is only one of a pair.* It is necessary to calculate mean log sem values from pairs of regressions, and to examine them in relation to delta log sem. These factors must be taken into account in relation to two misleading statements by Gordon and Wood (2013). Firstly, they stated that "Many comparisons between one bonobo cranium and one common chimpanzee cranium resulted in dissimilarity values [log sem] well within the range of conspecific comparisons"; and secondly that "Approximately half or more of comparisons between one bonobo cranium and one chimpanzee cranium...have dissimilarity values [log sem] lower than a threshold". In each case, these statements relate to just one of a pair of log sem values, and do not take into account delta log sem values which are based on two regression analyses, one in which specimen P is on the x-axis, and the other in which it is on the y-axis.

The question arises as to which variables are being measured. In response, one can note that the degree of intraspecific variability reflected by a mean log sem value of *circa*-1.61 has been obtained not only from cranial variables (Thackeray, 2007; Thackeray, Dykes, 2016), but also from measurements from teeth (Dykes, 2014; Thackeray, Dykes, 2016), as well as from postcrania (Thackeray, unpublished). The degree of morphological variability expressed by -1.61 ± 0.1 appears to be typical within many (not necessarily all) species, irrespective of which particular variables are being measured (as in the case of crania, dentition and postcrania).

Viability of the log sem statistic has been demonstrated by Thackeray (2022a) in the context of vertebrates (including common chimpanzees, bonobos and extinct hominins). In particular, two species of *Pan* can be generally distinguished with a small degree of overlap which can be explained in part by evidence for hybridization (de Manuel et al, 2016), reflecting the lack of a clear boundary between the two species (Thackeray, 2022b). Hybridization is a phenomenon that is more common than previously thought (Thackeray, Schrein, 2017), hence the need for a probabilistic definition of a species.

## Appendix 2 A palaeo-spectroscopic hominin lineage without clear boundaries

Figure 3 illustrates a hypothesised phylogenetic tree and a "palaeo-spectroscopic" hominin lineage without clear boundaries, based partly on Wood (2014) and partly on a tree prepared by Gina Viglietti and Thackeray in 2017 (Thackeray, 2019).

Figure 4 represents a three dimensional scenario in which log sem values for each of seven species within that lineage (spanning 7 million years) are distributed. In each case they are associated with a mean log sem value of -1.61 ± 0.1. The intention is to demonstrate a spectrum through time, related to the lack of clear boundaries between species or genera.

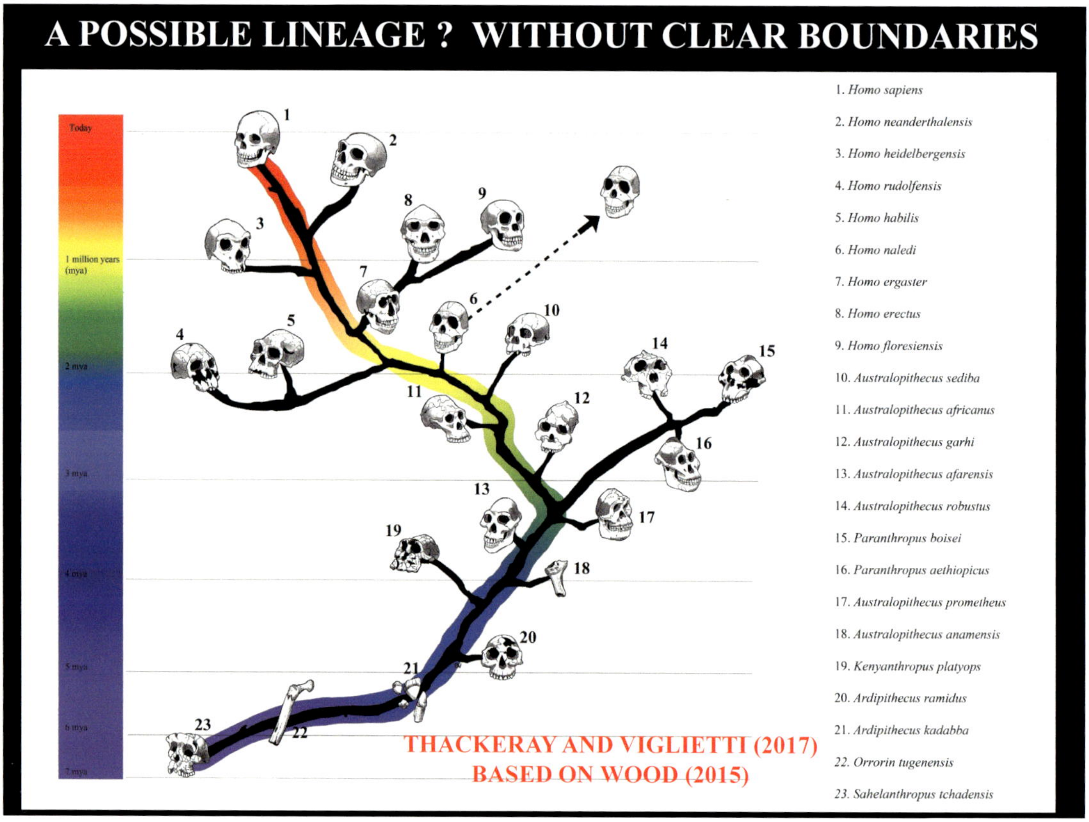


Figure 3. A hypothesised phylogenetic tree and a "palaeo-spectroscopic" hominin lineage without clear boundaries (Thackeray, 2019)

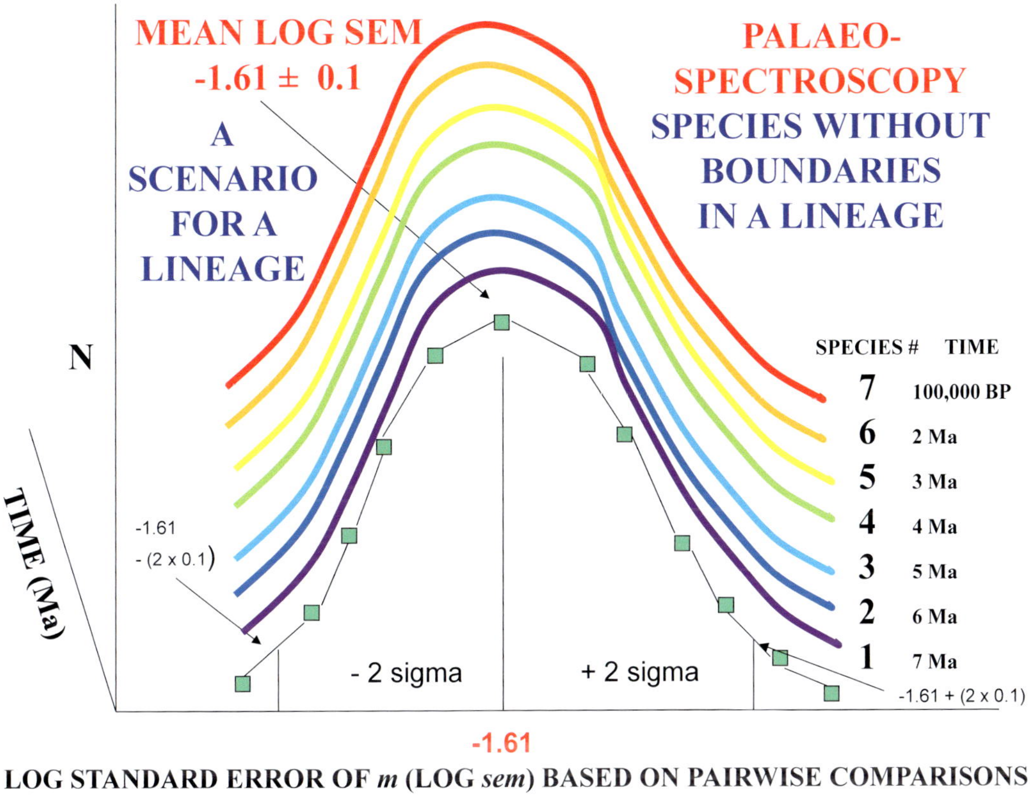


Figure 4. A scenario in which log sem values for seven species within a lineage spanning 7 million years (Fig. 3) are distributed. In each case they are associated with a mean log sem value of -1.61 ± 0.1 for conspecifics (see Fig. 2 and Table 1).

## Appendix 3 Three scenarios for log sem values.

Figures 5 and 6 illustrate three scenarios for log sem values associated with pairs of specimens of the same species from the same community (left); same species from different populations (central); and two specimens representing different species (right).

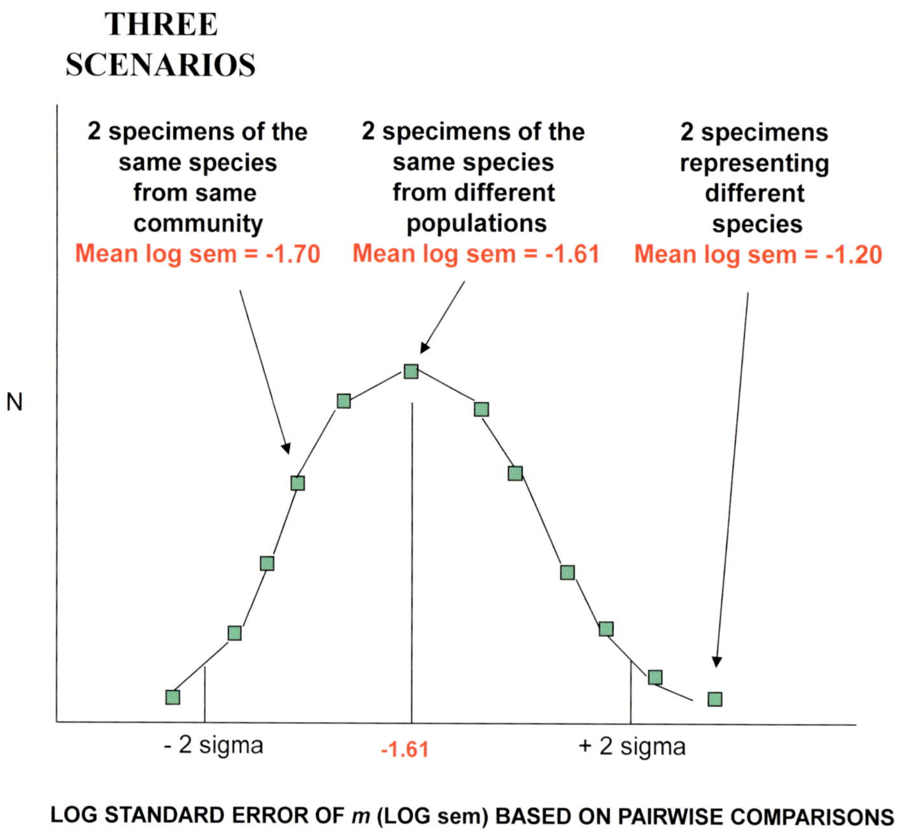


Figure 5. Three scenarios for log sem values associated with pairs of specimens of the same species from the same community (left); same species from different populations (central); and two specimens representing different species (right).

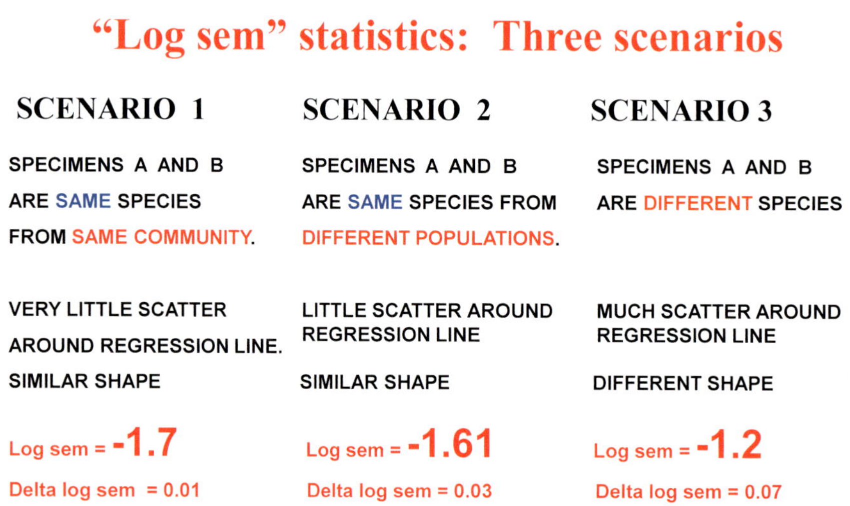


Figure 6. Three scenarios for log sem values associated with pairs of specimens of the same species from the same community (left); same species from different populations (central); and two specimens representing different species (right).

## References

Dykes, S.J. 2014. A morphometric analysis of hominin teeth attributed to different species of *Australopithecus, Paranthropus* and *Homo*. Dissertation, University of the Witwatersrand, Johannesburg.

Gordon, A.D., Wood B.A. 2013. Evaluating the use of pairwise dissimilarity metrics in paleoanthropology. *Journal of Human Evolution* 65, p.465–477.

de Manuel M., Kuhlwilm M., Frandsen P. *et al.* 2016. Chimpanzee genomic diversity reveals ancient admixture with bonobos. *Science* 354 (6311), p.477-481.

Thackeray, J.F. 2007. Approximation of a biological species constant ? *South African Journal of Science*, 103, 489, https://journals.co.za/doi/pdf/10.10520/EJC96631

Thackeray, J.F. 2018. Alpha and sigma taxonomy of *Pan* (chimpanzees) and Plio-Pleistocene hominin species, *South African Journal of Science* 114 (11/12), 1-2. https://sajs.co.za/article/view/5823

Thackeray, J.F. 2019. Hominin palaeo-spectroscopy and sigma taxonomy. *PalNews* 22 (1), p.38-40.

Thackeray, J.F. 2022a. Morphometric ('log sem') analysis of anatomical measurements of Galápagos finches (*Geospiza*), chimpanzees (*Pan*) and Plio-Pleistocene hominins (*Paranthropus, Australopithecus* and *early Homo*). *South African Journal of Science* 118 1-3. https://doi.org/10.17159/sajs.2022/11913

Thackeray, J.F. 2022b. "Log sem" statistics for two chimpanzee species in relation to the Congo river: spatial and temporal dynamics. https://www.researchsquare.com/article/rs-2179054/v1

Thackeray, J.F. and Kashe-Katiya, X. 2002. Morphometric analysis of juvenile and adult baboon crania. *Annals of the Transvaal Museum* 39, p.76-78.

Thackeray, J.F., Odes, E. 2013. Morphometric analysis of early Pleistocene African hominin crania in the context of a statistical (probabilistic) definition of a species. *Antiquity* 87 (335), http://antiquity.ac.uk/projgall/thackeray335/

Thackeray, J.F., Dykes, S. 2016. Morphometric analyses of hominoid crania, probabilities of conspecificity and an approximation of a biological species constant. HOMO: *Journal of Comparative Human Biology* 67 (1), p.1-10. http://doi:10.1016/j. jchb.2015.09.003

Thackeray, J.F., Schrein, C. 2017. A probabilistic definition of a species, fuzzy boundaries and 'sigma taxonomy'. *South African Journal of Science* 113 (5/6), 1-2. https://doi.org/10.17159/sajs.2017/a0206

Thackeray, J.F., Bellamy, C.L., Bellars, D. *et al.* 1997. Probabilities of conspecificity: Application of a morphometric technique to modern taxa and fossil specimens attributed to *Australopithecus* and *Homo*. *South African Journal of Science* 93, p.195–196.

Thackeray, J.F., Mdaka, S., Navsa, N. *et al.* 2000. Morphometric analyses of conspecific males and females: an exploratory study of extant primate and extinct hominid taxa. *South African Journal of Science* 96, p.34-36.
Wood, B.A. 1991. Koobi Fora Research Project, Volume 4. *Hominid cranial remains.* Oxford: Clarendon Press.
Wood, B.A. 2014. Where We Came From. *Scientific American,* 311 (3), p.40-41 (September 2014). doi:10.1038/scientificamerican0914-40

# L'importance du déterminisme climatique dans l'évolution de l'Humanité

François Djindjian


## Résumé

*Pendant le pléistocène, l'animal humain est celui qui a tiré le mieux parti des changements climatiques, par ses capacités d'adaptation. Certains considèrent même que c'est l'effet de pompe des variations rapides du climat qui a favorisé l'évolution de l'Humanité, notamment dans les périodes les plus chaudes et les plus humides (interglaciaires) des stades isotopiques MIS 11, 5 et 3, qui ont entrainé les migrations de populations sur l'ensemble des continents de la planète.*

*A l'Holocène, la fragilité des sociétés agro-pastorales et des premiers Etats entraîne leur déstabilisation rapide en cas de péjoration climatique suite à des événements brutaux (comme ceux de 8 200 BP et 4 200 BP), mais aussi comme conséquences des variations pluri-centenaires (crise de 1 277 av. J.C., optimum romain, péjoration du bas empire romain et du haut Moyen-âge, optimum médiéval, petit âge glaciaire) mais aussi des événements pluriannuels liés aux caprices de la météorologie ou à des éruptions volcaniques, qui peuvent décimer la moitié d'une population par famine.*

*Mais les périodes de crises climatiques et sociétales sont aussi à l'origine de révolutions technologiques (à partir de 4 200 BP, diffusion de la métallurgie du Bronze et du transport maritime à travers la méditerranée pour l'approvisionnement en cuivre et en étain, et développement d'un grand arsenal de techniques hydrauliques ; 1 200 av. J.C. : diffusion de la métallurgie du Fer).*

## Abstract

*During the Pleistocene, the human animal was the one that benefited the most from climate change, through its ability to adapt. Some even consider that it was the pump effect of rapid climate variations that favored the evolution of humanity, particularly in the hottest and the wettest (interglacial) periods of the MIS 11, 5 and 3 isotopic stages, and which led to the migration of populations across all the continents of the planet. In the Holocene, the fragility of agro-pastoral societies and the first states led to their rapid destabilization in the event of climatic deterioration following brutal events (such as those of 8200 BP and 4200 BP), but also as a consequence of multi-centennial variations (crisis of 1277 BC, Roman optimum, deterioration of the late Roman Empire and the early Middle Ages, medieval optimum, Little Ice Age) but also multi-year events linked to the vagaries of the weather or volcanic eruptions, which can decimate half of a population by famine. But periods of climatic and societal crises also coincide with the origin of technological revolutions (from 4200 BP, the spread of Bronze metallurgy and maritime transport across the Mediterranean for the supply of copper and tin, and the development of a large arsenal of hydraulic techniques; 1200 BC, the spread of iron metallurgy).*

## Introduction

Le changement climatique qui est observé depuis le début du XXème siècle a accéléré l'essor de la paléoclimatologie depuis les années 1970. Les recherches ont permis une reconstitution du climat de plus en plus fiable et de plus en plus précise, multipliant les estimateurs paléoclimatiques (proxy) par des carottages dans les sédiments océaniques, dans les calottes glaciaires, dans les lacs, dans les tourbières, dans les spéléothèmes et les dépôts de travertin, dans les remplissages d'abri-sous-roche).[1]

## 1. L'évolution de la lignée Homo et changements climatiques

Le premier étage du Pléistocène inférieur, daté entre 2,6 et 1,8 Ma, est le Gélasien (MIS 103–MIS 66). Sa limite avec le Calabrien (MIS 65–MIS 19) qui lui succède coïncide presque avec l'épisode magnétique d'Olduvai daté de 1,78 Ma.

La fin du Pliocène (Plaisancien) est marqué par un événement géologique majeur dont la datation précise fait encore l'objet de débats, la formation de l'isthme de Panama, qui connectant l'Amérique du Nord à l'Amérique centrale, bloque les courants marins équatoriaux chauds et initialise à partir de 3 Ma un cycle de refroidissement de l'océan atlantique, un accroissement de l'humidité de l'air et la création des inlandsis dans l'hémisphère Nord (Groenland). Le climat devient alors plus cyclique alternant avec le début du Pléistocène (Gélasien) des alternances d'épisodes glaciaires et interglaciaires

Cette période est une période clé pour la naissance de l'Humanité, qui voit en Afrique de l'Est et en Afrique australe la coexistence des derniers australopithèques : *Paranthropus boisei* (2,4–1,2 Ma), *Austalopithecus sediba* (2,36–1,5 Ma) et des premiers *hommes* : *Homo habilis* (2,3–1,5 Ma), *Homo rudolfensis* (2–1,8 Ma), *Homo gautengensis* (2–0,8 Ma), *Homo ergaster/Homo erectus* (1,9–1 Ma).

L'évolution rapide de la lignée Homo en Afrique semble alors en relation avec les changements climatiques, qui entraine l'avancée et le recul de la forêt tropicale par rapport à la savane. Cet effet de pompe a-t-il fonctionné comme un moteur de l'évolution ?

La démonstration de ce déterminisme reste cependant illusoire en l'état actuel des connaissances. En effet, la culture matérielle de cette période est représentée par des industries lithiques à galets aménagés (choppers et chopping-tools), appelées également industries de mode 1, qui restent sans changement notable jusqu'à l'apparition des industries à bifaces (acheuléen), malgré les variations climatiques qui du MIS 103 au MIS 66 enregistrent une cinquantaine d'oscillations.

---

1 Pour ne pas alourdir le texte, les références bibliographiques n'ont pas été jointes au texte. Ces références se trouvent dans les différentes contributions des deux volumes cités ci-dessous :

## 2. La première sortie d'Afrique

Durant le Calabrien (1,8 Ma–0,781 Ma), second étage du Pléistocène inférieur (MIS 65–MIS 19), défini entre deux inversions paléomagnétiques, la découverte en dehors d'Afrique de vestiges humains d'*Homo ergaster/Homo erectus*, notamment en Géorgie, à Dmanisi (1,77 Ma), en Indonésie à Sangiran (1,8 Ma), en Chine à Lantian (1,63 Ma), argumente l'hypothèse d'une première sortie d'Afrique à partir de 2 Ma.

L'Acheuléen apparait en Afrique de l'Est dès 1,7 Ma notamment sur le site d'Olduvaï et se répand rapidement sur le continent africain, notamment en Afrique du Nord, où il est connu anciennement à Sidi Abderrhaman au Maroc à 1,3 Ma et à Ternifine en Algérie vers 1 Ma. Son auteur est un *homo erectus*.

La première sortie d'Afrique des hominidés est l'œuvre de l'*homo erectus* à partir de 1,8 Ma, attiré par un climat favorable et fuyant un climat devenant défavorable. Il est connu en Europe avant le dernier million d'années par des industries de mode 1 et quelques rares vestiges humains peu diagnostiques (Atapuerca - Sima del Elefante, Orce). Il a été également identifié au Proche-Orient par des industries à bifaces à Ubeidiya (1,4 Ma) et en Inde (1,5 Ma).

Il est évidemment difficile dans une période de presque 1 Ma qui a connu une vingtaine d'oscillations climatiques de corréler les encore rares sites connus pour permettre de cartographier significativement un peuplement, avec un stade isotopique déterminé et d'en déduire un déterminisme démontré.

Il est plausible de considérer qu'une colonisation se fasse en période climatique favorable donc interglaciaire plutôt que l'inverse, car une période interglaciaire est aussi favorable à rester dans son territoire d'origine que partir à la conquête de nouveaux territoires. Il y a là en effet un paradoxe apparent.

Il reste donc à trouver une raison pour la migration des groupes de chasseurs cueilleurs, qui ne peut se satisfaire de l'argument de l'envie de voir de nouveaux horizons. Une tentative d'explication est celle des migrations animales pour des raisons démographiques (surpopulations en environnement favorable), environnementales (augmentation de l'humidité entrainant le recul des zones désertiques et semi-désertiques et l'accroissement de la savane) et de changements climatiques, migrations suivies par les groupes de chasseurs-cueilleurs, pour les mêmes raisons systémiques.

Ainsi, la colonisation de l'Afrique du Nord n'a pu s'effectuer qu'avec l'existence d'un Sahara vert donc à une période interglaciaire. La remontée vers le Nord d'espèces animales subtropicales et sahéliennes y est bien enregistrée. Le passage à une période glaciaire entraine le retour de l'aridité et de la désertification et la précarité des populations animales et humaines qui s'y trouvent, les forçant à migrer dans des régions plus favorables de latitude intermédiaire (Europe méditerranéenne, Proche-Orient) ou

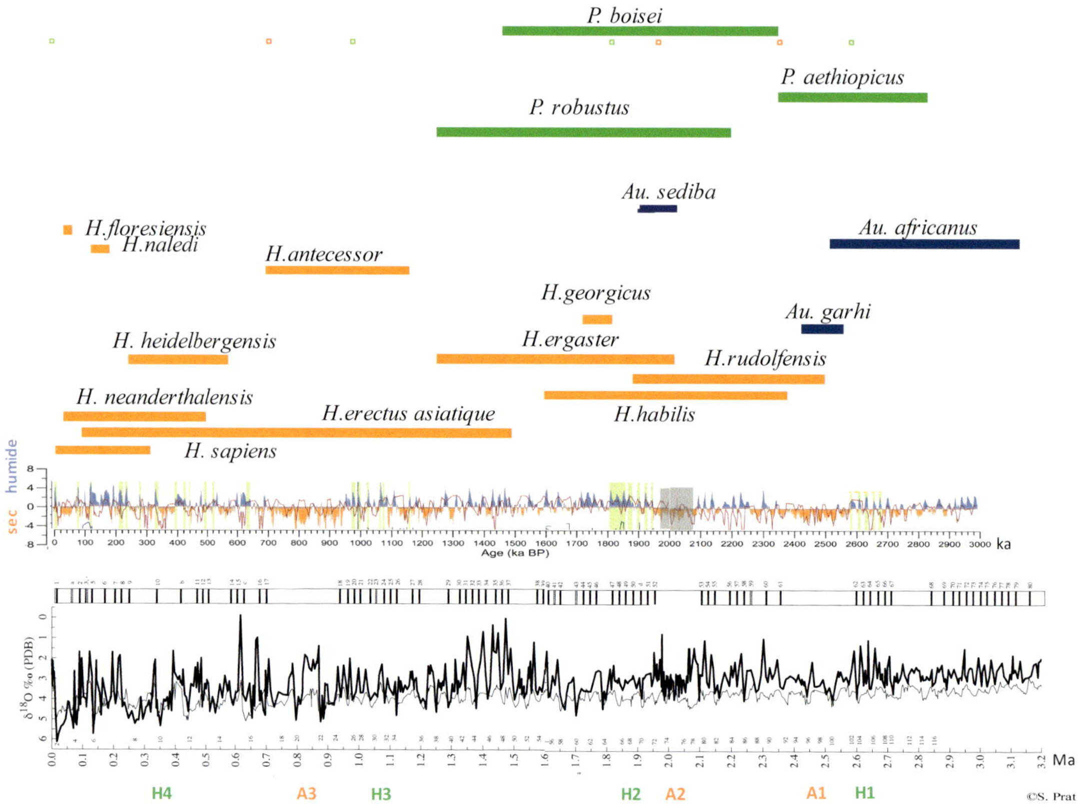


Figure 1. Evolutions du climat et évolution humaine en Afrique et en Eurasie (Caparros, 2022, Fig.7, p.211, d'après S. Prat

De haut en bas les séries sont: cadre chronologique du genre Homo conçu par Sandrine Prat, série chronologique de l'index humide-sec (bleu-orange) reproduit d'après la figure 8 de (Grant *et al.* 2017) avec périodes d'augmentation de l'humidité au Sahara et en l'Afrique de l'Est(barres vertes), et séries de l'isotope de l'oxygène et sapropels reproduites d'après la figure 3 de (Kroon *et al.* 1998).

retournant vers une zone tropicale d'origine. C'est donc probablement dans les périodes de transition climatiques que ces migrations surviennent.

En Europe, il est généralement admis que ce peuplement d'*homo erectus* a disparu probablement au moment d'une période glaciaire, probablement le MIS 18 ou le MIS 20, particulièrement froids et longs entre 814 000 et 712 000 ans.

## 3. Le peuplement de l'Europe au pléistocène moyen

Le Pléistocène moyen (dénommé Chibanien depuis 2020) est daté entre 0,781 Ma et 0,126 Ma, du stade isotopique 18 au stade isotopique 6. Le Pléistocène moyen est marqué par des cycles glaciaires de forte amplitude, d'une durée moyenne d'environ 100 000 ans, au cours desquels le climat de la planète fluctue entre de courtes périodes tempérées et de longues périodes glaciaires. Sept glaciations marquent la période de MIS 18 à MIS 6 et six interglaciaires.

Le MIS 11 (424 000–374 000 ans), l'un des plus longs et des plus chauds interglaciaires, est le mieux connu par de très nombreux sites acheuléens (cet épisode est désigné dans la littérature sous les noms de l'Interglaciaire Mindel-Riss ou Hoxnien ou Holsteinien) et témoigne d'un fort peuplement à la fois d'une faune chaude et de ses chasseurs humains.

L'arrivée de l'Acheuléen en Europe par le détroit de Gibraltar et par le Proche-Orient est datée à partir de 780 000 ans. Son auteur est *Homo Heidelbergensis,* l'équivalent européen d'*homo rhodesiensis* africain. Ses restes humains ont été trouvés à Mauer (610 000) près de Heidelberg en Allemagne qui a donné son nom au taxon, à Atapuerca (Grand Dolina) en Espagne sous le nom d'*homo antecessor* daté entre 781 000 et 858 000, à Tautavel (570–400 000) dans le Sud de la France, à Boxgrove en Angleterre (500 000), à Vértesszölös (380 000) en Hongrie, Ceprano en Italie (353 000), à Petralona (700 à 250 000) en Grèce et Maia Balanica en Serbie (460 000).

Il est important de distinguer deux périodes dans le pléistocène moyen européen.

La première période, celle des industries acheuléennes à bifaces et hachereaux, est datée entre 781 000 et environ 300 000 (fin MIS 9).

La seconde période, celle des industries moustériennes avec l'apparition du débitage Levallois et du débitage Quina, est datée entre 300 000 et la fin du pléistocène moyen vers 126 000 (MIS 8, 7, 6). Cette période MIS 6–8, connue anciennement comme la glaciation du Riss, est sans doute la période la plus froide du dernier million d'années.

La question a été soulevée de savoir si le peuplement européen a été permanent, avec une adaptation de *homo heidelbergensis* aux périodes glaciaires des MIS 6–8, ou si les conditions extrêmement froides ont entraîné des hiatus de peuplement.

Un élément de réponse peut être trouvé dans les vestiges humains eux-mêmes, qui montreraient un passage progressif depuis *homo heidelbergensis* vers *homo neanderthalensis.* En effet, plusieurs restes humains, décrits anciennement comme anténéanderthaliens ou prénéanderthaliens et plus récemment *homo heidelbergensis* ont été récemment réattribués à *homo neanderthalensis,* malgré des datations relativement hautes qui les situent plus ou moins juste après le MIS 11. Il s'agit notamment de Steinheim (340–310 000), Swanscombe (400 000), Sima del Hos Huesos à Atapuerca (430 000), Aroeira (400 000) et Montmaurin (240–190 000).

## 4. L'adaptation aux climats glaciaires (MIS 6–8)

Une période glaciaire est caractérisée par l'association de températures froides et de faibles précipitations. Près des pôles, ce climat glaciaire se manifeste par l'accroissement des inlandsis, particulièrement dans

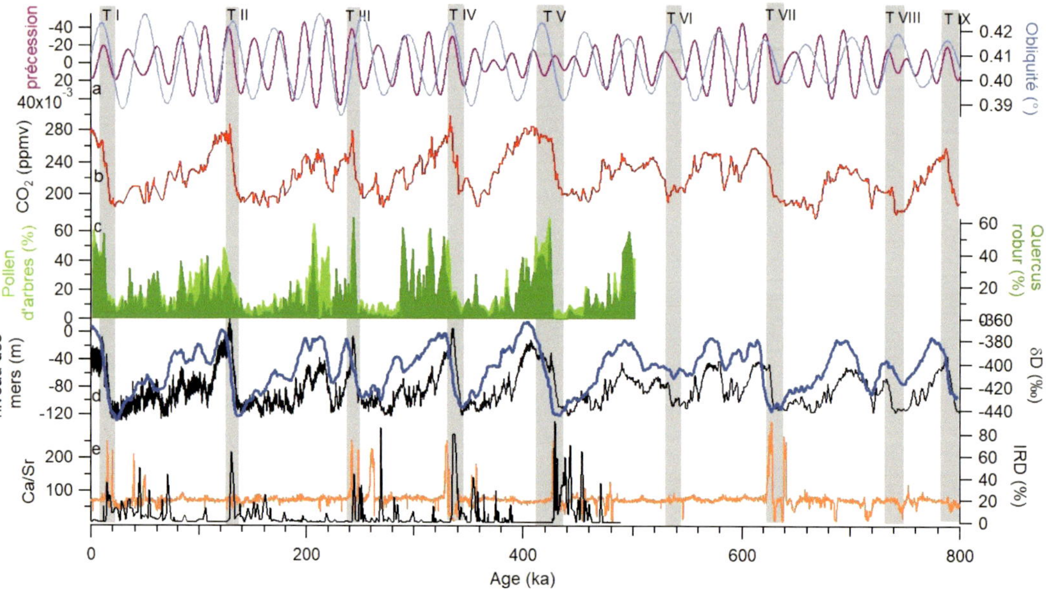


a- Précession (violet) et obliquité (bleu) calculés à partir des paramètres orbitaux (Laskar *et al.*, 2004)
b- Concentration atmosphérique en CO2 (Lüethi *et al.*, 2008; Bereiter *et al.*, 2015)
c- Pourcentages de pollen de quercus robur et de pollen d'arbres obtenus dans la séquence du lac d'Ohrid (Sadori *et al.*, 2018)
d- Niveau des mers en bleu (Spratt & Lisiecki, 2016) et dD de l'eau issus de la carotte de glace Antarctique d'EPICA Dome C (Jouzel *et al.*, 2007)
e- Ca/Sr issue de la carotte marine U1302 (Channel *et al.*, 2012) et IRD (Ice rafted Debris) issu de la carotte marine ODP980 (McManus *et al.*, 1999) afin de tracer les débâcles d'icebergs dans l'Atlantique nord.

Figure 2. Les variations du climat des derniers 600 000 ans (d'après Moncel *et al.* 2002, Fig.8, p.93)

l'hémisphère Nord qui est continental, avec le glacier des Laurentides en Amérique du Nord et le glacier scandinave en Europe. A l'équateur, ce climat entraine la diminution des zones tropicales (Amazonie, Afrique équatoriale, Indonésie) au profit d'un accroissement de la Savane. Les zones désertiques, à l'inverse, connaissent une extension maximale comme en Afrique au Sahara et au Kalahari, au Proche-Orient, en Inde (désert de Tahr), en Asie centrale, en Chine (désert de Taklamakan) et en Australie. Ces zones désertiques sont totalement dépeuplées, entrainant des extinctions animales dans les régions fermées et cloisonnant les espaces de circulation des espèces animales et des groupes de chasseurs-cueilleurs.

La glaciation du Riss (MIS 6 à 8 ou 10 à 8 pour certains auteurs) a été la plus froide du dernier million d'années avec celles du MIS 18 il y a 780 000 ans et le dernier maximum glaciaire du MIS 2 il y a 20 000 ans. Ses moraines très avancées sont donc facilement repérables notamment dans le massif alpin et par le glacier de la vallée du Rhône. Celui-ci s'est avancé au niveau de

Lyon, jusqu'au contact avec les Monts du Lyonnais, bloquant le passage de la Saône, et créant le lac des Dombes.

Cette nécessaire adaptation aux grands froids entraine des changements à la fois dans les industries (Moustérien en Europe, Middle Stone Age ou MSA en Afrique, et plus globalement paléolithique moyen) mais aussi dans le type humain.

*Homo neanderthalensis* peut ainsi être considéré comme une adaptation d'*homo heidelbergensis* à l'environnement glacial européen.

*Homo sapiens archaïque* peut de la même façon être considéré comme une adaptation *d'homo rhodesiensis* à l'environnement aride africain.

Ces types humains évolueront différemment. *Homo neanderthalensis* verra ses traits physiques se renforcer avec le temps depuis le MIS 8 jusqu'au MIS 4 et sa disparition au tout début du MIS 3. L'*Homo sapiens archaïque*, à l'inverse, verra ses traits perdre progressivement leur archaïsme pour se rapprocher de l'homo sapiens tel que celui qui arrivera en Europe au tout début du MIS 3, jusqu'à l'homo sapiens actuel.

Ils produiront néanmoins des industries du paléolithique moyen tout-à-fait similaires : moustérien en Europe, moustérien au Proche-Orient, moustérien puis Atérien puis moustérien en Afrique du Nord, MSA en Afrique australe. Ces industries présentent des variabilités importantes dans les techniques de débitage et dans le façonnage qui font l'érudition des spécialistes de cette période mais dont la signification reste indéchiffrable, tant que les processus qui en sont à l'origine ne seront pas tous identifiés (qualité et disponibilité de la matière première, mobilité, spécialisation cynégétique, etc.) et qui ont des corrélations avec l'environnement, le climat et donc la chronologie.

## 5. Le refuge du Proche-Orient

Le Proche-Orient est une région clé pour l'étude de la préhistoire du fait de sa latitude, de ses reliefs montagneux et de l'influence de la mer méditerranée, qui atténue les effets des glaciations et en fait une zone refuge potentielle pour des populations européennes ou africaines et en retour une origine de repeuplement de l'Afrique du Nord (MIS 3, fin MIS 2) et de l'Europe (MIS 3).

Le crâne de Galilée (grotte des voleurs) a été découvert lors des fouilles de F. Turville-Petré en 1925. Il a été récemment réattribué à *Homo heidelbergensis/Homo rhodesiensis*. Bien que mal daté, il proviendrait d'un niveau Yabroudien, une industrie originale sur éclat située au début du Moustérien, qui pourrait être associée au MIS 8.

Au MIS 5, les sépultures des grottes de Qafzeh et Skhul ont été attribuées à *Homo sapiens archaïques*. Au MIS 4, les sépultures des grottes de Kebara, Amud, Shanidar, Dederiyeh, ont été attribuées à *homo neanderthalensis*. Ils sont tous les auteurs d'industries du paléolithique moyen.

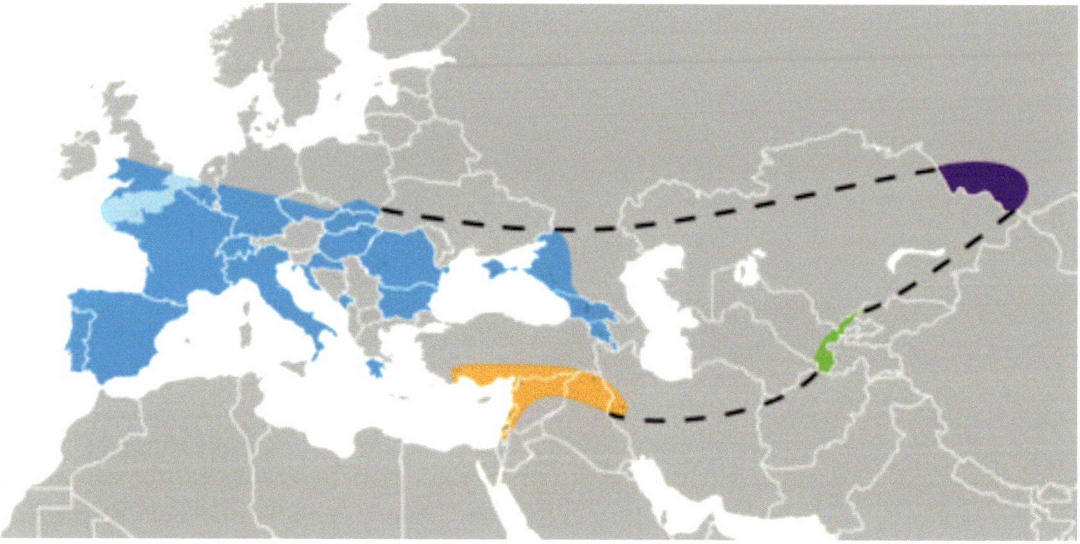

Figure 3. La répartition géographique du peuplement Neandertal

## 6. Le grand avant-dernier interglaciaire MIS 5 (115 000 – 70 000)

Il y a 100 000 ans, l'avant dernier interglaciaire (MIS5 ou Eemien) avec ses différentes phases 5e à 5a, est une période encore trop méconnue, en partie pour des raisons taphonomiques. En, effet, les séquences stratigraphiques des abris sous roche et des grottes enregistrent bien les dépôts glaciaires tandis que les dépôts interglaciaires sont sujets à des mécanismes d'érosion et de vidange qui les détruisent ou les remanient, ne laissant parfois que des croutes stalagmitiques. Les sites de plein air sont situés à des profondeurs telles que leur découverte n'est le plus souvent faite qu'à l'occasion de grands travaux d'aménagement. Ces sites sont souvent associés à des formations de tufs et de travertins.

A son maximum, la température moyenne des océans aurait été de 2°C plus élevés que la température actuelle, faisant de cet interglaciaire un épisode climatique plus chaud et plus humide que l'Holocène actuel.

Cette période de climat tempéré et humide permet des reconquêtes de territoires abandonnés durant la glaciation précédente. C'est évidemment le cas en haute latitude en Europe et en Asie.

C'est aussi le cas dans les zones désertiques d'Afrique et d'Asie centrale. Les cloisonnements géographiques (massifs montagneux, déserts) redeviennent franchissables facilitant les mobilités animales et humaines en Europe, en Afrique, au Proche-Orient et en Asie centrale et Asie du Sud. Les aires tropicales s'accroissent.

En Afrique du Nord, succédant à un moustérien glaciaire du MIS 6–8, apparait une industrie du paléolithique moyen, l'Atérien, développant une technique de dégagement d'un pédoncule pour l'emmanchement des outils lithiques. L'Atérien possède une vaste aire de répartition de l'Atlantique au Nil et du littoral méditerranéen au Sahel, profitant d'un Sahara « vert » hospitalier.

En Afrique australe, le MSA connait des innovations technologiques majeures, comme l'apparition d'une industrie osseuse, l'usage de l'ocre, un art géométrique sur coquilles d'œuf d'autruche et des objets de parure.

En Europe septentrionale, des sites le plus souvent de plein air ont été découverts dans le Nord de la France (Caours, Waziers) et en Bretagne (Rozel), en Allemagne (Lehringen, Neumark, Taubach, Ehringsdorf, etc.), en Hongrie (Tata), en Tchéquie (Kulna, niveau 11), en Slovaquie (Gànovce, Bojnice). Les niveaux du MIS 5 sont généralement trouvés dans des formations de tufs ou de travertins. La faune comprend des espèces d'environnement tempéré comme le daim, le chevreuil, le sanglier, l'âne sauvage ou hémione, le cerf mégacéros, l'ours brun, etc.

Des innovations technologiques sans lendemain apparaissent au MIS 5, comme le débitage laminaire volumique qui sera la grande révolution technologique du MIS 3, au paléolithique supérieur. Cette innovation est sans doute à mettre en relation avec l'allègement de l'outillage induit par la grande mobilité des groupes de chasseurs-cueilleurs, qui complète le débitage Levallois laminaire, dont l'abondance est caractéristique des périodes tempérées du moustérien (MIS 5, MIS 3).

La grande mobilité des groupes de chasseurs cueilleurs a entrainé une nouvelle sortie d'Afrique de l'homo sapiens archaïque, dont les sépultures (Qafzeh, Skhul) ont été trouvées au Levant (cf. supra). Cette présence au Proche-Orient fait naître l'hypothèse d'une progression vers l'Asie du Sud, pour laquelle nous ne possédons aujourd'hui que des données insuffisantes ou plus récentes vers 80 000 ans. L'arrivée de cet *homo sapiens archaïque*

Figure 4. La mosaïque géographique des débuts du paléolithique supérieur en Europe (les « industries de transition »)

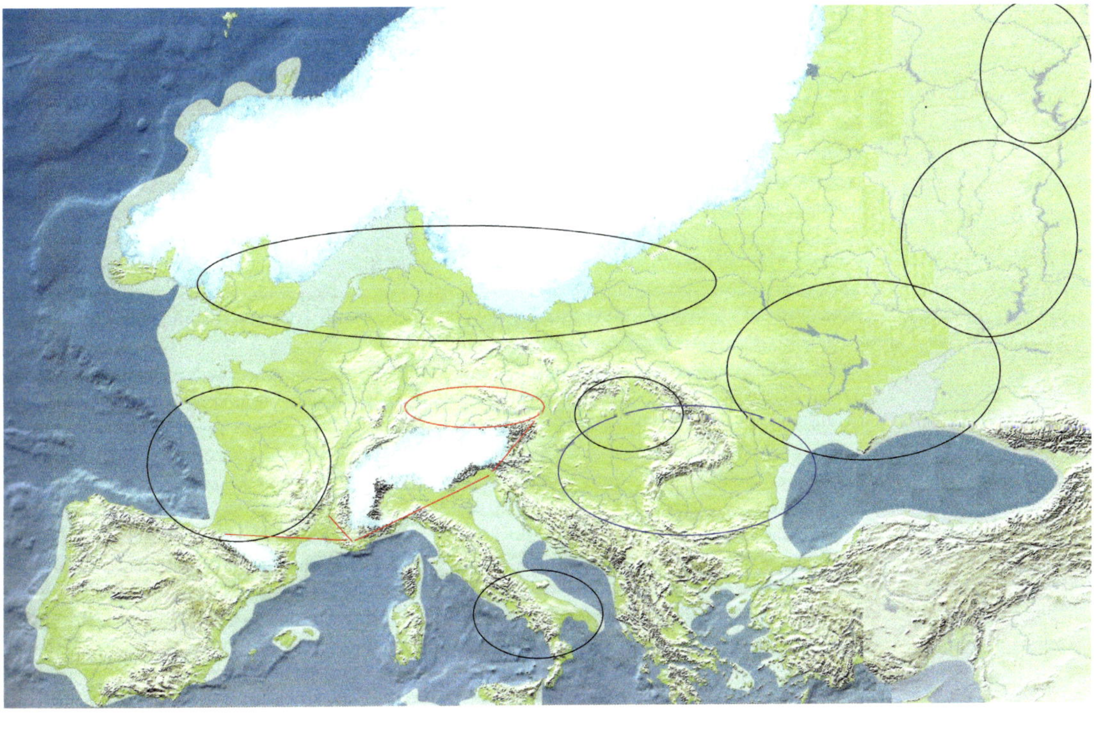

au MIS 5 en Europe par le détroit de Gibraltar et/ou par le Proche-Orient comme en Asie centrale n'est pas connue à ce jour.

Il est cependant surprenant que cette période climatique n'ait pas permis la révolution technologique du MIS 3 avec son cortège de colonisation de nouvelles terres (cf. infra).

## 7. Le stade isotopique 4 (71 000 – 57 000 BP) et le retour du froid glaciaire

Le stade isotopique 4 voit le retour de conditions glaciaires, avec une péjoration progressive du MIS 5 dans les dernières phases 5b et 5a. Dans cette période glaciaire, le peuplement néanderthalien est bien connu en Europe occidentale et méditerranéenne, où il a laissé de nombreux niveaux d'occupation en abris sous roche et en grottes : cloisonnement géographique, réduction démographique, faible mobilité dans des territoires de déplacements réduits (1 000 $km^2$), échanges intergroupes plus rares, accrétion des traits néanderthaliens, une industrie du paléolithique moyen dans laquelle dominent les encoches, les denticulés et les racloirs, taillés sur une matière première d'origine locale avec une diminution voire une disparition du débitage Levallois.

L'occupation européenne se restreint aux latitudes basses. En France, l'Aquitaine a livré de très nombreuses occupations en grottes et en abri avec des sépultures (La Chapelle-aux-Saints, Le Moustier, La Quina, La Ferrassie).

Des migrations vers l'Est sont enregistrées en Crimée, dans le Nord du Caucase, au Moyen-Orient où des sépultures néanderthaliennes ont été découvertes (Kebara, Amud, Shanidar, Dederiyeh), en Asie centrale (Teshik Tash) jusque dans l'Altaï en Sibérie (grotte Okladnikov).

En Afrique du Nord, les sites d'un moustérien postérieur à l'Atérien et datés du MIS 4 sont rares, et la meilleure séquence stratigraphique se trouve dans la grotte de Haua Fteah en Cyrénaïque, fouillée par Ch. McBurney dans les années 1950. La perduration de l'Atérien dans le MIS 4 et le début du MIS 3 font toujours l'objet de débats sur la fiabilité des datations, particulièrement dans les sites du Maroc, tandis que le Sahara apparait à cette époque vide de tout peuplement humain.

En Afrique australe, du fait de l'extension du désert de Kalahari, les peuplements du MSA se réfugient sur le littoral sud-oriental. Mais ici les innovations technologiques acquises durant le MIS 5 ont perduré.

## 8. Le stade isotopique 3 (57 000 – 28 000 BP)

Le stade isotopique 3 (anciennement interpléniglaciaire würmien) est une période climatique courte, relativement tempérée sans être un interglaciaire, au cours de laquelle le recul des glaciers et la baisse du niveau des océans n'a pas connu la même amplitude qu'à l'Holocène ou au MIS 5.

Cette période est essentielle dans l'histoire de l'humanité. Elle a vu la diffusion *d'homo sapiens* sur l'ensemble de la planète avec le premier peuplement de l'Australie par la voie du Nord (Nouvelle Guinée) et très probablement le premier peuplement du continent américain par le détroit de Béring, Elle voit également l'extinction en Europe *d'homo neanderthalensis* et de *l'homme de Denisova* en Asie.

Une révolution technologique majeure a été également mise en évidence avec l'apparition d'une technologie de l'os et de l'ivoire pour la fabrication d'outils et d'armes, d'un art mobilier sur pierre et sur matière dure animale, d'un art pariétal en grotte profonde et en habitat, la généralisation d'un débitage volumique lamellaire et laminaire sur nucléus prismatique accompagné de l'abandon rapide des débitages Levallois, discoïde et Quina, l'approvisionnement à grande distance de matières premières provenant de gîtes de silex de qualité, d'ocre, de coquillage et d'ambre, l'usage de l'ocre, l'apparition d'objets de parure notamment en coquillage, en ivoire et en dents animales, le développement de sépultures en fosse avec un rituel funéraire d'accompagnement (ocre, parures, objets), l'aménagement progressif de structures d'habitat en abri, même si certaines de ces innovations étaient apparues au MIS 5, en Europe et en Afrique australe (cf. supra).

En Europe, la richesse des sites en abris sous roche permet de mettre en évidence une séquence systémique en quatre phases d'un remarquable dynamisme, probablement liée ici encore à un effet de pompe dû au grand nombre d'oscillations climatiques (ou interstades) de cette période du MIS 3.

La sortie du MIS 4 et le début du MIS 3, entre 57 000 et 45 000 BP, enregistre une première phase qui traduit, non pas la décadence d'un peuplement néanderthalien en voie d'extinction, mais un dynamisme évolutif des industries de la fin du paléolithique moyen : développement de la technologie Levallois qui avait très fortement régressé au MIS 4 et apparition de nouveaux faciès comme le moustérien de tradition acheuléenne, le Micoquien et le plus récent le Bohunicien, proche de l'Emirien du Levant.

La phase 2, entre 45 000 et 36 000 BP, est caractérisée par le buissonnement et la diversification géographique des industries du plus ancien paléolithique supérieur, anciennement appelées « *industries de transition* » et plus récemment « *Paléolithique supérieur initial* » : *Châtelperronien* en France et en Cantabrie, *Uluzzien* en Italie, *Jerzmanowicien* en Europe septentrionale, *Lincombien* en Angleterre, *Szélétien* en Europe centrale, *Strélétien* en Europe orientale, *Bacho-Kirien* dans les Balkans, *Protoaurignacien*, etc.

La phase 3, de 36 000 à 28 000 BP, dans la dernière partie du MIS 3, qui voit la succession d'oscillations froides et tempérées (ces dernières anciennement dénommées Les Cottès, Arcy et Maisières), correspond à un processus d'uniformisation de ces industries connues sous le nom d'Aurignacien et à la mise en place de mécanismes d'échanges de proche en proche des groupes humains de l'Atlantique au Proche-Orient, que permet le décloisonnement géographique de l'Europe lié l'amélioration climatique et à la grande mobilité des groupes humains sur des territoires de déplacement jusqu'à 500 000 $km^2$, pour la chasse saisonnière et l'approvisionnement en matières premières.

La phase 4, à partir de 28 000 BP, appartient au début du MIS 2 et voit l'adaptation de groupes humains à la péjoration climatique et le retour du cloisonnement géographique, qui se traduisent par la succession et la diversification régionale des faciès du Gravettien de 28 000 à 22 000 BP.

## 9. Le dernier maximum glaciaire (LGM) (22 000 – 17 000 BP)

Le dernier maximum glaciaire, il y a seulement vingt mille ans, a été l'événement le plus froid depuis le maximum de la glaciation du Riss (MIS 8) entre 190 000 et 150 000 BP.

Il a entrainé un effondrement de la démographie des chasseurs-cueilleurs, probablement la moitié de la population, l'abandon de nombreux territoires et le déplacement des groupes humains vers de zones refuges au climat plus favorable.

En Europe, les principales zones refuges sont les régions méditerranéennes, tout particulièrement la péninsule ibérique, le littoral de la Ligurie et de la Provence, le golfe adriatique et le pourtour septentrional de la mer Noire alors devenu un lac.

Au Proche-Orient, les zones désertiques se sont significativement agrandies ; les groupes humains subsistent le long du littoral et dans les zones montagneuses du Levant et à l'intérieur autour des lacs et des mers intérieures, dans une économie de subsistance où la pèche et la cueillette jouent un rôle plus important que la chasse.

L'Afrique du Nord est désertée. En Afrique australe, l'accroissement des déserts de Kalahari et de Namibie, réduisent à un isolat l'occupation humaine dans la bande littorale notamment dans les massifs du Drakensberg.

En Australie, la désertification oblige les groupes humains à se réfugier au Sud dans l'le de Tasmanie, alors rattachée au continent, et au Nord dans le golfe de Carpentarie, qui se comble en rejoignant la Nouvelle-Guinée.

En Amérique, l'extension du glacier des Laurentides qui couvre la plus grande partie de l'Amérique du Nord (et détruit les sites archéologiques) oblige la population à migrer vers l'Amérique centrale et l'Amérique du Sud, comme plusieurs espèces animales d'Amérique du Nord qui échappent ainsi à l'extinction.

Paradoxalement, en Afrique, au Sundaland et en Amazonie, nous connaissons peu les peuplements situés en périphérie des zones tropicales qui montrent une réduction significative de la superficie de la forêt tropicale, sans doute parce que la progression de la forêt à l'Holocène a recouvert les sites préhistoriques. Pourtant, ces régions ont du servir de zones refuges pendant le LGM.

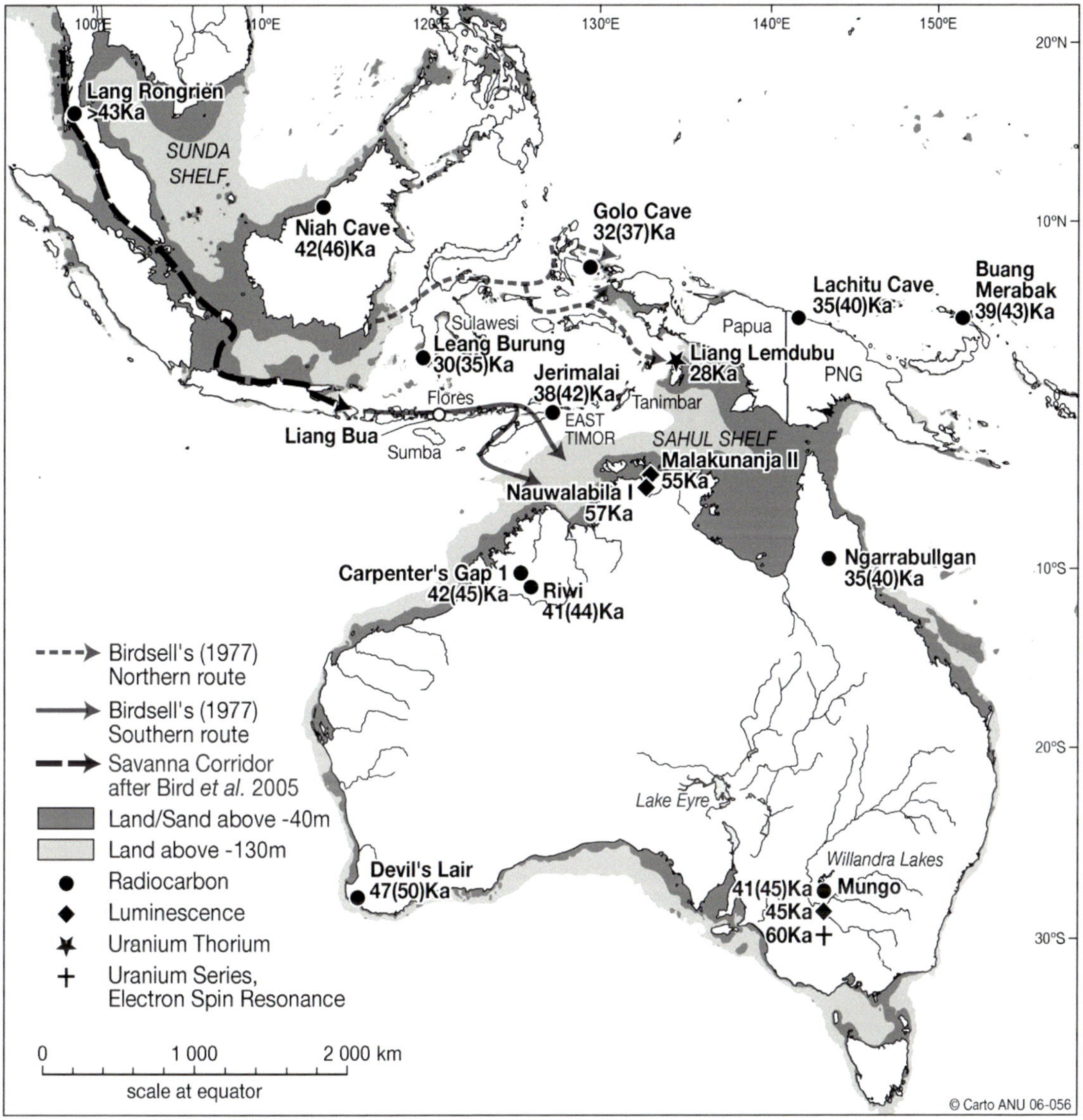


Figure 5. Sundaland et Sahul : les routes de peuplement du Sahul

En Extrême–Orient, la date d'apparition de la « *microblade technology* », la production par pression d'une lame courte et étroite produite par des nucléus de forme conique, reste l'objet de débats liés à la définition plus ou moins stricte de cette technologie. Les préhistoriens japonais la voient apparaitre au début du LGM, provenant de Sibérie où elle pourrait être plus ancienne, avant de participer à la reconquête de la Sibérie et de l'Amérique du Nord après le LGM.

C'est en Europe occidentale que s'observe le mieux la rapide adaptation dans le temps du LGM de la culture matérielle et de l'exploitation du territoire des groupes humains, profitant des deux oscillations climatiques plus humides qui sont enregistrées vers 20 000 BP et 18 500 BP. Le changement de culture matérielle se manifeste par une succession de plusieurs faciès : une industrie aurignacoïde (Protosolutréen), une industrie à pointes à face plane (Solutréen ancien), une industrie à pointes foliacées et pointes à cran (Solutréen récent), une industrie à burins transverses (Badegoulien ancien), et une industrie à raclettes (Badegoulien récent). Les groupes humains profitent de la bonne saison pour des incursions vers les latitudes plus septentrionales pour des chasses estivales mais surtout pour accéder aux bons gîtes de matière première en silex. Si la culture matérielle du Solutréen est celle un peuplement permanent en péninsule ibérique avec des incursions au Nord des Pyrénées à la bonne saison, la culture matérielle du Badegoulien est celle d'une réinstallation permanente d'abord en Aquitaine avec des incursions estivales au Nord et au Nord-est.

A l'inverse, et malgré l'insuffisance des données, la culture matérielle en zone tropicale, au Sundaland, et en Afrique équatoriale, ne semble par montrer de changement avant, pendant et après le LGM.

Si cette réalité était confirmée, elle apporterait un argument important pour mettre en évidence un déterminisme climatique comme une composante de la variabilité des industries lithiques, s'ajoutant à celles de l'influence de la qualité de la matière première, de l'équilibre lithique/osseux dans le choix de la matière première pour la fabrication des outils et des armes, des changements dans les besoins fonctionnels, des contraintes technologiques et de la tradition culturelle.

## 10. La grande reconquête post-LGM (17 000 – 13 500 BP)

Le réchauffement progressif du climat après le dernier maximum glaciaire se traduit par la reconquête progressive des territoires abandonnés au LGM. Le climat devient froid et sec comme au début du MIS 2, puis à partir de 15 000 BP, l'humidité croît annonçant le Tardiglaciaire.

Figure 6. Le dernier maximum glaciaire : expansion des zones désertiques, des calottes glaciaires des Laurentides en Amérique du Nord et scandinave en Eurasie, et réduction des zones tropicales en Afrique, en Amérique du Sud et en Sundaland

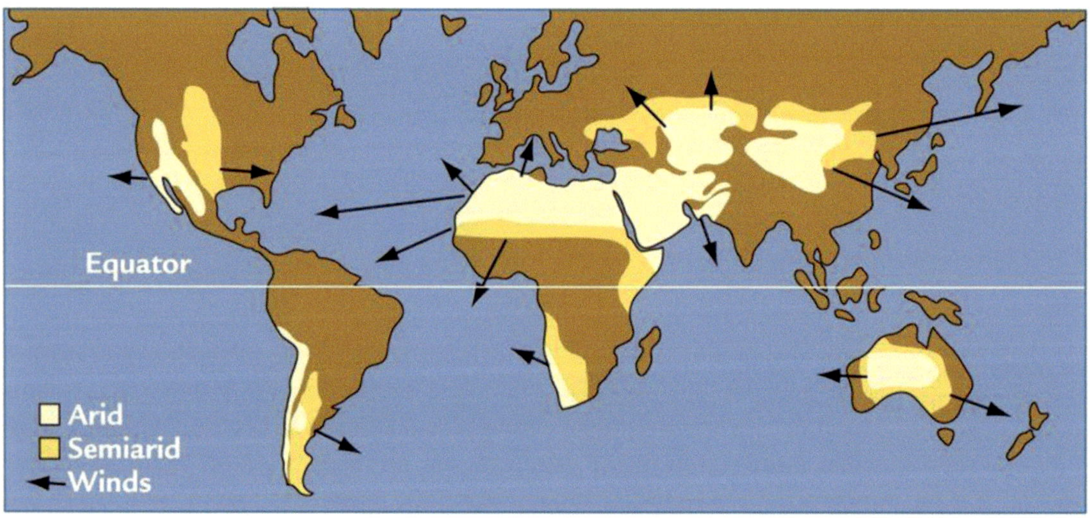

En Europe, la reconquête de l'Europe moyenne s'effectue à l'Ouest avec le Magdalénien, de la péninsule ibérique à la Pologne, et à l'Est, avec le Mézinien, dans le bassin du Dniepr.

Au Proche-Orient, la fin du dernier maximum glaciaire voit le grand développement des industries épipaléolithiques, sous le nom de Kébarien. C'est du Levant que part le repeuplement du littoral de l'Afrique du Nord qui s'effectue sous le nom d'Ibéromaurusien comme celui du Caucase avec l'Imérétien, qui continue sa trajectoire sur le pourtour septentrional de la Mer Noire et en Crimée.

En Amérique du Nord, le recul progressif du glacier des Laurentides permet la reconquête à partir de 13 500 BP des territoires libérés des glaces par les groupes humains revenus du Sud : les chasseurs de Clovis. Contrairement à l'opinion de la plupart des spécialistes nord-américains, les chasseurs de Clovis ne sont pas les découvreurs du continent américain, mais les artisans de la reconquête du territoire nord-américain après le dernier maximum glaciaire.

## 11. Le Tardiglaciaire, transition vers l'Interglaciaire Holocène (13 500 – 12 000 BP)

La fin du MIS2 est caractérisée par une succession d'oscillations climatiques froides et de plus en plus tempérées et humides (connues dans la terminologie palynologique du Nord de l'Europe sous le nom de Bölling, Dryas II, Alleröd, Dryas III, Préboréal), qui, par un effet de pompe climatique, a accéléré l'adaptation au climat interglaciaire.

Elle se concrétise dans la géographie par le recul de la calotte glaciaire qui libère l'Europe centrale et l'Europe septentrionale et par la disparition des glaciers de montagne (sauf dans les Alpes), permettant ainsi la reconquête des territoires en haute latitude mais aussi en altitude.

La flore et la faune connaissent de profonds changements. En Europe occidentale, migrent vers le Nord-est du continent eurasiatique, la faune de toundra (antilope saïga, bœuf musqué) à la fin du LGM, puis la faune de steppe froide (mammouth, rhinocéros, renne, glouton) pendant le Tardiglaciaire. Des faunes réfugiées dans l'espace méditerranéen remontent dans l'Europe moyenne comme l'aurochs au Bölling, puis à l'Alleröd le cerf mégacéros, le chevreuil, le daim, le sanglier, mais aussi le lapin de garenne et le lynx, avec l'abondance du cerf élaphe. La végétation voit le grand développement de la forêt qui remplace la steppe froide, avec une zoocénose animale qui s'y adapte. C'est notamment le grand retour de la chênaie, dont la génétique suit bien la remontée en Europe moyenne à partir de ses trois refuges méditerranéens (péninsule ibérique, péninsule italienne, Balkans).

L'Europe septentrionale est repeuplée dès le Bölling avec des industries appelées Hambourgien en Pologne, Nord de l'Allemagne et Pays-Bas et Cresswellien en Angleterre tandis que le Magdalénien supérieur occupe les latitudes moyennes. Au cours de l'Alleröd, la culture matérielle change radicalement avec ce qui a été fort justement appelé le processus d'azilianisation (développement d'une complexe technique à petites pointes à dos) qui voit l'Azilien (autrement dit les industries à Federmesser) succéder au Magdalénien.

Les conséquences du coup de froid court mais intense du Dryas III, qui est un événement de Heinrich, interprété comme le résultat d'une débâcle d'icebergs, a provoqué un blocage provisoire de ce processus de peuplement, entrainant un changement dans la culture matérielle avec l'apparition d'une complexe technique à pointes pédonculées avec l'Ahrensbourgien (Bromme-Lingby) dans le Nord-ouest européen, le Laborien en Aquitaine et le Montadien dans le Sud-est de la France, tandis que dans la région méditerranéenne la tradition de l'Epigravettien continue son évolution. Au Dryas III et au Préboréal, la reprise du recul de la calotte glaciaire, est suivi d'une colonisation par les groupes du Swidérien des territoires septentrionaux libérées en Pologne, Lituanie, Biélorussie et Ukraine. Il y a donc une relation directe entre la culture matérielle des groupes humains du Paléolithique final et les oscillations climatiques de la fin de l'épisode glaciaire.

Au Proche-Orient, le Natoufien (14 500–11 500 BP), plus précoce, est généralement désignée comme une culture épipaléolithique tardiglaciaire dont les groupes humains se sont sédentarisés, vivant dans des villages pouvant abriter 40 à 200 individus. Les conséquences de l'événement froid du Dryas III est bien visible, ayant entrainé l'abandon de grands sites, la construction de plus petits villages, le recul de la sédentarité et le retour à la mobilité, l'installation dans de nouveaux sites plus appropriés à un changement de l'économie alimentaire (Natoufien récent).

En Extrême-Orient, la culture Jomon au Japon, dans sa phase initiale Proto-Jomon, est un peuplement tardiglaciaire semi-sédentaire qui présente la remarquable association d'une industrie mésolithique avec une céramique, qui est la plus ancienne connue. L'économie fondée sur la pêche, la cueillette, la consommation de coquillage, la récolte de fruits à coque et la chasse a développé une culture matérielle où se retrouvent les pointes de flèche, les haches polies, les meules, mortiers et pilons, les harpons et hameçons.

## 12. Le rôle du climat dans les extinctions animales

Le mythe de l' «*overkill pleistocene* », inventé par P.S. Martin, qui attribuait aux groupes humains la responsabilité de l'extinction de nombreuses espèces animales à la fin du pléistocène, a connu un grand succès entre 1967 et 1984 Il n'a pas résisté aux études approfondies, malgré une résilience paradoxale sur Internet. Celles-ci ont montré que sauf exceptions, ces extinctions ont eu lieu à cause des changements climatiques et à des dates différentes.

L'extinction survient quand une espèce animale n'a plus d'espace échappatoire à un environnement devenu défavorable, suite à un cloisonnement géographique ou un espace réduit dû à une remontée des eaux, mais également quand il n'existe plus de refuge où il pourrait retrouver son biotope d'origine. Dans de nombreux cas, le déplacement de la faune en assure la survie. L'extinction peut également n'être que partielle, affectant les individus de grande taille, plus exposés à une baisse des ressources alimentaires. Les individus survivants diminuent de taille (mammouth d'Eurasie, bison d'Amérique, kangourous, wallabies et wombats australiens), dont le paléontologue fera une sous-espèce.

Au cours du MIS 4, l'Europe voit l'extinction de la dernière mégafaune chaude d'herbivores d'origine méridionale (*elephas antiquus, hippopotamus major, stephanorhinus hemitoechus*) qui était au meilleur du climat remontée sur les bords de la Tamise. En Afrique du Nord, les espèces animales venues de la forêt tropicale et de la savane y retournent, tandis que les quelques espèces d'origine eurasiatique disparaissent comme le rhinocéros de prairie, (*stephanorhinus hemitoechus*), le cerf à joues épaisses (*mégacéroides algericus*) et le cheval (*equus algericus*).

En Europe, le dernier maximum glaciaire enregistre l'extinction des faunes de caverne (Ursus *spelaeus, crocuta spelaea, Panthera leo*) tandis que ce sont les mégafaunes d'herbivores et de carnivores qui sont concernées en Amérique du Nord (mammouth, mastodonte, Gomphoptère, paresseux géant, bison antiquus, cheval, camelops, smilodon, lion d'Amérique, canis dirus, homotherium, castor géant, etc.) et en Australie (kangourou géant, wallabies géants, wombats géants, carnivores marsupiaux géants, grands oiseaux marcheurs, etc.). On observera que ce sont les formes géantes de ces espèces qui sont principalement concernées. Les formes plus petites survivent. Certaines s'adaptent comme le bison d'Amérique : le *bison antiquus* et le *bison latifrons* disparaissent au profit du *bison bison*, une forme plus petite qui s'épanouit à holocène.

La fin de la dernière glaciation voit disparaitre progressivement les espèces animales de la steppe froide qui ne peuvent s'adapter à la nouvelle forêt. Plusieurs d'entre elles survivent en migrant vers le Nord-est comme le renne, le glouton, le bœuf musqué, l'antilope saïga, le mammouth et le rhinocéros. Le mammouth disparait d'Europe orientale à partir de 14 000 BP, lié à l'arrivée d'un couvert neigeux hivernal, et il recule progressivement en diminuant de taille vers le Nord-est, en Sibérie pour s'éteindre enfin sur les rivages arctiques (et sur l'ile de Wrangel où il est atteint du nanisme des îles).

A l'Holocène, le bison s'adapte au nouvel environnement forestier mais le cheval disparait. C'est le grand développement des espèces de milieu forestier.

Au début du MIS 2, la faune tempérée européenne quitte les latitudes moyennes vers des refuges méditerranéens (aurochs, chevreuil, cerf mégacéros, cerf élaphe, sanglier, âne sauvage). Pour 14 000 ans seulement, car ces faunes recoloniseront l'Europe au tardiglaciaire. C'est le cas également en Afrique du Nord avec des va et vient Nord/Sud avec les alternances glaciaire /interglaciaire au Pléistocène puis à l'Holocène avec l'aridité croissante du Sahara (girafes, hippopotames, crocodiles, rhinocéros, éléphants, buffles, gnous, varans).

Les iles présentent un caractère zoologique tout à fait exceptionnel quand elles restent isolées, avec l'existence d'un nanisme des mammifères et d'un gigantisme des rongeurs et des oiseaux coureurs du fait de l'absence de prédateurs. Quand l'espèce humaine y débarque avec son cortège d'animaux domestiques et des passagers clandestins comme le rat, l'extermination de ces espèces endémiques est rapide comme avec les premiers mésolithiques dans les iles de la Méditerranée où les éléphants nains avaient disparus bien avant l'arrivée des premiers humains (cervidés endémiques, grands rongeurs), avec les Maoris en Nouvelle-Zélande (ratites, oiseaux) et les Européens dans les iles de l'océan indien (raphides).

## 13. Mésolithique et Holocène humide 12 000 – 8 200 BP

Avec le début de l'Holocène, plus humide que le climat actuel, la végétation se développe considérablement et particulièrement la forêt dans les hautes latitudes (taïga) au détriment de la steppe froide qui disparait et de la toundra qui recule vers le grand Nord, et la savane dans les basses latitudes au détriment des déserts qui se réduisent, et à l'équateur, l'accroissement de la forêt tropicale. Le niveau des mers monte progressivement jusqu'à +120 mètres, élargissant les détroits et créant des îles. Les calottes glaciaires et les glaciers de montagne fondent, faisant naître de grands lacs. Le détroit du Bosphore se rouvre et le lac pontique redevient la Mer Noire, la Méditerranée la remplissant graduellement de son eau salée il y a 7 500 ans. Sa superficie s'accroit d'environ un tiers au Nord et au Nord-ouest (mer d'Azov, Ukraine, Roumanie).

Le Sahara redevenu vert, grâce à la pluviométrie de la mousson africaine en intensité et en plus haute latitude, voit l'extension de nombreux méga-lacs (lac Tchad, lac Darfour au Soudan, lac Fezzan en Tripolitaine, lac Rabiana et lacs Kattara en Cyrénaïque et à l'Ouest du Nil, lac Jerid en Tunisie, lac Adrar et lac Kiffa en Mauritanie). C'est également le cas du Lac Eyre en Australie, du Lob Nor dans le désert de Taklamakan, la mer d'Aral et la mer Caspienne en Asie centrale. En Europe centrale, le lac pannonien a vu sa grande superficie de 250 000 $km^2$ baisser il y a 5 000 ans pour laisser subsister aujourd'hui le lac Balaton (600 $km^2$).

En Europe, les chasseurs-cueilleurs de la steppe froide se sont facilement adaptés à ce nouvel environnement, devenant des chasseurs cueilleurs de la (nouvelle) forêt et des pécheurs collecteurs de coquillages des nouveaux rivages. La chasse saisonnière à la faune de forêt, la cueillette, le ramassage des fruits à coques, la pèche, les coquillages ont avantageusement remplacé la diète paléolithique. Le microlithisme de l'industrie lithique confirme l'innovation de l'arc et la flèche remplaçant la sagaie devenu peu efficace en milieu forestier. La démographie s'accroit, les territoires de déplacement se réduisent, les groupes deviennent semi-sédentaires, les différentiations régionales dans la culture matérielle qui s'observent dans la morphologie des armatures s'accélèrent. Les accumulations de coquilles marines et de coquillages lacustres (désignés dans la littérature sous le nom d'amas coquilliers, d'escargotières et de køkkenmødding) caractérisent les habitats en bords de rivages marins et de lacs.

Au Moyen-Orient, à partir de 10 000 av. J.C., la sédentarité des chasseurs-cueilleurs du Natoufien et un environnement climatique favorable à la prolifération des céréales et des légumineuses sauvages en périphérie des lacs, dont la pratique de la cueillette est connue depuis au moins le dernier maximum glaciaire, créent les conditions de l'invention de l'agriculture mais surtout du passage sans doute progressif mais réussi de l'économie de chasse, pêche et cueillette à l'économie de l'agriculture et de l'élevage (ovicapridés puis bovins), processus qui sera analysé plus loin. Sa première manifestation est le PPNA, un faciès néolithique précéramique. La céramique apparaitra ensuite vers 7 000–6 400 av. J.C.

L'étude détaillée des économies des groupes humains de cette période met en évidence la variété des solutions mises en œuvre, l'acquisition des innovations comme la céramique, la domestication de certaines espèces mais sans reprendre la totalité du spectre des activités agropastorales.

En Afrique du Nord, au Maghreb, le Capsien (7 500–4 000 av. J.C.) est une société mésolithique. Le « néolithique de tradition capsienne » qui lui succède, est une société pastorale ayant acquis la céramique et la pratique de l'élevage d'ovicapridés.

Au Sahara, le « néolithique saharo-soudanais » est en réalité un mésolithique avec céramique, les groupes humains ayant développé une économie de pêche, chasse et cueillette à proximité des méga-lacs sahariens, avec une culture matérielle épipaléolithique à laquelle s'ajoute notamment la céramique, les meules, molettes et pilons.

En Europe orientale, la grande plaine encore peu défrichée voit l'arrivée de colons agriculteurs venus du Proche-Orient s'installer dans une région occupée par des chasseurs cueilleurs mésolithiques de forêt qui font l'acquisition de la céramique et pour certains d'entre eux d'un début d'élevage.

Dans d'autre cas, la société mésolithique perpétue son modèle économique sans changement ; c'est le cas des Jomon au Japon avec le Jomon archaïque (9 500–5 000 av. J.C.), les débuts de l'agriculture du riz n'étant attestés qu'à partir du $1^{er}$ millénaire av. J.C. avec l'arrivée de nouveaux colonisateurs venus de Corée (période Yayoi).

## 14. L'invention de l'agriculture et de l'élevage au Proche-Orient

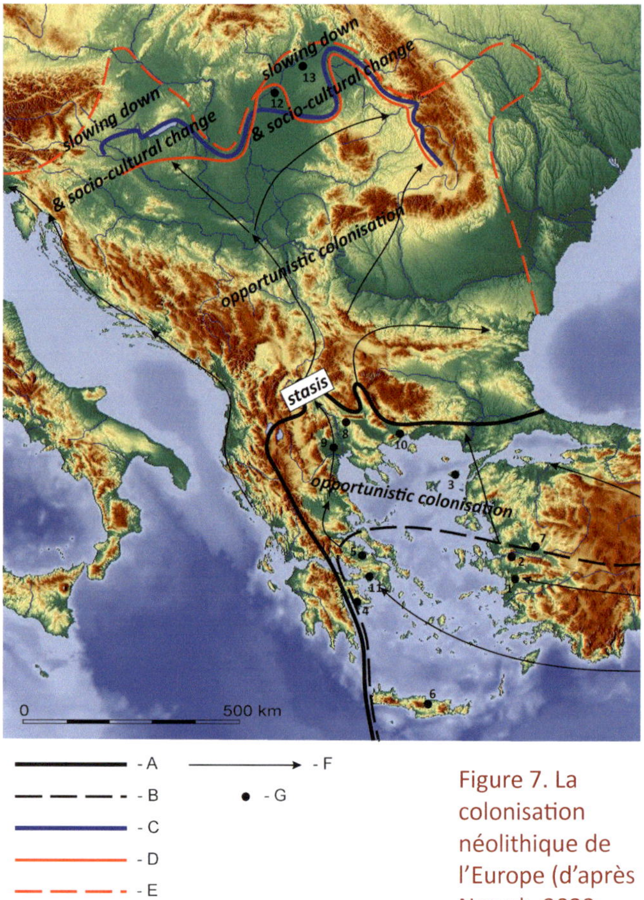

Figure 7. La colonisation néolithique de l'Europe (d'après Nowak, 2022, Fig.1, p.111)

L'invention et la pratique de l'agriculture et de l'élevage sont des processus longs et réversibles nécessitant la convergence de conditions particulières, qui ont limité dans le temps et dans l'espace le nombre de foyers d'agriculture, comme l'avait bien montré l'agronome botaniste N. Vavilov dans sa fameuse publication de 1926 sur la théorie des centres d'origine des plantes cultivées.

Au Proche-Orient, premier foyer d'invention de l'agriculture connu à partir de 8 500 av. J.C., précédant la Chine (7 500 av. J.C. ), la Nouvelle-Guinée (7 000 av. J.C.), l'Amérique (3 000 av. J.C.) et le Sahel (3 000 av. J.C.), ces processus ont été mis en évidence progressivement : environnement climatique chaud et humide, diversité biologique importante, pluviosité, sédentarité des groupes de chasseurs cueilleurs et continuité des pratiques de subsistance alimentaire permettant un mode mixte et une réversibilité partielle ou totale. Au dernier maximum glaciaire, la cueillette de plantes sauvages (céréales et légumineuses) a joué un rôle important autour de lacs ou de mers intérieures comme sur le site d'Ohalo II en bordure du lac de Tibériade en Galilée. A partir de 13 000 av. J.C., ces groupes qui pratiquent la pêche, la chasse et la cueillette, se sédentarisent, c'est le Natoufien (cf. supra). Le passage progressif à une économie agricole s'effectue à partir de 10 000 av. J.C. dans le cadre du néolithique précéramique PPNA, et sa consolidation qui voit le début de la domestication des plantes et des animaux (et des processus de sélection), s'effectue à partir de 9 000 av. J.C dans le cadre du PPNB. Dans la phase suivante, le Yarmoukien, la céramique, les premières pratiques d'irrigation et la naissance d'un pastoralisme sont enregistrés à partir de 6 400 av. J.C. dans le contexte de l'épisode 8 200 BP (cf. infra). Les débuts de la diffusion vers les régions du croissant fertile et de l'Anatolie commencent à s'effectuer dès la fin du PPNA.

Les principales plantes cultivées au Proche-Orient sont des céréales (orge, blé amidonnier, engrain), des légumineuses (lentilles, fèves, pois,

pois-chiches, lin, ervillier), dont le spectre s'est progressivement élargi (seigle, avoine, blé dur, gesse, vesce). Les premiers animaux domestiqués, apparaissant à partir de 8 500 av. J.C., sont la chèvre (*Capra aegragus*), le mouton (mouflon à manchettes, *Amnotragus lervia*), l'aurochs (Bos taurus), le sanglier (*Sus scrofa*). Ils diffuseront rapidement vers la vallée du Nil, l'Afrique du Nord, l'Asie mineure et l'Europe.

## 15. L'épisode froid de 8 200 BP

L'épisode froid 8 200 BP est un coup de froid brutal et court (200 à 400 ans) résultant de l'ouverture des lacs glaciaires nord-américains (lac de Champlain) dans l'estuaire du Saint-Laurent, refroidissant l'océan atlantique et entrainant une hausse du niveau des mers d'au moins 0,5 mètres. Il a donné un coup d'arrêt à l'expansion néolithique. Son influence sur les sociétés mésolithiques a été moindre.

Au Proche-Orient, cet épisode entraîne une période de sécheresse qui déstabilise le système agro-pastoral du PPNB, entrainant l'abandon ou la reconfiguration de grands sites néolithiques (Ćatal Huyuk), avec des lacunes stratigraphiques. C'est le début du Yarmoukien. Les structures d'habitat sont plus frustres (Jéricho, Byblos, Ain Ghazal) et la démographie semble avoir baissé.

Mais les études plus approfondies pourraient montrer des différences d'impact de cet épisode suivant l'implantation géographique des sites néolithiques au Levant, le littoral ayant été plus fortement impacté. C'est à partir de cet épisode, que le pastoralisme nomade apparait comme une spécialisation agro-pastorale dans les zones moins favorisées à l'agriculture mais qui connaitra par la suite une grande expansion dans les zones impropres à l'agriculture (Sahara, sahel).

Cependant, c'est dans les iles de la Méditerranée que les conséquences ont été les plus fortes. A Chypre, après l'occupation néolithique du PPNB (Shillourokambos, Khirokitia) du VIIème millénaire av. J.C., l'ile semble avoir été désertée au VIème millénaire av. J.C. C'est le cas également de la Crête, peuplée comme les iles de la mer Egée au Mésolithique : elle voit l'arrivée des premiers néolithiques acéramiques au VIIème millénaire av. J.C. (Cnossos) qui n'auront pas de descendances et c'est vers 5 500 av. J.C. qu'est enregistrée une seconde vague de colonisation agro-pastorale. Le même hiatus existe également sur l'île de Corfou. Plus à l'Ouest, le hiatus apparait entre les dernières occupations mésolithiques du Castelnovien et la première colonisation néolithique qui débute après 5 900 av. J.C., comme en Sicile, à Malte, en Sardaigne et en Corse.

Sur la côte méditerranéenne de la péninsule ibérique, un hiatus stratigraphique apparait entre les niveaux de la fin du mésolithique et les premiers niveaux du néolithique cardial vers 5 600 cal. av. J.C., hiatus qui semble cependant devoir être mis en relation avec des phénomènes d'érosion plutôt qu'à un abandon de peuplement.

La colonisation néolithique de l'Europe, qui débute au VIIème millénaire av. J.C. dans la zoné égéenne des Balkans, semble avoir été moins affectée par la sécheresse de l'épisode 8 200 BP, dont les conséquences les plus visibles sont d'avoir stoppé pour plusieurs siècles l'expansion néolithique vers l'Europe centrale et orientale.

Le mésolithique en Europe occidentale semble avoir mieux supporté la crise climatique, bien que l'épisode ait créé une coupure entre le premier et le second mésolithique. Les groupes mésolithiques ont quitté le littoral atlantique et le littoral méditerranéen pour se relocaliser à plus de 100 km à l'intérieur des terres et même à s'installer plus en altitude dans les massifs montagneux. Puis, après la fin de l'épisode, les groupes mésolithiques reviennent occuper le littoral atlantique du Portugal aux iles britanniques avec une diète centrée sur la consommation de coquillages dont les importants amas caractérisent les sites.

## 16. Entre 8 200 BP et 4 200 BP (6 200 – 2 200 av. J.C.)

Le climat après l'événement 8 200 BP redevient celui de l'Holocène humide et favorise l'expansion des systèmes agro-pastoraux dans l'ensemble du Proche-Orient : c'est le néolithique céramique, le Yarmoukien, qualifié de néolithique final (même s'il est plus ancien que le néolithique ancien d'Europe occidentale) dans la première moitié du VIème millénaire suivi par le Chalcolithique à partir de 5 500 av. J.C., et les débuts de l'âge du Bronze vers 3 400 av. J.C.

En Afrique du Nord, un pastoralisme d'ovicapridés au Maghreb (« néolithique de tradition capsienne ») et un pastoralisme bovin au Sahara montrent le développement d'alternatives au système agro-pastoraux classiques.

En Europe centrale, la colonisation néolithique progresse par les voies du littoral méditerranéen (Cardial) et par la voie du Danube (Rubané).

En Europe orientale, se constitue sur les territoires de l'actuelle

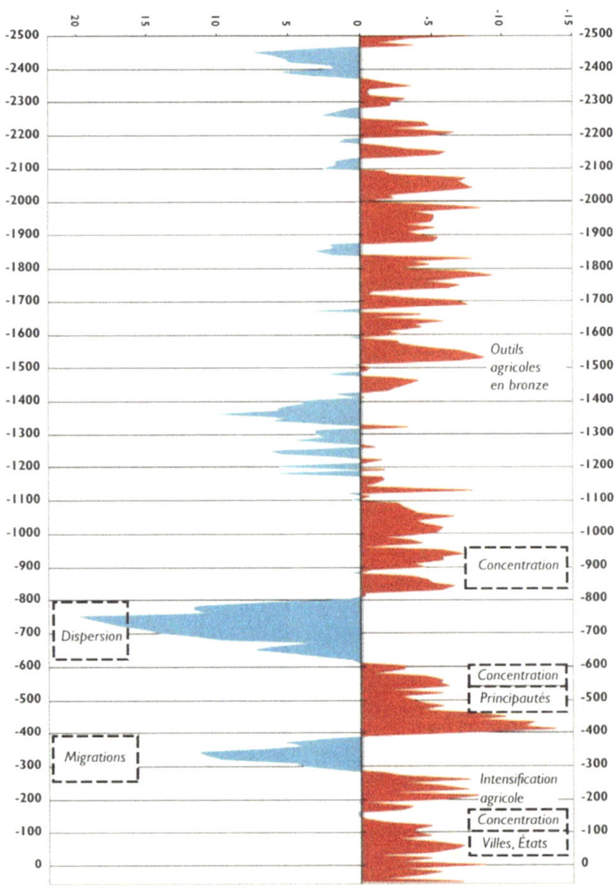


Figure 8. les variations du climat entre 2 500 av. J.C. et 0 av. J.C. d'après la teneur en $^{14}C$ résiduel (d'après Brun, Ruby, 2008, p.55)

Roumanie, Moldavie et Ukraine sud-occidentale, la grande culture chalcolithique de Cucuteni-Tripolié (5 800–3 800 av. J.C.). Elle sera infiltrée à partir de 3 300 av. J.C. par des pasteurs Yamna, venus des steppes orientales qui au cours de leurs pérégrinations au Nord du Caucase ont pu acquérir la technologie du Bronze à la culture de Maikop vers 3 600 av. J.C.

En Chine, l'agriculture se développe à partir de 6 000 av. J.C. dans les vallées du Yangtsé (fleuve bleu) pour le riz et du Huàng hé (fleuve Jaune) pour le millet, après un long processus qui a du débuter vers 7 000 av. J.C., au cours duquel l'usage de la céramique, de meules et de broyeurs révèlent l'importance de la cueillette de céréales, de légumineuses, de riz sauvage et de fruits à coques. Ces processus ont profité des moussons plus vigoureuses de l'Holocène humide.

Les premières manifestations de l'apparition de systèmes agro-pastoraux dans la vallée de l'Indus remontent au IVème millénaire, mais l'apogée de la civilisation de l'Indus se situe entre 2 600 et 1 900 av. J.C.

## 17. L'épisode aride de 4 200 BP (2 200 av. J.C.)

L'événement climatique 4 200 BP est un épisode climatique de grande sécheresse d'une durée d'environ 1 000 ans qui a déstabilisé les sociétés agro-pastorales et les premiers états. Cependant, ses manifestations n'ont pas été identiques sur l'ensemble de la planète : des régions ont subi une grande sécheresse et des tempêtes de sable (Afrique du Nord, Proche-Orient, Asie centrale, Chine du Nord, Europe) tandis que d'autres ont connu une forte humidité et des inondations (Amérique du Sud et centrale, Inde et Chine du Sud, Nord de l'Europe, Ouest de l'Amérique du Nord).

Les premiers Etats constitués au Proche-Orient, encore fragiles, dont l'économie était basé sur les ressources agro-pastorales, n'ont pas résisté à la crise climatique : c'est l'effondrement de l'ancien empire égyptien (2 700–2 200 av. J.C.) et l'empire d'Akkad (2 334–2 154 av. J.C.) en Mésopotamie.

Les sociétés du néolithique final et du chalcolithique, à leur apogée, ont été fragilisées. Elles disparaissent, se reconstituent sur des bases plus réduites ou sont infiltrées et détruites par des pasteurs nomades des steppes d'Asie centrale, activés par la détérioration climatique.

Dans le Sud-Caucase, la culture Kouro-Araxe, du Bronze ancien (3 500–2 000 av. J.C.) qui a diffusé la technologie du Bronze au Proche-Orient et en Asie mineure, disparait laissant la place à des pasteurs nomades venus des steppes d'Asie centrale qui vont édifier les grands kourganes du bronze moyen (culture de Trialeti).

Des preuves d'effondrement sont enregistrées au Proche-Orient, comme la disparition des agglomérations fortifiées du Bronze ancien II-III en Palestine, la destruction en Anatolie de villes due à des désordres internes ou à des raids nomades (comme Troie II).

La civilisation de l'Indus (4 000–1 900 av. J.C.), dont l'apogée se situe entre 2 900 et 1 900 av. J.C., décline en cultures régionales non urbanisées, avant de disparaitre au milieu du 2ème millénaire av. J.C.

En Chine, les sociétés du néolithique final (3 500–2 000 av. J.C.) comme la culture du Majiayao sur le fleuve Jaune supérieur, la culture de Longsham sur le fleuve Jaune moyen, la culture de Liangzhu dans le delta du Yangtsé, la culture de Shijiahe sur le moyen Yangtsé disparaissent, au moment des débuts de l'âge du Bronze en Chine avec les cultures de Qijia (2 200–1 600 av. J.C.), de Zhukaigou (2 000–1 400 av. J.C.) et du Xiajiadian inférieur (2 000–1 400 av. J.C.).

En Europe, l'événement 4 200 BP voit la fin des grandes sociétés chalcolithiques et l'émergence des sociétés de l'âge du Bronze ancien. C'est le cas notamment de plusieurs régions où des pics d'aridité ont été observés vers 2 200 av. J.C. :

- les sites chalcolithiques du sud de la péninsule ibérique, qui s'effondrent à partir de 2 300 av. J.C.,
- les sites chalcolithiques du Sud (Fontbouisse, Verazza), et de l'Ouest de la France (Artenacien) qui commencent à se désagréger à partir de 2 500 av. J.C.

Il est remarquable de noter le rôle dans ces transitions de la métallurgie du Bronze, qui est pourtant issue de foyers plus anciens au IVème millénaire (Caucase, Sumer), qui diffuse à la fin du IIIème millénaire vers le Proche-Orient, l'Europe (Unetice en Bohème exploitant les gisements d'étain des Monts Métallifères, El Argar en Andalousie) et la Chine (cf. supra). Il faut également faire remarquer le rôle essentiel des pasteurs nomades d'Asie centrale dans la diffusion de la technique métallurgique en Europe comme en Extrême-Orient. Il n'est pas le seul vecteur de cette diffusion, s'y ajoutant celui des navigations maritimes à l'intérieur de la mer Méditerranée (Chypre, Crête minoenne, Malte).

A contrario, la civilisation minoenne en Crête (3 100–1 200 av. J.C.) semble avoir moins souffert de la crise climatique, passant du Minoen ancien au Minoen récent, qui voit la construction des premiers palais, interprétés comme la manifestation d'une concentration des pouvoirs mais aussi de grands magasins permettant le stockage d'une partie de la production agricole apte à maîtriser les périodes de disette, les deux processus étant concomitants.

Il en est de même dans l'ile de Malte, où la colonisation néolithique, venue de Sicile, est attestée vers 5 500 av. J.C. (culture de Stentinello). La fin de la période des temples mégalithiques, vers 2 300 av. J.C., semble correspondre à un affaiblissement de l'ile liée à une surexploitation des ressources naturelles, conduisant à émettre l'hypothèse d'un abandon de l'archipel. L'arrivée de migrants venus d'Italie du Sud, porteurs d'armes et d'outils en Bronze et incinérant leurs morts est-il postérieur ou y est-il lié ? Quel rôle exact l'événement climatique a-t-il alors joué dans ces ruptures sociétales de la fin du IIIème millénaire ?

En Europe occidentale, dans la péninsule ibérique, une adaptation à la crise 4 200 BP, est celle des Motillas, dans la région de la Mancha, au Bronze moyen, qui creusent des puits de plus de 20m de profondeur, pour atteindre la nappe phréatique.

## 18. Après 4 200 BP, la fin de l'Holocène humide

Après la crise de 4 200 BP, le climat devient progressivement plus aride et la superficie des zones désertiques s'accroit. Le pastoralisme bovin du Sahara disparait, descendant vers le Sud sahélien et la Savane, dans ce qui est depuis la pérégrination des Peuls dans l'espace nord-africain, qui semble être confirmé par de récentes études paléogénétiques. Cet abandon du Sahara a permis l'installation d'un pastoralisme d'ovicapridés de populations berbérophones venus du Maghreb, qui sont aujourd'hui les Touaregs.

D'une façon plus générale, la montée de l'aridité voit l'accélération de la colonisation néolithique en Europe et le recul de l'agriculture au bénéfice des divers pastoralismes au Proche-Orient, en Afrique et en Asie centrale, sauf à mettre en en œuvre, dans des zones privilégiées, une ingénierie hydraulique qui ne peut plus être la réalisation d'un travail de la cellule familiale ou d'un village comme au VIème millénaire (canaux d'irrigation, puits) mais celui de l'ensemble de la communauté.

C'est donc avec les débuts de l'âge du Bronze, société considérée par la majorité des auteurs comme plus hiérarchisée que la société néolithique, que cette ingénierie hydraulique communautaire va se concrétiser dans l'édification des barrages de retenue (vallée du Nil), dans l'irrigation des terrasses des vallées par des canaux à faible pente remontant en amont les versants (Euphrate, Asie centrale), par l'aménagement des oueds de piémont au moyen de digues, murets déflecteurs, déversoirs et ramification par des canaux pour alimenter en eau et en sédiment les champs cultivés (Qataban et Saba). A partir du 1er millénaire, d'autres techniques plus sophistiquées sont inventées nécessitant l'usage de la métallurgie du fer comme les galeries souterraines de drainage avec des puits verticaux appelées qanats ou karez (Iran, Asie centrale, Caucase, Afrique du Nord, péninsule arabique) utilisés notamment dans la culture des oasis (en versant de montagne, en proximité d'oueds ou d'anciens lacs), remplaçant les désormais faibles précipitations par la condensation nocturne. C'est également à cette époque qu'apparaissent les techniques de remontée de l'eau comme la vis d'Archimède à manivelle, les roues à godet et les pompes.

Le climat durant le 2ème millénaire présente des variations significatives, qui sont particulièrement bien mises en évidence avec la variation de niveau des lacs alpins, qui révèle deux augmentations d'humidité entre 1 500 et 1 100 av. J.C. et entre 800 et 400 av. J.C. Ces résultats sont corroborés par les variations de la teneur en $^{14}C$ résiduel en atmosphère, un proxy des fluctuations de l'activité solaire, qui présentent globalement les mêmes périodes de péjoration climatique 1 500–1 150 et 800–600 av. J.C. En Europe occidentale, l'amélioration 1 600–1 400 correspond au développement du Bronze moyen. Dans l'espace circumméditerranéen, elle correspond également peu ou prou à l'apogée de l'empire mycénien (1 650–1 100 av. J.C.), de l'empire hittite (1 625–1 220 av. J.C.), du nouvel empire égyptien (1 890–1 085 av. J.C.), la période moyenne de l'empire assyrien (1 521–911 av. J.C.), de la civilisation cananéenne au Levant (2 000–1 200 av. J.C.), de la culture des Terramare en Italie (1 700–1 150 av. J.C.), l'apogée de la culture Nuragique en Sardaigne (1 800–1 300 av. J.C.) et de la culture torréenne en Corse (1 800–1 400 av. J.C.), environnement favorable qui ne s'enregistre cependant pas au Maghreb.

## 19. 1177 BC, the year civilization collapsed ?

Le changement climatique qui débute au XIIème siècle av. J.C. a fait l'objet de publications spectaculaires comme celles de B.L Drake en 2012 ou celle de E. Cline en 2015, ce dernier sous le titre provocateur « *1177 BC, the year civilisation collapsed* ». En effet cette péjoration climatique a eu des effets systémiques importants qui aboutissent à l'effondrement des pouvoirs centraux cités précédemment : Mycéniens, Minoens, Hittites, Egyptiens, Assyriens et à une instabilité chronique et de piraterie dans l'espace méditerranéen oriental connue sous le nom «*de l'invasion des peuples de la mer* », concept popularisé par Gaston Maspero à la fin du XIXème siècle, mais qui sous-tend des phénomènes de migrations de populations nomades par effet domino et/ou de recomposition régionale comme l'arrivée en Asie mineure des Phrygiens, en Syrie des Araméens et en Palestine des Philistins.

Cette période poétisée par l'allégorie mythologique d'Homère dans la guerre de Troie et le périple d'Ulysse, ne doit pas cacher les siècles obscurs de la Grèce (XIIème-IXème siècles) comme la troisième époque intermédiaire et la basse époque en Egypte pharaonique. Les Phéniciens se remettront plus rapidement des destructions des peuples de la mer, et en profiteront pour dominer l'ensemble du commerce sur la Méditerranée et en particulier de l'approvisionnement métallurgique, et de créer des comptoirs, dont le plus célèbre d'entre eux, Carthage, sera à l'origine d'un empire circumméditerranéen qui se heurtera aux Grecs et à Rome.

## 20. Migrations de pasteurs nomades et aridité climatique

Quels sont les processus qui déclenchent les migrations des pasteurs nomades, envahissant les territoires d'agriculteurs éleveurs sédentaires ? Cette question se pose dès les débuts du pastoralisme nomade à partir de 8 200 BP. Ces migrations/ invasions de pasteurs nomades originaires de steppes chaudes (Asie centrale, Proche-Orient) vont traverser l'histoire de l'humanité jusqu'au XVème siècle, à l'origine de la destruction des Etats, des villes et des infrastructures agro-pastorales, et de l'édification de grands empires le plus souvent éphémères, accompagnées d'exécutions en masse des populations ne faisant pas leur soumission. Dans les espaces conquis, les nouveaux arrivants soit ont continué de pratiquer leur nomadisme soit se sont sédentarisés au sein d'économies agro-pastorales dont ils devenaient la classe dominante démographiquement minoritaire, conservant leurs traditions et/ou s'acculturant de façon variable au contact des populations soumises ou des Etats voisins.

Dans les périodes protohistoriques et préhistoriques, les archéologues du XIXème siècle, influencés par les premiers récits historiques et les textes mythologiques, ont eu tendance à surestimer l'importance et le nombre des migrations, amplifiées par les idéologies nationalistes des débuts du XXème siècle, ou minimisées par l'autochtonisme et l'évolution stadiale de l'idéologie marxiste, avant d'être réhabilités par les études paléogénétiques à la fin du XXème siècle.

L'efficacité militaire des populations nomades est tout d'abord à leur mobilité mais celle-ci a été facilitée par la domestication du cheval qui est actuellement datée du IVème millénaire en Asie centrale et à des emprunts technologiques comme la métallurgie au Nord du Caucase.

Ce n'est donc pas un hasard si la première de ces migrations nomades est la culture Yamna (ou culture des tombes à fosse identifiée par V. Gorodtsov dans les années 1 900) qui s'installe dans la steppe pontique à partir de 3 800 av. J.C. au contact et au détriment de la Culture chalcolithique de Tripolié-Cucuteni. Cette culture de l'âge du Bronze a été rendue célèbre par M. Gimbutas dans les années 1950 qui la voyait comme les meilleurs candidats pour l'arrivée des Indo-Européens en Europe à la fin du IIIème millénaire av. J.C., candidature régulièrement contestée notamment par ceux qui ne croient pas à la théorie indoeuropéenne, mais qui semble avoir été réhabilitée par de récentes études génétiques qui enregistrent un apport génétique important en Europe et en Asie du Sud. La culture Yamna est considérée comme l'origine de la culture de la céramique Cordée (3 000–2 000 av. J.C.) en Europe centrale, septentrionale et orientale et de ses liens avec la culture Campaniforme en Europe occidentale (2 900–1 900 av. J.C.).

L'arrivée de la culture Yamna dans les steppes pontiques a été corrélée avec une péjoration climatique datée de 5 900 BP et associée au 4ème événement climatique de Bond, qui a été moins reconnue que les événements de 8 200 BP et 4 200 BP.

A l'événement 4 200 BP, correspond la fin de la culture du Bronze ancien Kouro-Araxe dans le Sud-Caucase et l'arrivée de la culture du Bronze moyen de Trialeti vers 2 000 av. J.C.

A l'événement 1 200 av. J.C., correspond l'arrivée en Asie mineure des Phrygiens, dans la steppe pontique des Cimmériens et au Levant des peuples de la Mer

A la péjoration climatique de la période 800–600 av. J.C., correspond l'arrivée au IXème siècle av. J.C. des Scythes dans les steppes pontiques.

## 21. Effondrements et révolutions technologiques : un paradoxe

L'événement 4 200 BP, qui provoque l'effondrement des premiers Etats et des sociétés chalcolithiques, marque la diffusion de la métallurgie à l'origine de l'âge du Bronze en Europe au IIème millénaire. L'événement 1 200 BP, qui provoque l'effondrement des grands empires du milieu du 2ème millénaire av. J.C., favorise la diffusion de la métallurgie du fer, à l'origine de l'Âge du Fer en Europe. Cette concordance doit être analysée d'un point de vue systémique afin de ne pas être limité par une approche typologique (présence/absence du Bronze et de Fer) et prendre en compte l'ensemble des composantes socio-économiques des sociétés au moment de ces transitions. Les envahisseurs, qui profitent de la déstabilisation des sociétés suite à la péjoration climatique, possèdent un avantage militaire avec l'usage d'armes en Bronze, empruntés aux cultures du Caucase vers 3 600 av. J.C. et d'armes en fer emprunté vraisemblablement aux Hittites vers 1 200 av. J.C. Leurs succès entrainent alors une diffusion rapide de ces deux métallurgies.

L'effondrement des Etats, qui contrôlent le commerce dont la taxation alimente significativement son budget, entraine une libération des acteurs commerciaux, dont le développement et l'enrichissement peut dès lors être rapide, à partir de comptoirs bien situés sur les routes commerciales. C'est le cas des Phéniciens qui profitent de la crise de 1 200 av. J.C. pour contrôler un commerce à travers la Méditerranée qui était aux mains des Mycéniens, des Minoens, des Egyptiens et des premiers Assyriens.

## 22. La péjoration 400–300 av. J.C.

Une péjoration climatique survient vers 400 av. J.C., suivie de l'optimum climatique romain de 250 av. J.C. à 400 ap. J.C., période qui correspond au développement et à l'apogée de l'Empire Romain. Les grandes invasions sont traditionnellement datées entre 375 et 568 et correspondent à la péjoration suivante.

Plusieurs migrations celtes ont été commentées par les historiens vers 400 av. J.C., date qui correspond aux débuts de l'âge de la Tène (ou second âge du Fer), vers 450 av. J.C. vers les Balkans (et le pillage de Delphes), en 390 av. J.C. à Rome. Il s'agit plutôt dans ce cas d'une expansion bien servie par la maîtrise de la métallurgie du fer développée par les Celtes depuis la période de Hallstatt.

## 23. Sociétés agro-pastorales et variations climatiques

La pression climatique s'exerce différemment sur les populations de chasseurs-cueilleurs, d'agriculteurs-éleveurs et des premiers Etats urbanisés.

Il suffit en effet de quelques années successives de mauvaise météorologie pour mettre en danger une société agro-pastorale, dont les rendements n'ont progressé que lentement jusqu'au XIXème siècle (de 0,5 à 10 quintaux à l'ha) avant que la mécanisation, et l'emploi d'engrais et d'insecticides ne les fasse bondir à 100 quintaux à l'ha. Dans les pires situations, la moitié de la population peut périr de disette et de famine en quelques années.

Pour les sociétés étatisées, le rôle essentiel du stockage étatique (dont l'Egypte pharaonique nous donne un bon exemple) permet, en cas de mauvaises récoltes, de nourrir la population en évitant les spéculations. L'affaiblissement du pouvoir est très souvent le résultat d'une mauvaise anticipation de ces risques.

Les groupes dc chasseurs–cueilleurs sont par contre beaucoup plus résilients face aux variations du climat, résilience qui s'expriment en ordre de grandeur de la centaine d'années.

Durant l'Holocène, l'amplitude et la durée des variations climatiques vont donc avoir une influence différente sur ces différents types de sociétés, comme cela a été bien observé avec l'événement 8 200 BP.

Il est ainsi possible de distinguer :

- les épisodes climatiques longs (plusieurs milliers d'années) comme l'Holocène humide (9 000–4 200 BP), suivi après 4 200 BP par un assèchement progressif du climat.
- Les épisodes climatiques courts (plusieurs centaines d'années) : 8 200 BP; 4 200 BP, optimum 1 600 av. J.C., 1 200 av. J.C., crise 400–300 av. J.C., optimum romain, optimum médiéval, petit âge glaciaire, etc. qui ont eu une forte implication sur l'épanouissement ou sur la régression des sociétés agro-pastorales,
- Les épisodes météorologiques (plusieurs années) d'origines variées (dont les éruptions volcaniques) à l'origine de disettes, de famines et d'épidémies qui peuvent faire disparaitre ou réduire de moitié une population.

## 24. Quelques constats en guise de conclusions provisoires

Un climat chaud et humide favorise le peuplement et l'expansion démographique des groupes de chasseurs cueilleurs. C'est aussi un climat chaud et humide qui a permis l'invention et le développement de l'agriculture et de la domestication au Proche-Orient (Holocène humide). Un climat glaciaire réduit les peuplements qui cependant s'y adaptent, sauf pendant les maxima glaciaires et désertiques à l'origine de collapses importants. Les épisodes froids et arides de l'Holocène ont été des freins au développement de l'agriculture et ont obligé les sociétés néolithiques à s'adapter soit par des investissements d'infrastructure (irrigation) favorisant l'émergence des Etats, soit par des migrations (néolithisation de l'Europe) et soit par des changements de modes de subsistance (pastoralisme, nomadisme, sélection et diffusion des espèces de plantes cultivées et des espèces animales domestiquées).

Dans tous les cas, les changements climatiques longs, courts et les variations météorologiques ont obligé les sociétés humaines à s'adapter et à innover pour remédier aux difficultés rencontrées , une adaptation qui s'est traduite sur la courte durée de l'Holocène (14 000 ans) par une croissance démographique de l'espèce humaine de 1 million d'individus il y a 20 000 ans à 7 milliards aujourd'hui.

## Bibliographie

Djindjian F. dir. 2022. Les sociétés humaines face aux changements climatiques. Volume 1 La préhistoire des origines de l'Humanité à la fin du pléistocène. Oxford, Archaeopress, 2022

Djindjian F. dir. 2022. Les sociétés humaines face aux changements climatiques. Volume 2 La Protohistoire des débuts de l'Holocène aux débuts des temps histooriques. Oxford, Archaeopress, 2022

# Cultural evolution as the emperor's new clothes

Martin Oliva

## Abstract

*The paper presents a critique of overly mechanistic approaches to human cultural development. Many phenomena can be explained in a multitude of ways; however, the usual tendency is to select the practical one (i.e., ergonomic) although it is far from being the most likely in many cases. Interestingly, practical motivations for different phenomena are considered obvious, whereas symbolic ones must be thoroughly substantiated, and even then they tend to be pushed aside as implausible. At the same time, everybody recognizes that humans have always lived not only material but also spiritual lives, and the two have never been easily separated.*

*This results in endless repetitions of certain arguments, and it is not rewarding to cast doubt or new light on them. Rather than being related to the science itself, the causes rest in practical aspects of working within scientific communities.*

*Keywords: Palaeolithic, Mammoth bone heaps, Mammoth bone dwellings, Storage pits, Flint mining, Cave sanctuaries, Adaptation, Culture and Nature.*

## Résumé

*L'article présente les critiques des approches trop mécanistes du développement culturel humain. De nombreux phénomènes peuvent être expliqués de multiples façons ; Cependant, la tendance habituelle est de choisir la pratique (c'est-à-dire ergonomique) bien que cela soit loin d'être le plus probable dans de nombreux cas. Il est intéressant de noter que les motivations pratiques des différents phénomènes sont considérées comme évidentes, tandis que les motivations symboliques doivent être soigneusement étayées, et même dans ce cas, elles ont tendance à être écartées comme invraisemblables. En même temps, tout le monde reconnaît que les humains ont toujours vécu une vie non seulement matérielle mais aussi spirituelle, et que les deux n'ont jamais été facilement séparés.*

*Il en résulte des répétitions sans fin de certains arguments, et il n'est pas gratifiant de jeter des doutes ou une nouvelle lumière sur eux. Plutôt que d'être liées à la science elle-même, les causes résident dans les aspects pratiques de l'existence au sein des communautés scientifiques.*

*Mots-clés : Paléolithique, amas d'ossements de mammouth, cabanes en os de mammouths, fosses de stockage, extraction de silex, sanctuaires en grottes, adaptation, culture et nature.*

## I. Introduction

The aim of this chapter is to show how our knowledge of cultural evolution depends on how we look at various findings and which of them we choose for the given task. After all, the same phenomenon can be the subject of rethinking in many contexts, though we often settle for just one, and even worse, usually the one that hews closest to the thinking of contemporary people, thus reducing the likelihood of its accuracy. There are also differences between individual countries. In Western Europe, perhaps in opposition to the freer discourse in the United Kingdom, a great of important data seems to be accumulating, while there is said to be plenty of time for interpretation. New pieces, however important and though obtained by innovative methods, are simply inserted into the old mosaic – a safe and comfortable approach, because demands are low on putting too much thought into the situation, discussing and reacting to new knowledge that does not fit the traditional model. However, there is the danger that the meaning of things is changing and before long we won't even know what we are actually recognising in such detail. We'll keep a tight grip on the pole but miss the fact that someone in the meantime has changed the flag. This ossifying of views is related to the fact that in western continental Europe the Palaeolithic is studied in natural science faculties, so research results must be presented in a somewhat more exact way. And most importantly: if subjective and other inestimable motivations came into play, it will be difficult to find topics for student research, since the criteria for their evaluation would be called into question.

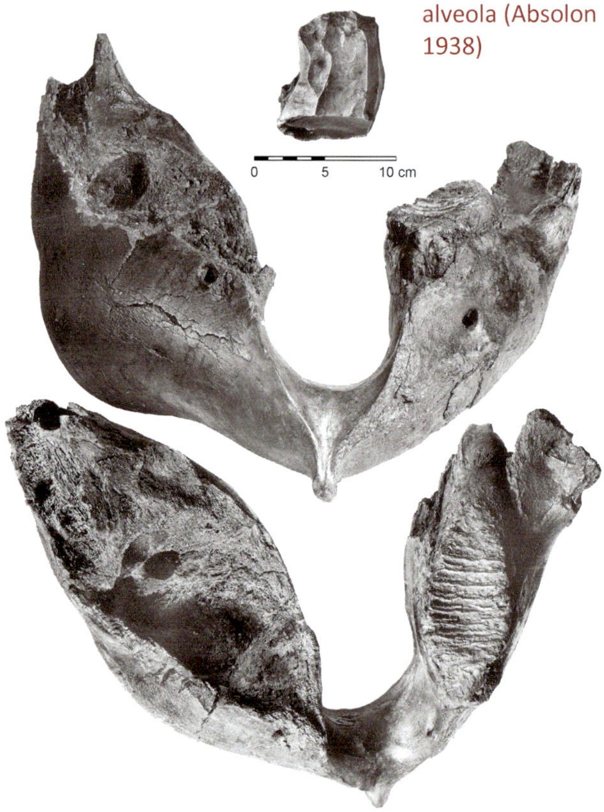


Figure 1. Dolní Věstonice I, pathological mammoth mandible with the largest core made of the Cracowian Jurassic flint deposited in the alveola (Absolon 1938)

## II. Examples from research on the Palaeolithic

A particular example is the use of finds of molars at Gravettian sites to calculate the number of mammoths that were hunted. Like tusks, molars were probably collected in the surrounding area already in weathered condition, as otherwise they would have had to have been laboriously hammered out of the skulls and mandibles of these massive beasts (Figure 1). These also appear at sites, which naturally is just another reason to consider their special (i.e. non-practical) function. Moreover, the molars have typically not been extracted from these jawbones. This brings us to yet another source of dispute, i.e. the interpretation of the presence of large bones. For the most part we will work with the situation in Moravia with which we are most familiar.

The remains of mammoths, accompanied by artefacts, are either found within the settlement itself, amongst what are assumed to have been huts (Dolní Věstonice I, Milovice G, Předmostí, less notably Pavlov I , II, VI, Dolní Věstonice II, Milovice IV, Boršice and Spytihněv), or in the form of large accumulations very close to settlements (Dolní Věstonice I, Milovice – northern sectors /Figure 2/, in places also evidently at Předmostí: Maška, 1894, and at Kraków-Spadzista in Poland). Numerous sizeable mammoth remains have also been found in Central European caves (Vogelherd, Weinberghöhle, Mamutowa). These remains have always been rearranged somewhat, with no anatomical cohesion (altogether, there tend to be a few vertebrae or ribs at most) and basically there are no examples where the bones of individual specimens have been found lying next to one another (Figure 3). The absence of groups of bones from individual animals in the accumulation in Spadzista Street is explained as being the result of gelifluction (the seasonal freeze-thaw action upon waterlogged topsoil, which induces downslope movement), human factors, the activity of

Figure 2. Milovice I (Břeclav distr.), accumulation of mammoth bones in Sector B. Photo M. Oliva

Figure 3. Dolní Věstonice I, accumulation 6: Large mammoth hip bones on a thick layer of bone ash. Photo K. Absolon

predators, and trampling by other mammoths (Kalicki *et al.*, 2007, p.21). With the exception of the human factor, all these would have dispersed the bones, while here we need to explain how they came to be accumulated together like this. These circumstances preclude both the alternative idea that the mammoths died a natural death right by the settlement as well as the theory that the mammoths were hunted exactly where their bones were "deposited". The pachyderms would have needed to keep coming into the area where people lived, sometimes directly between the fireplace and the huts, where they would have faced the threat of being killed. We will therefore have to assume that the hypothesis that the mammoth bones were taken to the settlement is true. Of course, there is the question of why this was done. In Kraków–Spadzista, the greatest number of specimens (according to the latest figures, approximately 86, Wojtal, 2007, p.128) comprise mandibles, molars, atlases, sesamoid bones and caudal vertebrae, together with numerous fragments of hip bones, shoulder blades and skulls, while limb bones, which would have yielded much more meat, are far rarer. In the southern passage of Mamutowa Cave near Kraków, settled in the Late Gravettian, J. Zawisza (1878) came across a cluster of mammoth bones consisting of a pelvis, several tusks (including one large complete specimen), a humerus, two tibias and a number of complete ribs. There are many similar examples. Apart from serving as building material in dwellings in Milovice I/G (Figure 4) and perhaps also Kraków (mandibles), all of these large bones were unused in the central-European Gravettian. It is highly unlikely that they were carried to the settlement purely as fuel, for building purposes, or as a raw material. A massing such disproportionately large supplies of raw

Figure 4. Milovice I/G (Břeclav distr.), foundation of a circular hut of mammoth bones, Photo M. Oliva

materials and stinking fuel would have been completely impractical and we are aware of no similar analogies from other Palaeolithic or subrecent hunting cultures. However, what is absurd from a practical point of view may be acceptable for symbolic reasons (Oliva, 2013). But this does not mean that the accumulations of mammoth bones did not also contain remnants of hunted animals.

Further food for thought comes in the structured depositions of mammoth bones found mainly in Eastern Europe. It is not only Soviet archaeologists that think of them in primarily materialistic terms; in the same spirit they interpreted round structures as huts, smaller pits as meat caches, and less carefully arranged accumulations as stocks of raw material and fuel, or as cooking waste. This view clearly also suits the ecological/economic paradigm of contemporary Palaeolithic archaeology.

As such, there is a certain preference in favour of larger and more representative pieces, among which mammoth skulls had primacy; while from a food and technical perspective, skulls were completely useless. On the contrary, they were of great importance in the world of symbols. It is skulls that often occur in the structures of the massive huts of the Ukrainian Epigravettian (Mezinian), not without the obvious symbolism built from mammoth bones. Central hut no. 1 in Gontsy was marked by a circle of 28 skulls and erected with the help of limb bones, shoulder blades, and tusks (Pidopličko, 1969, Fig. 14; Iakovleva, Djindjian, 2005, p.14). A second hut with a diameter of 6 m, investigated in 2009 and 2010, consisted of 20 skulls, 125 tusks, 60 scapulae, 10 pelvises, 12 long bones and five mandibles, and it was not investigated to its full extent (Iakovleva *et al.* 2012).

The most famous and important huts are located at the sites of Mezin and Mezhirich, where there is no denying the monumentality and emphasis on an impressive appearance. The prime example is hut no. 1 in Mezhirich, where the base consisted of ten limb bones, 20 hip bones and about 25 skulls, while another 12 skulls, 30 shoulder blades, 15 hip bones, 12 limb bones and seven pieces of spine are assumed to have formed the vault, and from the outside the foundations were lined by a wall composed of 95 mandibles (Pidopličko, 1969, Figs. 43 and 62; Pidoplichko, 1998, Pl. 8 and 60). In many cases, bones and a hearth did not form a roofed dwelling. At Timonovka II, a row of 12 mammoth skulls appeared near a large hearth that did not belong to any dwelling (Veličko *et al.*, 1977, p.88). At the Gontsy site, a grouping of shoulder blades and hip bones lines a zone of particularly rich settlement activities (Iakovleva, 2003, p.55). On a slope about 10 m above the central hearth with the find of the Venus of Věstonice, a scattered group of bones ("kjökkenmödding 2") was discovered in 1925 with a distinctive ochre spot of 2 m$^2$ in their centre, in which lay a pebble of crystal (Absolon, 1938, p.21–22, 25; Oliva, 2014, Fig.50; photo XXXII). It is in these unclear cases, where the practical purpose of the mammoth bones (as a load on the dwelling walls?) cannot be documented that their symbolic or social function – exhibiting as many remains of the most prestigious game as possible – stands out.

Generally found in the vicinity of huts and other round structures of the Ukrainian Epigravettian are pits, referred to as "meat caches" (Figure 5). According to Olga Soffer, in ten settlements they numbered 1–12 per locality (Soffer, 1985, p.255). Unlike the larger and deeper irregularly-shaped pits we know, for example, from Kostienki I and Avdeevo, these are smaller and shallower (less than 1 m deep), so could not have been used as dwellings. In fact, they are not similar to the real meat caches, which, for example, the Eskimos have been described as using (Binford, 1993), in terms of shape (the Palaeolithic ones are more regular with vertical walls) or contents. No analysis has yet been carried out on the contents of the pits as regards the economy of the supplies or the meat value of the bones from hunted prey. It is very impractical to store mammoth meat, even on the bone, and most of the bones had been gnawed, so there was no meat on them when they were placed into the pits (Šovkopljas, 1972). I have not yet come across a situation in the literature where a pit only contained the richest meat bones of an animal that was commonly hunted, e.g. a reindeer, or the carcasses of a few hares. Yet it is this kind of find that we would most expect to come across in real meat caches.

Figure 5. Mezine, "meat-cache" with mammoth skulls neat the Hut 1 (Šovkopljas 1965)

I. G. Šovkoplias (1972, p.179) stated that the pits in Dobraničevka were so tightly packed with bones that there was no room left for meat (the same applies to Kostienki). There are even circles of pits that do not belong to any dwelling. The pits also contained an abundance of tusks, despite the fact that in some settlements mammoth ivory was hardly worked at all (e.g. Dobraničevka: Šovkopljas, 1972, p.186; Radomyšl: Koulakovska, Nuzhnyi, 2004, p.92).

In addition to the dominant large bones, practically every pit also contained other objects, such as bones from small animals or often numerous stone tools (as many as 2,278 in Mezin), fragments of bone tools and weapons, ash, ochre, etc. One pit in this locality contained three intact skulls, two mandibles, five tusks, six flat bones (pelvises, scapulae) and five long bones (Rogačev, Anikovič, 1984, p.190). In Avdeevo, mammoth bones were found mainly in pits, especially skulls and vertebrae, but also the skeleton (how complete?) of one large specimen. Lying at the bottom of the shafts were the intact skeletons of wolves (as many as fifteen), while only parts of wolf skeletons were found in the uppermost parts of the backfill (Grigoriev, 2000, p.312). As in Kostienki I/1, it has been thought that people lived in these pits, which the present author doubts for the reasons given above (Jelínek, 1975, figs. 374–378).

We can, however, mention direct evidence of the further ritual use of pits. Found in Kostienki XVIII, not far from a grave containing mammoth bones, were pits as deep as 1.75 m with mammoth bones placed in a vertical position, with rocks brought to the site and the remains of a cretaceous *Plesiosaurus* (Praslov, Rogačev *Eds.*, 1982, p.189). Discovered in two pits around 40 cm deep in Yeliseeviči underneath mammoth scapulae and together with mammoth bones and ash were lavishly decorated tablets made of mammoth ivory (one and six pieces respectively), which Polikarpovič compares to churingas (Polikarpovič, 1968, p.70-71). At the Upper Gravettian settlement in Zaraysk near Moscow, a realistic ivory carving of a bison was found on a special "podium" at the bottom of a "typical storage pit", 60 cm deep. It lay below ochre sediment and the chest of the figure was pockmarked with the traces of blows (Amirkhanov, Lev, 2000, p.613-614). In two other "storage pits", statuettes of women were found lying below mammoth scapulae (Amirkhanov, Lev, 2009, p.292-330), as was also the case in Khotylevo (Gavrilov, 1998, p.64).

In our Gravettian, or Pavlovian, the only thing to fall into the category of such structures is the pit from Pavlov I, sunk 40 cm below the original surface and interpreted as a semi-underground dwelling (Klíma, 1977). The diameter of the bottom, however, is not even one and half metres, so the people who lived in it must have slept packed into a ball, with certainly no room for any other activity, such as work or coupling. It is also hard to suppose that the quantity of large bones found in the backfill served merely to weigh down the roof. Right at the top lay a complete reindeer skull and half a pelvis, while below this in the NW part there was a group of five tusks. By the wall of the SE part of the pit lay two fragmentary mammoth skulls, with a third near the middle. Also found here were two mammoth shoulder blades, a large ulna, part of a hip bone, several molars, two pieces of limestone, and, on the bottom, a layer of charcoal. The artefacts included ten points made of mammoth ivory, one of which is complete, and a crusher made from a tusk. Separated from a total of 550 lithic pieces were 198 retouched tools.

Basically, these depots were used to store everything that was easy to pick up and carry, including fragments and waste, with the exception of very tiny chips. These depositions were undoubtedly related to the "added" symbolic importance of flint as the material of choice, just as the bones reflected the symbolic importance of the mammoth as the largest animal known at the time. Another interesting deposit, whether it was originally the backfill of a pit or a concentration on the surface, is the pile of mammoth mandibles, molars and tusks found in 1816 at Seeberg at Bad Cannstatt (Fraas, 1866; Bosinski, 1990: p.146).

Four pits with mammoth bones and reindeer antlers were discovered by S. Vencl at the Epigravettian site at Stadice in NW Bohemia (Vencl, 2013, p.89-92; Oliva, Vencl 2021). Once again, they are mostly non-meat bones, and there were also six hoards of chipped lithic industry at the site (Figure 6). One of these hoards was stored in a pit with bones, while in another pit – apparently on the edge of the dwelling – lay 10 kg of red ochre. The clusters of stone industry were certainly not some sort of pagan reserve set aside for harder times. An analysis showed that the quality of the deposited artefacts is the same as that of the production zones around them, so it is not as if we are seeing any selection of the best or most useful pieces. It is

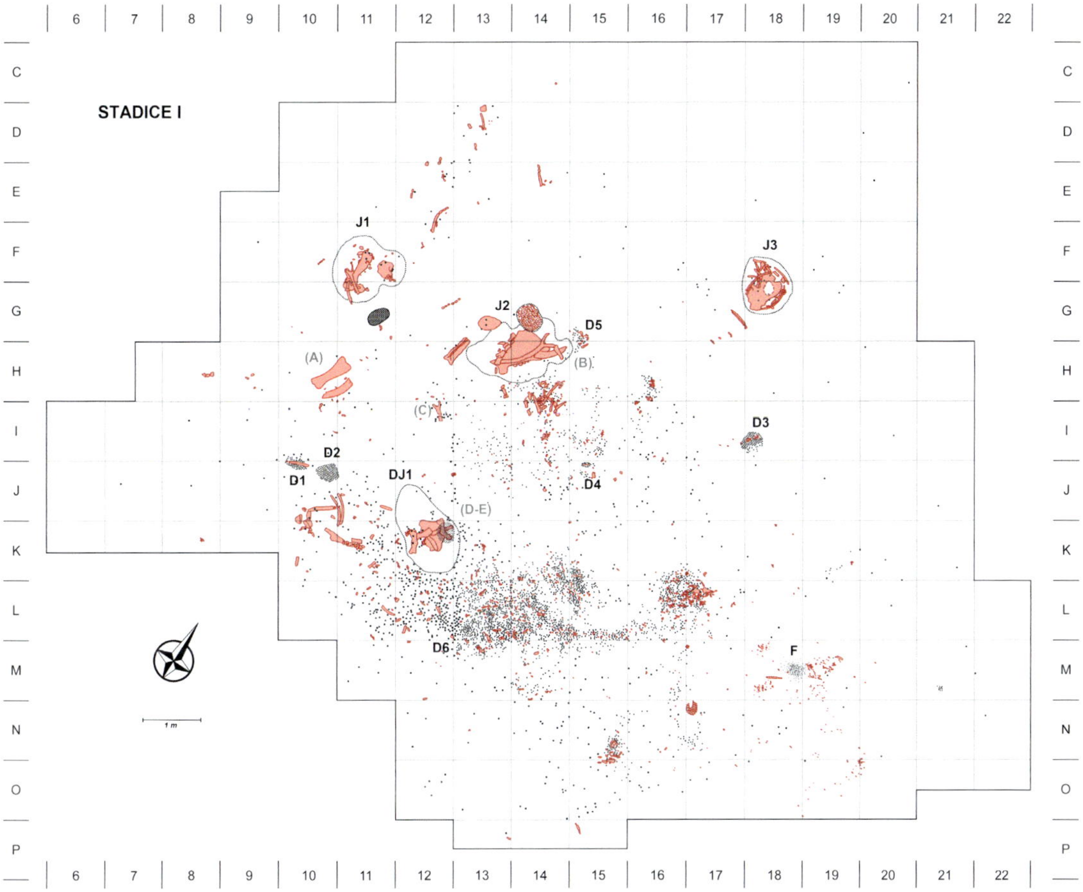


Figure 6. Plan of the Stadice I site. Bones highlighted in red, identification no. of museum in Ústí nad Labem in brackets. Redrawn by T. Janků after S. Vencl (Oliva, Vencl 2021)

hardly surprising that the head of the excavation, S. Vencl, regarded these pits as practical hiding places. Pits with stones, bones, flint and bone tools, production waste and in four cases even with female figurines (Figure 7) at the Magdalenian site of Nebra (Germany) were interpreted as postholes with stones used for wedging the posts (Mania 1999, 17).

It is characteristic of practitioners of contemporary Palaeolithic archaeology that in spite of the obvious lack of expected material they interpret pits with bones as meat storage pits. The lack of more precise ethnological analogies does not seem to worry them. Even if these pits, particularly those found in Ukraine, originally served some practical purpose, the accumulation of large bones with ash, ochre, and various artefacts is proof of the fact that at least in their latter phases they related to a particular treatment of the remains of the most prestigious hunted game.

In my opinion, the treatment of mammoth remains in the eastern Epigravettian became more formalised. Whatever was supposed to be visible during the Gravettian (Pavlovian) in the form of piles, which were sorted to various degrees, lent a monumental air to dwellings, and whatever was hidden in marshy zones was placed in pits during the Ukrainian

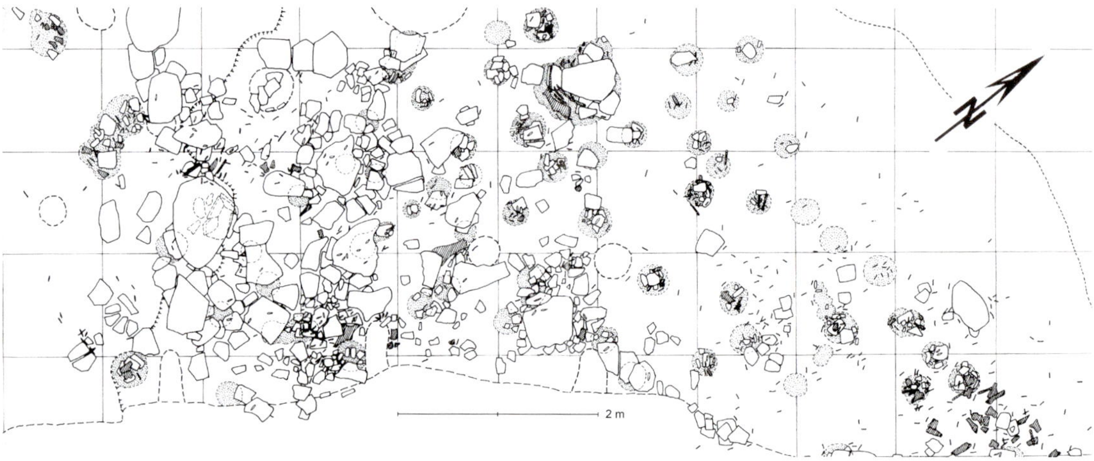


Figure 7. Nebra (Germany, Magdalenian): Pits with stones, bones, tools, and even female figurines (Mania, 1999)

Epigravettian (Mezinian). The shares of individual bones are different in the local accumulations because skulls, mandibles, flat bones and large limb bones were taken to the camp and used in the foundations of huts or deposited in pits (Iakovleva *et al.* 2012, p. 91). The representative and spiritual meaning of the deposits was only intensified by the fact that they were arranged in a more distinctive manner.

The symbolic role of skulls is also manifested in graves, where they represent additions (the skull of the mammoth by the grave in Paviland Cave, the entire skull of a rhino by the "shamanic" grave in Brno 2: Makowsky 1892; Oliva, 1999). Scapulae play an even more significant role in graves, since due to their flat shape they can be used as a covering (female grave Dolní Věstonice 3 and child's grave Dolní Věstonice 4, male grave in Pavlov I; two scapulae stood at the edge of the Předmostí deposit of human bones (Klíma, 1990, Fig. 18). Funeral scapulae from Dolní Věstonice, Pavlov and Předmostí were cut with irregular grooves (Klíma, 1959, 311; 1963, Fig. 60; Oliva, 2002, Fig. 10). Two children's burials in a pouch with ochre were covered by a mammoth scapula supported by a piece of tusk at the Wachtberg site near Krems (Einwögerer, 2005).

In short, the circumstances surrounding the occurrence of mammoth bones and their numbers suggest that their study contributes more to knowledge of spiritual than material life.

## *II.1 The Testimony of Art*

On the other hand, knowledge of spirituality, or directly religion, has always been associated with the study of "artistic" creation. To this day, caves with parietal art are regarded as some sort of sanctuary, even as the interpretation of spiritual motivation changes.

In Western Europe, celebrated cave art reached its peak in the Magdalenian. While some paintings could have arisen with ritual or religious connections, not all can be explained as functional or even liturgical art. The concentration of creative expressions into certain places, and their absence at most sites does not reflect this view. For instance, we can recall the difference among the Magdalenian sites in the Paris Basin, nearly devoid of creative expression, and the very rich sites in the Périgord, Pyrenees, and above the Rhine Valley (Gönnersdorf, Andernach: Bosinski, 2007), bearing in mind that the function of these settlements was certainly similar. In the author's opinion, such artistic centres may not tally with hubs of spiritual life or the local activities of a shaman; rather, these were activities induced by the creativity of gifted individuals and strengthened by being appreciated and imitated within the community. This pertains not only to portable art, but also to drawings and engravings in the caves. One can hardly imagine the engravings cluttered in narrow corridors being made during rituals, or such spaces being the settings for mass ceremonies.

The concealed nature of the painted cave spaces and their distance from the entrance is often interpreted as evidence that they were the scene of religious ceremonies. But as we are all aware, it is ungodly activities that are hidden, while the pious ones take place as publicly as possible – in churches, lavish pilgrimages and even at airports during papal visits. There are of course many reasons for hiding, and if the reasons are religious, it has always been a minority and often persecuted religion (like early Christians in the catacombs). Apparently, some engravings were meant to be kept from the eyes of even the visitors to these secret spaces: for example, the engravings of women and animals in Les Combarelles Cave were made on the rock shelter closely above the floor at the time. The psyche can play a prominent role, e.g. the desire not to be disturbed, to provide evidence of penetration into feared areas, etc. Some drawings, e.g. two mammoths on the inaccessible ceiling of the last dome in Bernifal Cave, testify to a display of courage – just like today's various graffiti tags high on buildings and chimneys. Visiting the most inaccessible parts of the cave could have been proof of courage. The most remote part of the cave of Lascaux is thought to be located in such a place, which is why the greatest number of scholars have devoted themselves to its interpretation. But the quality of the paintings in the *Puits* (or "Shaft of the Dead Man") is significantly poorer than the other paintings in this cave. Is it possible that some less skilled artist who nevertheless desired to depict his impressions from an unfortunate hunt was relegated to this impassable space simply so as not to spoil the work of others?

The mysteriously hidden environment with special acoustic sounds of regularly falling drops and flickering semi-darkness surely enhanced the experience for these artists. Therefore, there are exceptional places where the religious aspects of the performed activities are naturally possible. These are large cave halls with monumental, masterly paintings, such as the Niaux and Lascaux caves (the central painted dome there, however, is right at the beginning of the cave). It is easy to imagine such exceptional locations being used for mass ceremonies, though multi-coloured paintings of animals at the highest artistic level can also be found in narrow corridors that are not very suitable for certain ceremonies (Font-de-Gaume). It is therefore apparent that even the finest artists didn't shun the opportunity to create outside of the perhaps 'prestigious' environment of central halls. Moreover, modifications for visitors to the presumed "sanctuaries" are not even found in the spacious domes. It is possible that many were visited only once. In areas without caves, there was "rock art", which was typical mainly for the Holocene. Unlike painted caves in the Palaeolithic, the majority of sites are distant from the usual settlement areas. People from the lowlands, who had no caves or rocks in their vicinity, certainly took refuge in such (for them already remote) regions. And in some places rock art was practiced well into the Middle Ages, completely independent of changes in ideology and religion.

If, on the other hand, cave art is absent in some regions where inhabited caves existed in the Magdalenian, it is probably because the lower population density did not create such a tense social atmosphere. In this respect, the boom in Palaeolithic art in western Europe can be boldly compared to the boom in rock music on the British Isles in the 1960s, although this music and its corresponding ideology spread throughout Europe at that time (leaving America aside for now).

It is therefore obvious that sources of an artistic nature are exploited for knowledge of prehistoric spiritual ideas far in excess of their testimonial capacity, which leads to the accumulation of hypotheses that are often nonsensical or highly artificial. Not only genuine art, but every non-utilitarian scratch is then related to some kind of message or to a communication system (Clottes, 2011, p. 17; Svoboda, 2020, p.17, 215). That this exchange of information and the refinement of social relations took place especially in gatherings of many people is beyond doubt, but the question remains whether these meetings took place mainly in painted caves – and no evidence exists for this assertion.

## *II.2 Lithic industries*

From what has been preserved it is mainly stone tools that are related to the practical side of life. However, the stone artefacts themselves reflect technical adaptation to the environment to a very limited degree, since only a minor part of the modifications of lithic tools and weapons was necessary from the viewpoint of practical function. Precisely the most labour intensive and most stylish tools were produced because of their social (prestigious, etc.) or symbolic function. In the abundant free time characteristic of hunters and gatherers (Sahlins 1974), relaxation by chipping played a key role (Oliva, 1985, 2015), although it produced not only some of the stylistic modifications but also a substantive, perhaps even prevailing part of chipped industry as such. Obviously, this applies to products from other materials as well. We should realise that both primeval and other non-literary societies were unfamiliar with domestic information and relaxation media (the press, radio, the internet, etc.), and their function was taken by joint activity in the open. The work necessary for subsistence, to which stone tool production doubtlessly belonged, was becoming freely transformed into a relaxation and socially competitive activity without any major change to its character and without the possibility of differentiating its practical phase from that which was redundant for subsistence purposes (Oliva 1985). Although the non-utilitarian aspects of chipped industry are normally considered these days, it is almost exclusively in relation to extraordinary artefacts to which we can attach prestigious and symbolic significance. Such aspects are much less often seen in the process of production proper and in the mechanism of raw material distribution. It is exactly this surplus product of relaxation that makes it possible for us (albeit perhaps erroneously) to discern archaeological cultures, or at least some industrial traditions, and this simultaneously prevents straightforward conclusions drawn from typological spectrums of sites regarding the activities being performed, as e.g. Lewis Binford (1969; 1973) wanted to do in his classic discussion with F. Bordes (Bordes, de Sonneville-Bordes, 1970). The discussion focused on the variability of the Middle Palaeolithic, and it was exactly this period in which the pre-eminence of style over function became most evident – after all, no Middle Palaeolithic sites with functional specialisation had been proven even 40 years after the polemic (except perhaps for ritual structures in caves, where lithic tools played no role). While it is easy to cast doubt on a direct link between typological content and the function of the site, the statements that follow cannot be questioned. At every site and during every chipping session (except perhaps random operations "on the move") required for a particular work task, many other modifications appeared on the artefacts, not only on those that were actually used in the work. In this respect, the dispute between "functionalist" and "cultural" interpretations of the variability of chipped industries could be terminated with a compromise. With this approach, the so-called workshops will mostly be just places where humans pursued chipping of flint for relaxion (no doubt with a marked aspect of competitiveness), simply because to fulfil some work task, e.g. cutting of meat or scraping of a tree branch, several flakes with either a natural or sharpened edge would suffice. Therefore, the establishment of some sort of "workshops" at the settlements or beyond was unnecessary. We should highlight the abuse of this term by archaeologists. A place where a killed animal was gutted or a core split into flakes is not systematically dedicated to the butchering or to the production of stone tools. For some time, it was prudent to avoid the area covered with sharp-edged debris, but this makes no real change. Mass flaking was naturally performed mainly in places abounding in raw materials, but the outcrops might not have coincided with either preferred campsite locations or entire settlement regions. In such instances, the relaxation-competitive activities would be pursued at the destinations of so-called campaigns for raw material, regardless of whether these were organised only to obtain lithic material or for multiple purposes ("*embedded*" after Binford, 1979). Only a small amount of the quantity that had been chipped (and gathered or extracted prior to that) was brought back. Related to this is the issue of the division of labour, which is popular mainly in Marxist literature. For any number of reasons, local differences of production are bound to appear wherever something is made in large quantities, due to the different capabilities and inclinations of people, and this will be manifested on both the intra- and extra-site level. Not even the distribution of products was motivated purely by utilitarian reasons.

The presence of unique, exotic stones within the Middle Palaeolithic industries or a steep increase in imports in the Gravettian, at least in central Europe, was not linked to their suitability for work operations. From a higher quality or extracted flint, it is obviously possible to produce a longer blade or a larger handaxe, but these products – like the appearance and provenance of the raw material – had more likely social or ritual than practical and functional importance. They mostly represented a medium for maintaining useful or prestigious contacts, showing off rarities that were difficult to obtain; they fulfilled the need to present somebody with a gift, or were related to a belief in the magic power of a stone linked with the ancestors, a desire to process an unusual material with excellent chipping properties, etc. Humans might have perceived the raw material obtained from the depths of the ground, hence probably from the realm of their ancestors, who moreover left visible marks in the landscape, as endowed with a special power. For many years I researched the large extraction area in the Krumlovský les (Krumlov Forest) region in south Moravia, where mining lasted from the beginning of the Mesolithic to the Iron Age (Figure 8). Starting at the end of the Eneolithic (Bell beakers), and mainly during the Early Bronze Age (Únětice and Věteřov Culture), the extraction itself must have stemmed

Figure 8. Krumlovský les (Moravský Krumlov), work in a shaft II-9-1, Early Bronze Age. Photo M. Oliva

from similar motives. From hundreds of extraction pits up to 8 m deep, thousands of tons of Jurassic cherts were dug up and chipped, and the stone material remained in the pits and on spoil heaps (Oliva, 2010). Only a small amount was carried away for further use. This later instance is only seemingly unrelated to the Palaeolithic, since the first evidence of flint extraction comes from Egypt at the beginning of the Middle Palaeolithic, and the mining at that time was surprisingly no more meaningful than the later instance in the Krumlovský les. Hundreds of shafts, even connected by galleries from the end of the Middle Palaeolithic, have yielded tons of flint. A single extraction locality of the Middle Palaeolithic in Egypt, Nazlet Safaha 1, might have provided 200,000 nodules (Vermeersch 2005, p. 65), while we are unaware of any settlements to which that yield would have been supplied (Vermeersch ed., 2002, p. 358). Little was carried away of the industry left around the quarries, because refitting of complete cores can be performed; sometimes, however, only the debitage was preserved and the cores proper are missing, but the debitage also includes perfect Levallois blades; i.e. not only the preparation flakes and waste (Vermeersch, 2005, Fig. 15; Van Peer *et al.*, 2010). While mentally reproaching experts in the Bronze Age for their inability to make the extraction phenomenon a part of their image of the period and consequently keeping quiet about it, I must admit that specialists in the Palaeolithic are even less prepared for the advanced and virtually purposeless extraction in the Middle Palaeolithic. A utilitarian interpretation is therefore far from sufficient in this case.

### *II.3. Particular phenomena*

This also applies to other phenomena, which, unlike those we have already mentioned, may lack significant social connotations, but are perhaps related to mere curiosity or even a lack of hygiene. In the dental calculus from El Sidrón, starch was identified but also pine wood, supporting the thesis that teeth were also used as tools (Radini *et al.* 2016). There is no doubt that Neanderthals were likewise experienced mushroom gatherers, as evidence from the dental calculus at El Sidrón in Spain and Spy in Belgium testifies. We have evidence that fungi were consumed at both locations, but it is difficult to say if this was inadvertant or to serve as antibiotics (Weyrich *et al.* 2017). In the same way it is unclear whether camomile and yarrow were used at El Sidrón for their medicinal properties (Hardy *et al.* 2013).

## III. Man and Nature

The notion that the purpose of human activity was survival was spread by the influence of processual archaeology. It has even been said that culture represents an extrasomatic means of adaptation (White, 1959). Such a view will suit the down-to-earth way of thinking of most people, but it is necessary to point out the following facts: adaptation to the natural environment is one of the fundamental *natural* processes; although we know nothing about their substance, they are still manifested in all living things. They function persistently, just as, for instance, sexual and self-preservation instincts do, although they are all greatly modified by cultural stereotypes. Why should precisely the latter two survive and the other disappear? Searching for the answer in the fact that it was *humans*, i.e. ourselves, after all shows signs of anthropocentric superiority and recalls the ancient geocentric view of our planet as the centre of existence. Truly, adaptability is not a human trait alone, conscious for the most part, and in terms of processualism we can neither confuse it with culture in people, nor assert that in human society its role has been assumed by *culture*.

For instance, it is argued that over the tens of thousands of years of their existence, anatomically modern people (*Homo sapiens*) have not made any advancement physically, in contrast to their psychic, technical, and social development. This conceals the fact that any unidirectional development was not always demonstrated earlier on (e.g., what changes did Neanderthals go through over tens of thousands of years ?), and that, in contrast, anatomically modern humans made considerable physical adaptations to the natural environment: the Inuit from polar regions look entirely different from e.g., the San people of the Kalahari Desert, and in Europe e.g., the Scandinavians differ greatly from the traditional inhabitants of the Balkans. These differences in physical habitus are by no means the result of a deliberate cultural adaptation; instead, they were caused by slow natural processes. Therefore, the natural process of adaptation also continues in people, but is accompanied by a truly cultural adaptation, namely through the creation of artefacts and planning of strategies. It is not easy to differentiate the two; thus, the continuation of natural processes in people often tends to be forgotten, just like the fact that there are various degrees of *necessity* for intentional adaptations. It will be much greater in hostile environments (polar regions, deserts, mountains) and much less in the temperate zones with lush wildlife, just like the traditionally occupied European lowlands and uplands used to be. In such areas it was quite possible to be lazy or spend time devising things that had nothing in common with subsistence strategy. Even what appears in retrospect as a means of adaptation in culture may not have been intended as such, and it would be strange indeed if natural people thought rationally about how to adapt to this or that climatic change. Their thinking was not rational, but magical, so drought was addressed not by digging retention pits, but perhaps by some kind of sacrifice. Nevertheless, books on hunter-gatherers abound with mathematical formulas for calculating optimal strategies that natural people were to have arrived at over the years (*Optimal Foraging Theory, Site Catchment Analysis*, etc.). And while these formulas would probably work better in the animal kingdom, no one applies them there while assuming that animals would be capable of such reasoning. If they ever work for humans, it doesn't mean that they intentionally developed a foraging strategy, but only that they traditionally unwittingly respected it – even though it may have been of natural origin. In reality, there was considerable indifference, if not outright mistrust, towards technical innovations (Lévy-Bruhl 1925). In adaptations of human origin, therefore, the conservative component (experience, tradition, "wisdom of ancestors") certainly prevailed over the innovative component, i.e. that which was actively created.

## IV. Conclusions

The "American" way of thinking mentioned above is somewhat paradoxical, because archaeology on the opposite side of the Atlantic – unlike in Europe – is part of the field of anthropology, which also includes cultural anthropology, i.e. ethnology, which speaks of something entirely different. Natural people do not think about any adaptation; they look to bend nature by magical means. In dry regions, the greatest virtue is the ability to summon rain (Frazer, 2001, p. 51 ), not in deciding to change the subsistence strategy. Sure, people will eventually leave the dry region, but so do plants and animals. No decision by the "council of elders" or some chief is required. If these societies were guided by thought of optimal subsistence strategies, the protagonists of such approaches would attain an excellent social status, which would be reflected, e.g in burials – but nothing of the sort is known from the ethnology of hunter-gatherers or from their archaeology.

So how can we define the notion of culture, whose development we aim to characterize within the framework of this book? If we consider it to be that which exceeds natural adaptation, our own and nature's, we will be groping in the dark, because we will not recognize the limits of this overlap. The variability of adaptation is inherent in nature; it is even one of nature's main *modi operandi*, because at least something survives from the diversity. However, it can be assumed with a significantly greater degree of certainty that the truly human contribution is that which, on the contrary, somehow complicates the natural process of adaptation due to the influence of various traditions or individual interests, i.e. mass religious sacrifices, oversized constructions (megaliths, pyramids), large-scale anti-economic work (e.g. rampant mining), the protection of sacred cows, the killing of African animals in gladiatorial matches, frantic clearing of forests with subsequent erosion, traditionally black clothes in some tropical countries. As such, the using what the traditional ethnographic compendium operated with is essentially the safest way to write cultural history.

If we accept the earlier reminders, the development of culture would appear as a process that is less linear and that moves in different directions. There are more random twists and efforts with covert intentions, including the secret dissemination of useful information through wall images. The amount and importance of symbolic meanings also increases, but they will not be decoded from hidden hints in art and funerary customs, which are said to testify mainly to religious ideas; instead, it will be necessary to find them in all human activities. This process will seem less comprehensible to modern people because of the role played by non-economic subjective factors. But for all its incompleteness, it is less rooted in the confidence of archaeologists that they are able to read more into the development of human culture than specialists in other fields.

## References

Absolon, K., 1938. *Die Erforschung der diluvialen Mammutjäger-Station von Unter-Wisternitz in Mähren. Arbeitsbericht über das zweite Jahr 1925.* Barvič a Novotný, Brünn.

Amirkhanov, H., Lev, S., 2002. A unique Palaeolithic scultpture from the Site of Zaraysk (Russia). *Antiquity* 76, p.613-614.

Bégouen, R., Fritz, C., Tosello, G., Clottes, J., Pastoors, A., Faist, F., 2009. *Le Sanctuaire secret des bisons. Il y a 14 000 ans dans la caverne Tuc d'Adoubert.* Somogy, Paris.

Bellier, C., Cattelain, P. and Otte, M. (eds) 2000. *La chasse dans la Préhistoire. Actes du colloque int. de Treignes 3-7 octobre 1990.* ERAUL 51, Artefacts 8, Anthropologie et préhistoire 111, Bruxelles, Liège, Treignes.

Binford, L.R., 1969. Stone tools and human behavior. *Scientific American* 220/1, p.70-84.

Binford, L.R., 1973. Interassemblage variability - The Mousterian and the "functional" argument. In. C. Renfrew (ed.). *The Explanation of Culture Change. Models in Prehistory*. Duckworth, Gloucester, p. 227-254.

Binford, L.R., 1979. Organization and formation processes. looking at curated technologies,

*Journal of Anthropological Research* 35/3, p.255-273.

Binford, L R., 1993. Bones for stones. Considerations of analogues for features found on the Central Russian Plain. In. O. Soffer, N.D. Praslov (eds) *From Kostenki to Clovis*. Plenum, New York - London, p.101-124.

Bordes, F., De Sonneville-Bordes, D. 1970. The significance of variability in palaeolithic asssemblages. *World Archaeology* 2, p.61-73.

Bosinski, G., 1990. *Homo sapiens. L'histoire des chasseurs du Paléolithique supérieur en Europe (40 000-10 000 avant J.-C.).* Paris, Errance

Bosinski, G., 2007. *Gönnersdorf und Andernach-Martinsberg. Späteiszeitliche Siedlunngsplätze.* Direktion Archäologie, Koblenz.

Clottes, J., 2011. *Pourquoi l'art préhistorique?* Paris, Gallimard

Einwögerer, T.H., 2005. Die gravettienzeitliche Säuglings-Doppelbestattung vom Wachtberg in Krems. *Archäologie Österreichs* 16/2, p.19-20.

Fraas, O., 1866. *Vor der Sündfluth.* Stuttgart.

Frazer, G., 2001. *Zlatá ratolest -druhá žeň.* Garamond, Praha (Aftermath. a supplement to Golden bough, 1936).

Gavrilov, K.N., 1998 . Struktura chotylevskovo verchněpaleolitičeskovo poselenija. In Ch. A. Amirchanov ed. *Vostočnyj gravett.* Naučnyj mir, Moskva, p.177-190.

Grigoriev, G.P., 2000. The Animal Bones Distribution as a Reflection of the Hunting Activity. In. C. Bellier, P. Cattelain, M. Otte (eds) 2000. *La chasse dans la Préhistoire. Actes du colloque int. de Treignes 3-7 octobre 1990.* ERAUL 51, Artefacts 8, Anthropologie et préhistoire 111, Bruxelles, Liège, Treignes., p.312.

Hardy, B. L., Buckley, S., Huffman, M., 2013. Neanderthal self-medicination in context. *Antiquity* 87, p.873-878.

Iakovleva, L., 2003. Les habitats en os de mammouths du Paléolithique supérieur d'Europe orientale. Les données et leurs interpretation. In S.A. Vasil'ev *et al.* eds., p.47-57.

Iakovleva, L. and Djindjian, F., 2005. *Le site paléolithique de Gontsy (Ukraine) et les sites à cabanes en os de mammouths du Paléolithique supérieur récent d'Europe orientale.* Service de coopération culturelle, Kiev.

Iakovleva, L., Djindjian, F., Maschenko, E.N., Konik, S., Moigne, A.-M., 2012. The late Upper Palaeolithic site of Gontsy (Ukraine). A reference for the reconstruction of the hunter-gatherer system based on a mammoth economy. *Quaternary International* 255, p.86-93.

Jelínek, J., 1975. *The Pictorial Encyclopedia of the Evolution of Man.* Hamlyn. London.

Kalicki, T., Kozłowski, J.K., Krzemińska, A., Sobczyk, K., Wojtal, P., 2007. The formation of mammoth bone accumulation at the Gravettian site Krakow-Spadzista B+B1. *Folia quaternaria,* 77, p.5-30.

Klíma, B., 1959. Objev paleolitického pohřbu v Pavlově. *Archeologické rozhledy* 11, p.305-316, 337-344.

Klíma, B., 1963. *Dolní Věstonice. Výzkum tábořiště lovců mamutů v letech 1947-1952.* Nakl. ČSAV, Praha.

Klíma, B., 1977. Malaja poluzemljanka na paleolitičeskoj stojanke Pavlov v Čechoslovakii. In. K. D. Praslov (ed.) *Problemy paleolita vostočnoj i centralnoj Jevropy.* Nauka, Leningrad, p.144-148.

Koulakovska, L., Nuzhnyi, D., 2004. Les armes et les outils du chasseur de mammouths. *Pour la Science, éd. francaise de Scientific American, dossier hors série La vie au temps des mammouths,* Avril/Juin 2004, p.90-95.

Lévy-Bruhl, L., 1925. *La mentalité primitive.* Félix Alcan, Paris.

Makowsky, A., 1892. Der diluviale Mensch im Löss von Brünn. *Mittheilungen der Anthrop. Gess. in Wien,* 22, p.73-84, 3 tab.

Mania, D., 1991. *Nebra – eine jungpaläolithische Freilandstation im Saale-Unstrut-Gebiet.* Landesamt für Archäologie, Halle.

Maška, K.J., 1894. Výzkumy na tábořišti lovců mamutích v Předmostí r. 1893. *Rozpravy České akademie III, třída* II, č. 9, sep. 1-7.

Oliva, M., 1985. La signification culturelle des industries paléolithiques. L'approche psychosociale. In. M. Otte (ed.). *La signification culturelle des industries paléolithiques,* BAR international series 239, Oxford, p.92-114.

Oliva, M., 1999. Brno II Upper Paleolithic Grave. *Analecta praehistorica leidensia* 31, p.143-159 (Also in W. Roebroeks *et al.* (eds). *Hunters of the Golden Age*, p.143-159. Leiden 2000).

Oliva, M., 2002. Les pratiques funéraires dans le Pavlovien morave. révision critique. *Préhistoire européenne*, 16-17, 2000-2001, p.191-214.

Oliva, M., 2010. *Pravěké hornictví v Krumlovském lese. Vznik a vývoj industriálně-sakrální krajiny na jižní Moravě. Prehistoric mining in the « Krumlovský les » (Southern Moravia). Origin and development of an industrial-sacred landscape.* Anthropos Studies Vol. 32 /N.S. 24/. MZM, Brno.

Oliva, M., 2013. Spiritualité d'un chasseur de mammouth gravettien. In M. Otte ed.. *Les Gravettiens*, p.270-298. Paris, Errance

Oliva, M., 2014. *Dolní Věstonice I (1922-1942). Hans Freising - Karel Absolon - Assien Bohmers.* Anthropos Studies Vol. 37 /N.S. 29/. MZM, Brno.

Oliva, M., 2015. K otázce redistribučních center štípané industrie kultury s lineární keramikou. Litický inventářstupně IIb z Pustějova v Oderské bráně. *Archeologické rozhledy*, 67, p.23-44.

Oliva, M., Vencl, S., 2021. Pozdněglaciální osídlení u Stadic v severozápadních Čechách. *Památky archeologické*, 112, p.5-70.

Otte, M. ed., 2013. *Les Gravettiens.* Errance, Paris.

Paillet, P., 2018. *Qu'est-ce que l'art préhistorique?* CNRS, Paris.

Pidopličko, I.G., 1969. *Pozdnepaleolitičeskie žilišča iz kostej mamonta na Ukraine.* Naukovaja dumka, Kijev.

Pidoplichko, I. G., 1998. *Upper Palaeolithic Dwellings of Mammoth Bones in the Ukraine.* BAR Int. Ser. 712. Archaeopress, Oxford.

Polikarpovič, K.M., 1968. *Paleolit verchnego Podneprovja*. Izd. Nauka i technika, Minsk.

Praslov, N. D., Rogačev, A. N., eds. 1982. *Paleolit kostěnkovsko - borševskogo rajona na Donu.* Nauka, Leningrad.

Radini, A., Buckley, S., Rosas, A., Estalrich, A., Rasilla, M. De La, Hardy, K., 2016. Neanderthals, trees and dental calculus. new evidence from El Sidrón. *Antiquity,* 90, 350, p.290-301

Rogačev, A. N., Anikovič, M. V., 1984. Pozdnij paleolit Russkoj ravniny i Kryma. In P. I. Boriskovskij, ed.*Paleolit SSSR.* Nauka, Moskva. p.162-271.

Sahlins, M., 1974. *Stone Age Economics.* Tavistock, London.

Soffer, O., 1985. *The Upper Paleolithic of the Central Russian Plain.* Academic press, Orlando etc.

Soffer, O., Praslov, N. D., eds. 1993. *From Kostenki to Clovis.* Plenum, New York - London.

Šovkopljas, I. G., 1972. Dobraničevskaja stojanka na Kijevščině. *Paleolit i neolit SSSR* VII. Nauka, Moskva, p.177-188.

Svoboda, J. A., 2020. *Počátky umění II.* Academia, Praha.

Van Peer, Ph., Vermeersch, P. M., Paulissen, E., 2010. *Chert Quarrying, Lithic Technology, and a Modern Human Burial in the Palaeolithic Site of Taramsa 1, Upper Egypt.* University Press, Leuven.

Vasiľev, S.A., Soffer, O., Kozłowski, J. K., eds. 2003. *Perceived Landscapes and Build Environments.* BAR int. series 1122, Archaeopress, Oxford.

Veličko, A. A., Grechova, L. V., Gubonina, Z. P., 1977. *Sreda obitanija pervobytnogo čeloveka timonovskich stojanok.* Nauka, Leningrad.

Vencl, S., 2015. The Upper Palaeolithic. In. S. Vencl, S. /ed./ *et al.* 2015, p.59-116.

Vencl, S. /Ed./, Fridrich, J., Valoch, K., 2013. *The prehistory of Bohemia I. The Palaeolithic and Mesolithic.* ARÚ, Praha.

Vermeersch, P. M., 2005. Middle Palaeolithic flint extraction structures in Egypt. *Praehistoria,* 6, p.57-69.

Vermeersch, P. M. ed., 2002. *Palaeolithic Quarrying Sites in Upper and Middle Egypt.* Univcrsitaire pers, Leuven.

Weyrich, L. S., Duchene, D., Soubrier, J. *et al.*, 2017. Neanderthal behaviour, diet, and disease inferred from ancient DNA in dental calculus. *Nature,* doi. 10,.1038/nature 21647.

White, L. A., 1959. The Evolution of Culture. The Development of Civilisation to the Fall of Rome. Mc Graw-Hill, New York.

Wojtal, P., 2007. *Zooarchaeological studies of the Late Pleistocene sites in Poland.* Polish Academy of Science, Kraków.

Zawisza, J., 1878. La caverne du Mammouth en Pologne. Mémoires de la Société d'Anthropologie de Paris, 2, p.439-447.

# Le Mézinien : un exemple d'adaptation climatique et culturelle aux steppes froides d'Europe orientale : état actuel des recherches, des discussions et des interprétations

Lioudmila Iakovleva

## Résumé

*L'objet de cette article est de présenter l'historique depuis 1871 et l'état actuel des recherches, des discussions et des interprétations sur le peuplement des régions du Dniepr moyen dans la période qui suit le dernier maximum glaciaire et le mode d'adaptation climatique et culturelle du peuplement du Mézinien aux steppes froides des zones pléniglaciaire d'Europe orientale.*

*Les points abordés ici concerneront principalement l'importance du rôle du mammouth accentuée par la découverte d'amas de carcasses dont la littérature populaire a fait les cimetières de mammouths, leur distinction avec des amas d'ossements d'origine anthropique interprétés progressivement depuis 1916 comme des structures d'habitats, les fameuses cabanes en os de mammouths, la richesse de la culture matérielle en matières dures animales en ivoire et en bois de renne et l'art mobilier associé, la répartition spatiale des sites dans des positions en terrasse de versant de vallée du bassin moyen du Dniepr.*

*En plus de 150 années de recherches préhistoriques, le progrès des connaissances a permis de proposer et de réfuter de nombreuses hypothèses identifiant et expliquant les différentes composantes économiques, sociales et culturelles de ce peuplement, qui sont replacées ici dans leur contexte historiographique.*

*Mots-clés : Mézinien, Europe orientale, mammouths, structures d'habitat*

## Abstract

*The purpose of this chapter is to present the history since 1871 and the current state of research, discussions and interpretations on the settlement of the Middle Dnieper regions in the period following the Last Glacial Maximum and the mode of climatic and cultural adaptation of the Mezinian settlement to the cold steppes of the pleniglacial zones of Eastern Europe.*

*The points addressed here mainly concern the importance of the role of the mammoth, accentuated by the discovery of accumulations of carcasses that popular literature has termed mammoth cemeteries; their distinction from piles of bones of anthropogenic origin gradually interpreted since 1916 as dwelling structures, the famous mammoth bone huts; the richness of material culture made in ivory and reindeer antlers and the associated portable art; and the spatial distribution of sites in terraced positions on the valley slopes of the middle and upper Dnieper basin.*

*In more than 150 years of prehistoric research, the progress of knowledge has made it possible to propose and refute numerous hypotheses identifying and explaining the different economic, social and cultural components of this settlement, which are placed here in their historical context.*

*Keywords: Mezinian, Eastern Europe, mammoths, dwelling structures*

## Les sites d'habitat de plein air dans leur espace géographique

En Europe orientale, les sites paléolithiques de la période post LGM sont localisés suivant un axe Nord Sud le long du bassin moyen et supérieur du Dniepr et de ses affluents (53°12'40''N/ 34°19'38''E et 49°36'54''N/ 31°26'03''E). Une trentaine de sites de plein air ont été découverts et fouillés depuis la fin du XIXème siècle, parmi lesquels, il est possible de distinguer les habitats résidentiels avec des constructions architecturales complexes en os et en défenses de mammouths, qui sont installés à proximité de concentrations importantes d'amas de carcasses de mammouths dans le but de leur exploitation intensive pour la construction de l'habitat. Des sites de passages sont également connus, avec ou sans collecte et stockage d'ossements de mammouths, mais sans constructions. L'ensemble de ces sites révèlent des circulations importantes dans le territoire de déplacements des groupes humains.

Les sites d'habitats le plus au Nord du bassin supérieur du Dniepr, et de son affluent oriental la Desna, sont Timonovka 1, Karachig, Suponevo, Elisseevichi 1, 2. Proche de ceux-ci, se trouve le site du Sevsk près de Briansk, où a été trouvé morts naturellement un troupeau de 33 mammouths, site qui a été exploité par l'homme préhistorique qui y a laissé quelques outils en silex. Un peu plus au Sud se situe l'habitat de Yudinovo, puis plus en aval dans la vallée de la Desna, sont connus les sites de Pouchkari 9, Buzhanka 1, 2 et les habitats de Mezine et Chulatovo 2.

Dans le bassin moyen du Dniepr, est localisé le site de passage de Fastiv. Plus au Sud, en suivant les vallées de la Soula, de l'Udaï et du Troubej, se trouvent les habitats de Dobranichivka et de Gontsy (la transcription actuelle de l'Ukrainien est Hintsi mais le site paléolithique est connu dans la littérature archéologique comme Gontsy), et les sites de passage de Jouravka et de Semenivka 1, 2, 3. Une accumulation sans doute d'origine naturelle d'ossements de mammouths est connue à Vilchanka, site proche de Gontsy. Le site de passage de courte durée de Jouravka, qui est proche des précédents, n'est pas seulement un site d'été de chasse aux marmottes, mais également un site de concentration d'ossements de mammouths qui n'a cependant pas été exploité par les hommes, qui vivaient dans les environs. Le site à plusieurs passages saisonniers de Semenivka 1, 2, 3, qui est situé entre Gontsy et Dobranichivka, révèle l'existence d'une zone aménagée de stockage d'ossements et de défenses de mammouths. Enfin, l'habitat de Mezhyrich, avec ses cabanes construites avec un grand nombre d'ossements de mammouths, est situé plus au Sud, près de Kanev. Il complète la connaissance géographique de ce type d'habitat et fixe ainsi

1 Mezhyrich ; 2 Dobranichivka ; 3 Semenivka 1, 2, 3 ; 4 Gontsy ; 5 Juravka ; 6 Fastiv ; 7 Bujanka 1, 2 ; 8 Mezin ; 9 Chulatovo 2 ; 10 Puchkari 9 (Bugorok) ; 11 Yudinovo ; 12 Elisseevichi 1, 2 ; 13 Timonovka 1 ; 14 Karachig ; 15 Sevsk ; 16 Barmaki.

Figure 1. Carte schématique des sites post-LGM du bassin du Dniepr (Dnipro *en ukrainien*):

la limite méridionale d'un territoire riche en ossements de mammouths, région la plus favorable aux installations d'habitats. En Volhynie, le site de Barmaki, qui est situé à environ 500 km plus à l'Ouest de Mezine, dans le bassin du Pripiat (sur son affluent le Gorin) appartient aussi au bassin du Dniepr moyen (figure 1).

## La question des datations radiocarbone

Les sites de la grande plaine orientale ont fait l'objet de nombreuses datations $^{14}$C conventionnelles par les laboratoires de datation radiocarbone de l'Union Soviétique dans les années 1960-90 (Sinitsyn et al 1997) pour une synthèse des datations paléolithiques. Depuis les années 1980, des échantillons des sites d'Europe orientale ont commencé à être datés par les laboratoires européens, et à partir des années 1990 par la technique AMS. Ces dernières dates ont révolutionné la vision des préhistoriens sur la durée des cultures en passant d'une conception très longue de leur durée à une conception plus courte, la pollution non éliminée des échantillons étant à l'origine de la trompeuse longue durée de peuplement.

Les datations $^{14}$C du site de Gontsy (fouilles Iakovleva et Djindjian) ont fait l'objet, entre 1994 et 1997, d'une stratégie d'échantillonnage définie a priori : un seul laboratoire (Oxford), une seule technique de datation (AMS), un seul matériau (ossement de mammouth sauf exception), des échantillons choisis en stratigraphie (niveau supérieur, niveau inférieur, couches supposées antérieures au MIS 5) et en planigraphie (fosses de la cabane n°1, zone de dépotoirs, zone de dépeçage, zone d'accumulation des carcasses de mammouths).

Les échantillons G5 et G6 sont des ossements d'ours provenant des couches antérieures au MIS 5, fouillées en 1995 dans la partie sud-ouest du site, équivalentes des niveaux m et n d'I. Levitski. Sans surprise, ils ont confirmé la disparition du $^{14}C$ dans les échantillons.

Les échantillons provenant des niveaux supérieur et inférieur s'échelonnent entre 14 110 et 14 670 BP, soit 560 ans, et révèlent une remarquable fiabilité dans la technique de datation employée, si on compare ce chiffre à la variabilité des datations de Elisseevichi (8 000 ans), Timonovka (3 000 ans), Yudinovo (6 000 ans), Mezhyrich (6 000 ans) et Mezine (6 000 ans) qui ont contraints les archéologues à conclure à des occupations prolongées contredites par la stratigraphie (notamment à Elisseevichi et Timonovka).

Les datations $^{14}C$ confirment la contemporanéité de l'accumulation des carcasses de mammouths dans la paléoravine et du niveau inférieur à cabanes en os de mammouths de l'habitat, déjà prouvée par les connexions stratigraphiques à Gontsy (Iakovleva, Djindjian 2005, 2014). La variabilité des dates du site de Gontsy ne permet pas de séparer significativement une datation du niveau supérieur et une datation du niveau inférieur. Il serait vain ici de calculer les moyennes de dates pour l'obtenir. La paléoravine s'est remplie rapidement (75 cm entre les deux niveaux dans la paléoravine mais seulement 20 cm dans l'habitat sur le promontoire). La différence de date entre les deux niveaux pourrait être comprise entre 50 ans et 500 ans, confirmant que ce sont les mêmes groupes humains circulant dans leur territoire de déplacement qui reviennent sur un site anciennement occupé, qui avait laissé émerger de la sédimentation les sommets des ossements des cabanes effondrées.

Les dates des sites attribués au Mézinien ont été publiées à plusieurs reprises. Elles présentent une forte variabilité de 12 000 BP à plus de 20 000 BP. Les charbons de bois présents sont si minuscules qu'il n'est pas possible de les dater. Aussi les archéologues ont-ils fourni aux laboratoires des charbons d'os, des dents de mammouths ou des ossements en quantité importante pour la méthode conventionnelle, ce qui a contribué à augmenter la variabilité des dates. Pour les dates conventionnelles, la fiabilité des laboratoires LE, LU, IGAN, Ki, SPb et QC est faible, tandis que celle des laboratoires ISGS et GIN est meilleure. Pour les dates AMS, si les laboratoires AA et GrA ont fourni des dates fiables, il est nécessaire de revenir sur les dates OxA, qui présentent une variabilité importante entre 12 300 et 19 200 BP. Il faut cependant signaler que ces échantillons ont été choisis par O. Soffer entre autres dans les dépôts archéologiques pour plusieurs sites anciennement fouillés. Les datations OxA pour le site de Gontsy (série 5900 et suivantes) sur des échantillons sortis de la fouille ne présentent pas cette variabilité. Les 12 datations récentes de Mezhyrich confirment notre argumentation.

Dans les années 1970-1990, O. Soffer (Soffer 1985, p.232-233, Fig. 4.8 ; 1993, p.43, Fig. 7) avait conclu à une durée d'occupation des sites du Mézinien dans le bassin du Dniepr entre 18 000 et 12 000 BP, sur une durée d'environ 6 000 ans. Sur base de la révision des dates $^{14}C$, date par date, matériau par matériau, laboratoire par laboratoire et de leur position respective stratigraphique et planigraphique, nous avons proposé de réduire significativement cette période d'occupation à l'intervalle 15 000–14 000 BP, sur une durée inférieure à 1000 ans, dans plusieurs publications (Iakovleva 1999 ; Iakovleva, Djindjian 2014, 2019). Cette révision est confirmée, année après année, par les publications des nouvelles dates $^{14}C$ AMS sur les sites du Mézinien. Les 20 nouvelles datations AMS réalisées à Mezhyrich ont ainsi confirmé une durée du site d'habitat entre 14 320 et 15 430 BP (Haesaerts *et al.* 2015).

Depuis le début de la datation au radiocarbone dans les années 1950, les laboratoires ont dû répondre à de nombreux défis techniques pour rendre la méthode fiable et précise. Il y a d'abord eu le comptage AMS, qui a remplacé le comptage conventionnel dans les années 1990. Puis ce fut dans les années 2000, la calibration des dates $^{14}C$ d'abord jusqu'à 11 000 ans grâce à la dendrochronologie puis jusqu'à 40 000 ans par les massifs coralliens du Pacifique, un calcul correctif aujourd'hui banalisé et facile grâce aux programmes en libre accès. Le défi suivant consistait à éliminer la pollution dans les échantillons par du carbone intrusif récent. Le problème avait été soulevé lors du colloque « $^{14}C$ et Archéologie » de Lyon en 1998 (Djindjian, 1999) pour l'ensemble des dates du Paléolithique supérieur européen. En effet, quelques pourcentages de pollution conduisent à des rajeunissements qui peuvent atteindre des milliers d'années pour les dates du Paléolithique supérieur. La conséquence est que nos histogrammes de dates pour une culture donnée sont des histogrammes de pollution et non des histogrammes de durée de peuplement, provoquant de graves erreurs souvent commises par les préhistoriens, pour l'apparition ou la disparition de ces cultures, ou pour leur diffusion géographique.

Les laboratoires de radiocarbone, concurrencés par les laboratoires de chimie pour la préparation des échantillons, ont réagi dans les années 2010 et proposé des améliorations désormais opérationnelles. En conséquence, les échantillons débarrassés de leur pollution ont fourni des dates plus anciennes. Une conséquence de cette amélioration est cependant la difficulté ou l'impossibilité de comparer les dates obtenues avec différents comptages (conventionnels, AMS) et différentes préparations chimiques.

Le cas du Mézinien est particulièrement instructif : des dates comprises entre 19 000 et 12 000 BP jusqu'à la fin des années 1990; des dates comprises entre 14 110 et 14 670 BP à Gontsy entre 1994 et 2000 (laboratoire d'Oxford); des dates comprises entre 14 380 et 15 430 BP à Mezhyrich vers 2010 (les dates du laboratoire de Saclay étant significativement plus anciennes que celles de Groningen et d'Oxford, probablement en raison de protocoles différents de ces laboratoires); trois dates entre 15 610 et 15 850 BP à Barmaki réalisées en 2019 par le laboratoire d'Oxford à comparer à une date de 14 300 BP réalisée dans les années 2000, pour un inventaire actualisé des datations $^{14}C$ des sites épigravettiens du Dniepr moyen. Il faut souligner que dans cette assemblage le site de Barmaki est le plus ancien mais aussi le plus récemment daté (Chabaï 2020 *et al.* p.12, tableau 1).

Dans ce contexte, il semble illusoire de pouvoir conclure qu'un site est plus ou moins ancien, sauf à comparer des dates obtenues à partir d'échantillons d'un même matériau, prélevés selon le même protocole, dépollués avec la même préparation chimique et datés par le même laboratoire. Nous avions écrit dans les années 2000 que le Mézinien était un peuplement relativement éphémère daté entre 15 000 et 14 000 BP. Avec l'avancement de la décontamination des échantillons, nous écririons aujourd'hui qu'il s'agit d'un peuplement relativement éphémère daté entre 15 900 et 14 500 BP, soit entre 19 000 et 17 500 calibrés BP (Djindjian, Iakovleva 2021).

## La question de l'attribution culturelle et du nombre de faciès du Mézinien

Cette entité du paléolithique supérieur récent a fait l'objet de nombreuses dénominations culturelles depuis sa découverte :

- Région ethnoculturelle du Dniepr moyen du Mézinien (Chovkoplass, 1965),
- Culture de Yudinovo-Timonovka (Grekhova 1970, 1971; Abramova, Grigorieva 1997),
- Culture de Mezhyrich (Gladkik 1977),
- Culture d'Elisseevichi (Grekhova 1985),
- Culture de Mezine (Pjsietsky 1997 ; Nuzhnyi, Pjsietsky 2003),
- Épigravettien oriental (Desbrosse, Kozlowski 1988),
- Variabilités typologiques des industries lithiques à l'intérieur d'un Epigravettien du Dniepr moyen (Lisitsin 1999 ; Zalizniak 2000 ; Olenkovski 2000 ; Stupak 2012; Nuzhnyi 2015; Chabai *et al.* 2020),
- Territoire de peuplement de réseaux de groupes du Mézinien basé sur une paléo-économie commune et stable et de relations socio culturelles intergroupes (Iakovleva 2009a, 2009b, 2016; Djindjian, Iakovleva 2021).

Les premiers fouilleurs, utilisant la chronologie de Gabriel de Mortillet, seule référence alors connue, avaient rapporté au Magdalénien, les industries de Mezine, de Gontsy et de Kiev-Kirilovskaia, attribution qui peut surprendre aujourd'hui mais qui à cette époque était sans aucun doute la plus justifiée. S'appuyant pour la première fois sur le résultat des fouilles des sites du début de XXème siècle (notamment sur les industries lithiques et osseuses, le décor géométrique et les constructions en os de mammouths), V. A. Gorodtsov a proposé d'identifier la région du Dniepr moyen comme une région culturelle d'Europe orientale de la culture magdalénienne (Gorodtsov 1923, p.259, 278). Plus tard, la continuation des fouilles des sites connus ainsi que la découverte et la fouille de nouveaux sites par I.G. Chovkoplass a eu comme conséquence de regrouper les sites du Dniepr supérieur et moyen et de définir comme la région ethnoculturelle du Mézinien (Chovkoplass 1965 p.301). C'est la première fois que l'ensemble de ces sites a reçu la dénomination géographiquement plus approprié de Mézinien.

Puis les recherches se sont concentrées sur l'identification de différentiations locales s'appuyant principalement sur la typologie de l'industrie lithique. L'archéologie soviétique récusant le concept de culture paléolithique et prônant l'évolution stadiale et l'autochtonisme, les préhistoriens ne pouvaient plus donner d'autres nouveaux noms à une industrie différente de celles préalablement reconnues que le nom du site, ce qui a entraîné de facto la multiplication de ces noms. C'est ainsi que, pour les sites situés en Russie dans le bassin supérieur du Dniepr et de son affluent la Desna, est née la culture de Yudinovo – Timonovka et la culture d'Elisseevichi. Parallèlement, la culture de Zamiatnine avait été définie pour les sites du bassin moyen du Don (Kostienki 2, 3, 11(1a), 19) mais les récentes datations radiocarbone ont confirmé une plus grande ancienneté pour ces sites. Dans les années 1970, se basant cette fois sur une étude typologique et statistique de l'industrie lithique, M. Gladkikh a fait une distinction entre une culture de Mezine et une culture de Mezhyrich-Dobranichivka (Gladkikh 1977). Dans les années 1980, J. Kozlowski, reprenant le concept de Tardigravettien de G. Laplace, propose le nom d'Epigravettien pour désigner les industries à pièces à dos de l'espace méditerranéen, notamment dans le golfe adriatique, en Europe centrale et dans les Balkans, et généralise le terme en l'étendant aux industries du paléolithique supérieur récent d'Europe orientale sous le nom générique d'Epigravettien oriental (Desbrosse, Kozlowski 1988).

Plus récemment, D. Nuzhnyi (Nuzhnyi 2015) a proposé a contrario de définir quatre faciès (Yudinovo, Mezhyrich, Mezine, Ovruch) à partir de la morphologie des pointes et des pièces à dos, façonnées sur lames et sur lamelles : pointes lancéolées à dos, rectangles, pointes à dos droit, dans une approche plus caractéristique d'un spécialiste du mésolithique et de ses microlithes que d'un spécialiste du paléolithique supérieur. Cependant la variabilité des formes et des techniques de taille du Mézinien est cohérente avec le vocabulaire classique du Paléolithique supérieur, comme «pièces à dos, pièces à dos appointées, pièces à dos tronquées, pièces à dos tronquées et appointées, pièces à dos bitronquées», que leurs supports soient des fragments de lames, des lamelles ou des microlamelles. En outre, la faible disponibilité du silex (en quantité et en volume de nodules), qui influence significativement la taille des pièces et l'épuisement de la mise en forme, contribue trompeusement à cette variabilité. Ce travail approfondi et détaillé, basé sur une analyse typologique du silex, ne peut en outre pas être utilisé comme seul marqueur, pour effectuer une séparation complète entre les groupes humains de régions du bassin du Dniepr supérieur et moyen post-LGM, qui possèdent de très nombreuses caractéristiques communes comme leur paléo économie, l'installation des habitats, la construction des structures d'habitat, l'industrie osseuse, les éléments de la parure et l'art mobilier.

La reprise de l'étude de l'ensemble des assemblages lithiques des différents sites conduit à conclure à l'homogénéité de ces industries dont les variabilités observées sont principalement dues à l'hétérogénéité apportées par les fouilles faites à différentes époques, aux variations spatiales de l'habitat, à des faciès d'exhaustion et à la conservation muséale des séries (Djindjian 2003). Il faut enfin observer que ces industries, regroupées sous le nom générique de Mézinien (Chovkoplass 1965) sont assez homogènes, caractérisées par la prédominance des burins et des grattoirs (souvent courts et unguiformes) et par la présence numériquement faible de lamelles et de pointes à dos, sans microgravettes, ce qui la différencie nettement d'un Epigravettien. En conclusion, le terme d'Epigravettien oriental (concernant les assemblages des sites du bassin du Dniepr pour la période post LGM) doit être remplacé par le nom historiquement et géographiquement plus approprié de Mézinien (Djindjian 2003; Djindjian, Iakovleva 2021, Iakovleva 2009a).

Le corpus global des données actuelles des sites d'habitat de plein air dans l'espace des vallées du Dniepr moyen et supérieur et ses grands et petits affluents et dans le temps entre 19 000 et 17 500 cal. BP, met en évidence l'existence d'un territoire de peuplement de réseaux de groupes du Mézinien basé sur une paléo-économie commune et stable et des relations socio-culturelles intergroupes (Iakovleva, 2006, 2009a, 2016; Iakovleva, Djindjian, 2014). La durée de ce peuplement, est de l'ordre de 1 000 ans à 1 500 ans. La démographie calculée par des simulations fournit une densité des groupes variant de 100 à 500 groupes sur le territoire de 500 000 km$^2$ soit une densité de 0,007 à 0,035 h/km$^2$. En cent cinquante ans de recherches, les archéologues n'ont découvert qu'une vingtaine de sites de ce peuplement.

## L'environnement froid et sec favorable au développement d'un écosystème de steppe froide, la « steppe à mammouths»

Durant cette période, le peuplement paléolithique s'est installé dans les vallées du Dniepr moyen et supérieur et de leurs affluents sous le climat froid et sec de la fin du dernier pléniglaciaire, dans le paysage de steppe froide de la grande plaine d'Europe orientale. La reconstitution de ces conditions climatiques a été validée par les recherches géologiques et palynologiques de plusieurs sites (Velichko *et al.* 1977 ; Velichko *et al.* 1997).

Les études archéozoologies (Pidoplichko 1969, 1976; Verechagin, Kusmina 1977; Belan 1982; Maschenko, Lavrov 1991 ; Maschenko *et al.* 2006 ; Sablin 2019; Khlopachev *et al.* 2012) des nombreux sites de ces régions ont identifié une faune constituée :

- **de grands herbivores** :
  Mammouth (Mammuthus primigenius),
  Rhinocéros laineux (Coelodonta antiquitatis),
  Renne (Rangifer tarandus),
  Bœuf musqué (Ovibos moschatus / Ovibos pallantis),
  Bison (Bison priscus),
  Cheval (Equus equus)
- **de carnivores** :
  Ours (Ursus arctos),
  Lion de caverne (Panthera spelaea),
  Renard polaire (Alopex lagopus / Alopex lagopus rossicus),
  Renard commun (Vulpes vulpes),
  Lynx (Lynx),
  Loup (Canis lupus),
  Glouton (Gulo gulo)
  Mustélidés
- **de rongeurs** :
  Lièvre (Lepus europaeus),
  Marmotte (Marmota bobak)
- **d'oiseaux** :
  Perdrix blanche (Lagopus albus),
  Lagopède des saules (Lagopus lagopus),
  Lagopède alpin (Lagopus mutus),
  Bernache cravant (Branta bernicla)
  Grouse noire (Lyrurus tetrix),
  Corbeau (Corax corax),
  Oie (Anser),
  Canard (Anas sp.),
  Cygne (Cygnus sp.),
  Cygne de Bewick (Cygnus columbianus Bewickii),
  Traquet commun (Oenanthe oenanthe),
  Aigle (Haliaetus albicilla),
  Vautour (Vultur Gyps),
  Chouette de l'Oural (Strix uralensis),
  Harfang des neiges (Nyctea scandiaca)
  Hibou (Bubo bubo).

Dans les conditions géographiques et climatiques de la grande plaine où sont absents les abris naturels, l'environnement animal a été une ressource naturelle multiple pour le peuplement humain. La faune déterminée sur les sites du Mézinien présente une distribution statistique atypique caractérisée par une surreprésentation des ossements de mammouths, suivie d'une

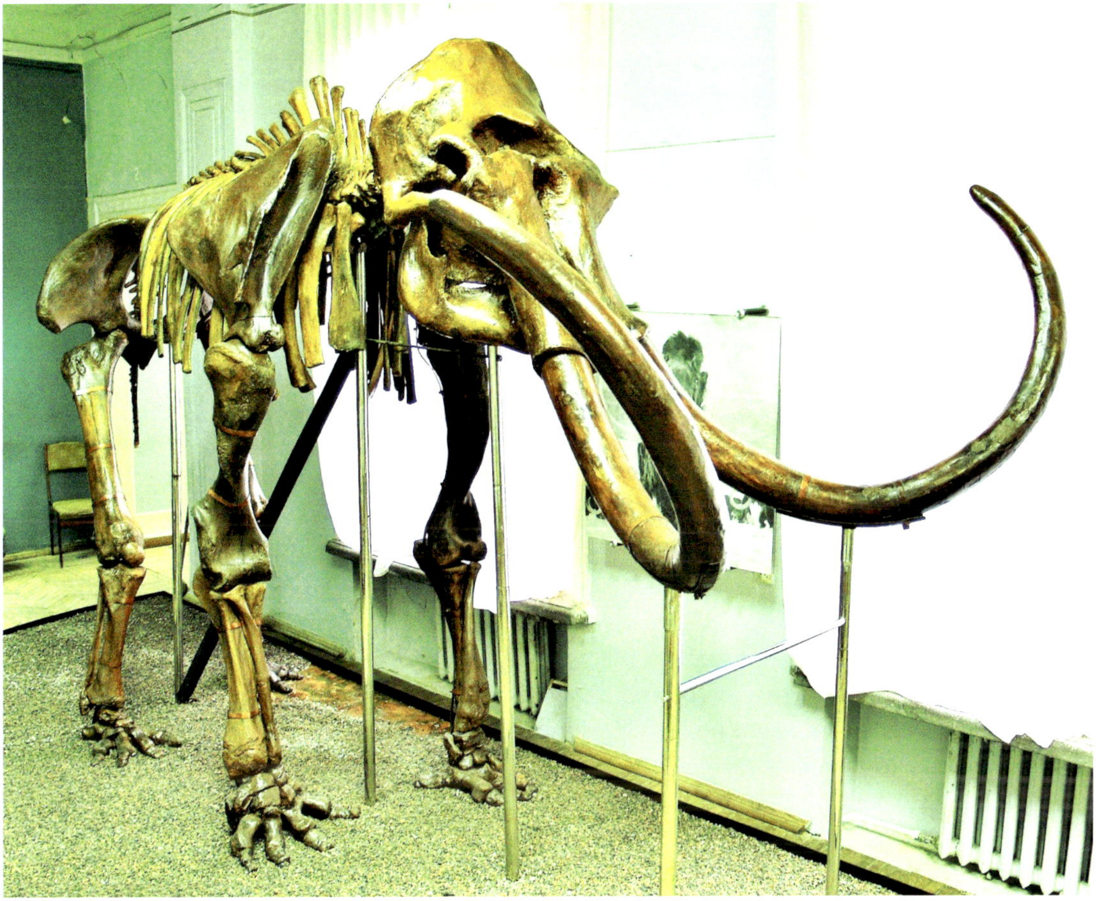

Figure 2. Squelette composé d'un mammouth mâle de Gontsy. Musée d'Histoire locale de Poltava. Photo L. Iakovleva

importante représentation des carnivores (loup, renard / renard polaire, glouton, mustélidés) et une sous-représentation des mammifères chassés (cheval, bison, renne, bœuf musqué). Or la paléo-économie du Mézinien est basée sur l'exploitation intensive et systématique des mammouths, utilisés comme matériau de construction, combustible, ressource alimentaire et matière première pour les outils, armes et objet d'art (figure 2). Les ressources alimentaires des mammouths ont été complétées par les chasses saisonnières de plusieurs autres herbivores. Parmi ceux-ci notamment, les rennes, les chevaux, les bœufs musqués et les bisons. La confection des peaux et des fourrures des différents animaux chassés (renne, cheval, bison, bœuf musqué, renard, loup, lièvre, marmotte) est liée à une utilisation vitale pour la protection et la couverture des habitations et des fosses de stockage ainsi que pour l'habillement fabriqué dans les habitats résidentiels. La chasse au renard polaire, au loup, au lièvre et à la marmotte, était spécialisée pour l'utilisation de leurs fourrures, mais n'exclurait pas la consommation de leur viande. La récupération notamment des fourrures est démontrée par la découverte de plusieurs squelettes entiers et de grandes parties de carcasses de ces animaux abandonnées souvent dans les zones de dépeçage autour des habitations. L'abondance des extrémités des pattes révèle une procédure de récupération entière des peaux d'animaux. L'abondance et la diversité des biozones de ces régions de la grande plaine contribuent à la richesse des traditions culturelles de ce peuplement.

Un exemple de la variabilité de la distribution des restes ostéologiques est l'habitat de Gontsy qui comprend le mammouth, le renne, le bison, le cheval, le rhinocéros, le bœuf musqué, le lièvre, la marmotte et les carnivores à fourrure : le renard bleu, le loup, le lynx, le glouton, l'ours brun, le lion (déterminations I. Pidoplichko, N. Belan, E. Mashenko, A.M. Moigne). C'est un des rares sites où la répartition spatiale des ossements animaux est connue, qui varie fortement dans le site, et qui révèle l'importance des questions taphonomiques dans la variabilité des comptages du nombre de restes et des NMI.

Pour les constructions, ont été collectés de gros ossements de mammouths adultes et subadultes, principalement des crânes, des omoplates, des bassins, des os longs, des défenses et des mandibules. Les mêmes ossements se trouvent également au fond des fosses situées autour des constructions en os.

Dans les zones d'activités et dans les zones de vidange, ont été trouvés quelques rares fragments osseux, de nombreuses esquilles d'os et d'ivoire de défenses et des lamelles de molaire, vestiges d'un travail de l'os et de l'ivoire, et restes d'outils cassés et abandonnés.

Dans les zones périphériques, des animaux chassés et ramenés entiers (rennes, carnivores, rongeurs) ont été dépecés. Les restes des rennes traduisent une exploitation systématique des ossements dont il ne subsiste que de rares parties. Le traitement de la fourrure pour les carnivores et les rongeurs a été une activité primordiale. Les grands mammifères ont été dépecés sur les lieux de chasse et ramenés partiellement après dépeçage sur place (mammouth, bison, cheval, bœuf musqué), ne laissant que quelques vestiges osseux dans le site, quand leurs os frais n'ont pas été utilisés comme combustible.

Pour essayer de comprendre la taphonomie atypique de la distribution des restes osseux, plusieurs faits peuvent être avancés :

- Les ossements et défenses de mammouths qui sont les éléments des constructions proviennent dans leur grande majorité de l'accumulation de carcasses de la ravine.
- Il en existe également d'autres, qui ont été collectés dans les environs (ils possèdent alors une altération de surface caractéristique d'un séjour prolongé à l'air libre) ou qui proviennent d'individus isolés chassés et tués à distance de l'habitat, dépecés sur place et ramenés par morceaux dans l'habitat (généralement des jeunes adultes mâles ou des vieux adultes affaiblis).

Les ossements frais provenant du dépeçage des différentes espèces chassées ont été utilisées pour l'alimentation des foyers, comme le révèlent les très nombreux et importants rejets de fragments osseux brûlés situés à proximité des constructions en os de mammouths (pour la vidange des foyers intérieurs) et ceux situés en périphérie de l'habitat. La sous-représentation des ossements de renne, de cheval, de bison, de bœuf musqué est donc liée à un double processus : le retour des chasseurs à l'habitat avec seulement une partie de la carcasse dépecée sur place et l'utilisation des ossements frais comme combustible.

Le nombre important de restes de carnivores est lié à une attirance pour les restes de nourriture ou pour les carcasses de mammouths près de l'habitat, qui facilite leur piégeage, pour la récupération de leur fourrure. Le piégeage a été également utilisé pour les rongeurs. Mais leurs ossements, moins utiles comme combustible, ont donc été mieux conservés, souvent jetés au fond des fosses et leur NMI est donc plus important.

C'est la raison pour laquelle toute statistique faite sur les restes osseux et les NMI est biaisée par ces processus ; les matériaux de constructions qui proviennent pour l'essentiel des carcasses de mammouths de la ravine sont surreprésentés, tandis que les ossements frais de plusieurs espèces chassées utilisés comme combustible sont sous-représentés.

## Les caractéristiques du peuplement du Mézinien

L'étude de la culture matérielle des sites du Dniepr moyen révèle les traits caractéristiques du peuplement du Mézinien (Iakovleva 2009a) :

- des habitats résidentiels de plein air avec des structures d'habitat complexes, construites à partir d'un grand nombre d'ossements de mammouths, selon une architecture élaborée;
- des sites de passage, des camps de chasse spécialisée et d'approvisionnement;
- un outillage élaboré en ivoire et en os de mammouth et en bois de renne;
- un outillage en silex assez simple, façonné sur un débitage laminaire et lamellaire standardisé;
- un art mobilier schématique en ivoire;
- des objets de parure corporelle en ivoire;
- des objets de parure corporelle façonnée sur des dents d'animaux sélectionnées (un choix réduit à quelques espèces de carnivores et de bovidés);
- l'utilisation de l'ambre (parures, sculpture);
- les parures corporelles en coquillages de préférence d'origine lointaine (espèces marines et fossiles);
- des ornementations géométriques variées, complexes ou simples, gravées sur des objets utilitaires, sur des objets de parures, sur des statuettes, sur des défenses et des os de mammouths;
- des ornementations géométriques peintes sur des os de mammouths,

- des compositions architecturales en os de mammouths soigneusement sélectionnés;
- l'utilisation de colorants minéraux (hématite, jarosite).

## Les hypothèses sur la fonction du site, la durée d'occupation, la réoccupation et le nombre de niveaux

Plusieurs informations sont indispensables pour comprendre le fonctionnement de ces habitats dans le système socio-économique du Mézinien. La première est la durée d'occupation du site dans le cycle annuel qui est estimée à partir des données archéozoologiques ; la seconde, décelable à la fouille en micro-stratigraphie, est la durée globale d'occupation du site de la fondation à l'abandon définitif, la question d'une occupation sédentaire de courte ou longue durée, ou à l'inverse de réoccupations successives.

Plusieurs modèles ont été proposés qui ont fait l'objet de débats :

### La sédentarité

C'est l'ancienne hypothèse de P.P. Efimienko d'une société sédentaire à habitats permanents qui a été développée notamment à partir des données des sites de Mezine, Dobranichivka, Mezhyrich, illustrés comme des villages permanents de chasseurs de mammouths avec leurs cabanes en os de mammouths (Chovkoplass, 1965 ; Pidoplichko, 1969, 1976).

### La stratégie de mobilité (des sites hivernaux aux sites estivaux)

C'est l'hypothèse opposée, également bien connue, qui est celle d'un site saisonnier hivernal d'un groupe se déplaçant, du printemps à l'automne, sur d'autres sites saisonniers estivaux, à travers un territoire (stratégie de mobilité résidentielle de L. Binford) suivant les migrations animales (Verechagin, Kusmina, 1977, 77-83; Soffer, 1985, p.390–404; Soffer *et al.* 1997, p.60-61).

### L'exploitation d'un territoire des chasseurs-cueilleurs à partir d'habitats semi-résidentiels occupés pendant une ou plusieurs saisons

Les habitats résidentiels ont été occupés pendant une ou plusieurs saisons, avec des capacités de stockage alimentaire et de matériaux de constructions dans les fosses. De nombreux déplacements rayonnants ont été effectués pour l'approvisionnement en matières premières diverses, les chasses spécialisées ou pour les échanges nécessaires à la vie du groupe. Les déplacements des groupes humains sont connus par la présence de sites de passages et aussi par les vestiges de matières premières non locales (certains types de silex, le cristal de roche transparent et/ou gris foncé, la calcédoine), l'ambre et les coquillages, qui ont été largement utilisés comme objets des parures corporels dans les sites de bassin du Dniepr. L'utilisation de coquillages d'origine marines/fossiles met en évidence les contacts intergroupes (Iakovleva, 2006, 2009b, 2013c, 2016), dont le processus (échanges d'objets ou échanges de personnes portant les objets) n'est pas définitivement connu.

La question de la durée d'occupation et de la saisonnalité des habitats peut être éclairée par l'exemple des fouilles de Gontsy. L'argumentation de la durée d'occupation du site est basée principalement à Gontsy sur les vestiges du renne, du mammouth et des animaux à fourrure.

L'étude archéozoologie des dates d'abattage des rennes et des marmottes révèle une occupation du site au printemps pour les rennes (Rangifer tarandus) sur la base de la détermination de N.G. Belan à Gontsy (Belan, 1982, p.20-26), et en été et début d'automne (août – septembre) pour les marmottes (Marmota bobak) sur la base de la détermination d'A.M. Moigne à Gontsy (Iakovleva, Djindjian, 2005 ; Iakovleva *et al.*, 2012, 2018). Une saison hivernale est révélée par les restes ostéologiques des renards polaires (Alopex lagopus) et des loups (Canis lupus) déterminés par I. G. Pidoplichko (Pidoplichko 1936, 113 -116).

La micro-stratigraphie d'habitat de Gontsy révèle deux niveaux d'occupation, déjà observés par S. Levitski en 1935 (niveaux k et l), séparés dans la ravine de 75 cm (du fait d'une sédimentation plus rapide) et dans l'habitat de 20 cm, et dont les datations suggèrent un date de retour de la seconde occupation entre 50 et 500 ans maximum, date qui ne peut être plus précise. Le dénombrement des varves de colluvionnement de fonte de neige annuelle de la ravine fournit une estimation d'une centaine d'années.

Les fouilles réalisées entre 1993 et 2023 sur la grande surface centrale de l'habitat ont révélé un même niveau d'occupation unique qui relie les 7 constructions en os des mammouths, les fosses de stockage, les zones des activités, les zones des rejets et l'accumulation de carcasses de mammouths de la paléoravine (figure 3).

Á Yudinovo, la détermination des saisons d'abattage de Yudinovo a été effectuée sur la base des études archéozoologiques de M.V. Sablin et A.V. Panteleev (Khlopachev *et al.* 2012, p.70–78) :

- des marmottes (Marmota bobak) en fin d'été – début d'automne;
- des jeunes renards polaires (Alopex lagopus) en automne (septembre – octobre);
- un jeune bœuf musqué (Ovibos pallantis) (fin septembre – début octobre);
- de très jeunes mammouths (Mammuthus primigenius) en mai (5 individus.), septembre – octobre (2 individus), octobre et janvier (2 individus);
- 4 espèces d'oiseaux saisonniers en mai – septembre.

Figure 3. La partie centrale de l'habitat de plein air de Gontsy. Fouilles et photo L. Iakovleva et F. Djindjian

La micro-stratigraphie de l'habitat de Yudinovo semble avoir révélé localement, dans une zone limitée de l'habitat, deux à trois niveaux d'occupation récemment fouillés (Khlopachev 2021).

Á Mezhyrich, à l'intérieur de la quatrième cabane, la micro-stratigraphie révèle une fine couche stérile qui s'intercale entre deux niveaux d'artefacts (Soffer *et al.* 1997). Les mêmes strates sont mentionnées au sud de la même construction (Gladkikh, Korniez 1979, p.50-54 ; Gladkikh 1999). Les trois niveaux ont été observés dans des zones très localisées proches de fouilles précédentes (Haesaerts *et al.* 2015 ; Shydlovskyi *et al.* 2023). Il faut cependant tenir compte du fait que ces observations de micro-stratigraphie locale n'ont jamais été enregistrées lors des fouilles précédentes de longe durée sur une grande superficie et à l'intérieur des cabanes à Mezhyrich (Pidollichko 1976) et à Yudinovo (Polikarpovich 1968, Budko 1966, Abramova1995, Abramova, Girgorieva 1997). Il faut également préciser qu'au XXème siècle ces deux sites comme plusieurs autres ont été intensivement fouillés avec un démontage du niveau archéologique et des constructions en os, et qu'en conséquence la reconstitution de l'occupation du site dans son intégralité est impossible, limitant la portée des observations qui sont partielles et locales. Une autre explication est celle du coulage du loess de colmatage des parois de la cabane sur le sol d'occupation intérieur et extérieur après l'abandon du site, suivi par l'effondrement de la paroi, qui crée une micro-stratigraphie d'effondrement et non une micro-stratigraphie d'occupation.

## La question des accumulations de carcasses de mammouths et de leurs relations avec les habitats

Nous savons aujourd'hui faire la différence entre une accumulation de carcasses de mammouths (bone bed) et un habitat avec les constructions en os de mammouths. Ce n'était pas le cas dans la première centaine d'années des recherches préhistoriques en Europe orientale. La question, a priori aisée à résoudre, ne l'est pas. Car les os de mammouths d'une structure d'habitat proviennent pour l'essentiel de carcasses de mammouths situées à proximité de l'habitat. Et une accumulation de carcasses de mammouths révèle les traces de l'exploitation d'un groupe humain par la présence d'outils en matière dure animale et en silex et des foyers utilisés pour le dépouillage et le dépeçage des animaux.

Les accumulations de carcasses de mammouths sont connues dans plusieurs stades d'exploitation par les groupes humains : celles qui n'ont pas été exploitées (et qui sont donc intactes), celles qui ont été faiblement exploités (c'est le cas de Sevsk par exemple), celles qui ont été totalement exploitées (comme celle de Gontsy).

Une étude récente (Djindjian, 2015, Iakovleva, Djindjian 2018) a montré comment distinguer une accumulation de carcasses de mammouths d'une structure d'habitat en os de mammouths à partir d'un inventaire archéozoologique des parties anatomiques des os de mammouths.

En corollaire, la question doit être posée de la relation spatiale et stratigraphique entre une zone d'accumulation de carcasses de mammouths (généralement dans une ravine descendant un versant de vallée) et un habitat à constructions en os de mammouths (généralement sur un promontoire de versant de vallée). Autrement dit ce type d'habitat est-il toujours systématiquement situé à proximité immédiate d'une zone d'accumulation de carcasses de mammouths ?

Le site de Gontsy, qui a été fouillé sur plus d'un hectare, a mis en évidence l'existence d'une zone d'habitat avec sept constructions en os de mammouths, des fosses, des zones d'activités, des zones de rejets et des zones de dépeçage, sur le promontoire d'une terrasse de versant découpé par deux ravines convergentes. Une zone d'accumulation de carcasses de mammouths a été retrouvée dans la ravine orientale (figures 4, 5, 6). La relation stratigraphique a été suivie entre les deux zones. Une relation fonctionnelle a également été retrouvée : les grands ossements (crânes, mandibules, omoplates, bassins, os longs) et les défenses manquants dans la zone d'accumulation de carcasses ont été retrouvés dans les parois des cabanes. Les NMI estimés à partir des ossements des cabanes correspondent aux NMI estimés à partir des ossements résiduels des carcasses (figure 7).

Figure 4. Les vestiges ostéologiques restés en place d'après l'exploitation des carcasses de mammouths dans la paléoravine orientale à Gontsy. Fouilles et photo L. Iakovleva et F. Djindjian

Cette conclusion nous amène à conclure que c'est la découverte d'une accumulation de carcasses qui a décidé d'installer un habitat à proximité pour faciliter les constructions en os des mammouths en quelques semaines et non en quelques mois si il avait fallu récupérer, dans un rayon de dix kilomètres autour de l'habitat, des ossements de mammouths mort naturellement ou ceux d'un mammouth tué par les chasseurs.

En corollaire, cette conclusion révèle qu'à proximité immédiate d'un habitat, existe une zone d'accumulation de carcasses de mammouths. Et qu'à

Figure 5. Côtes en position quasi-anatomique d'une carcasse de mammouth en place dans la paléoravine orientale à Gontsy. Fouilles et photo L. Iakovleva et F. Djindjian.

Figure 6. Les vestiges de l'exploitation des carcasses par groupe humains dans le paléoravine orientale à Gontsy : artefacts et vestiges d'os brulés. Fouilles et photo L. Iakovleva et F. Djindjian.

proximité d'une zone d'accumulation de carcasses de mammouths exploitée par un groupe humain, existe un habitat. Ces conclusions ouvrent un nouveau champ de recherches dans ou à proximité des sites connus. C'est notamment le cas à Mezhyrich où la stratégie de sondage a certainement permis à I. Pidoplichko de la découvrir, même s'il a limité son action aux fouilles des quatre cabanes, et à Mezine où les débuts d'une accumulation ont été fouillés. A Yudinovo, cette zone est sans doute située à proximité immédiate du site mais sous les eaux de l'actuelle rivière Sudost'.

## La chasse aux mammouths

C'est la très grande abondance d'ossements de mammouths trouvés dans les sites du Gravettien oriental et dans les sites du Mézinien, dans les périodes climatiques froides et sèches du MIS2 qui a naturellement convaincu les préhistoriens et les paléontologues soviétiques que les groupes humains du Gravettien et du Mézinien étaient de grands chasseurs de mammouths. Plusieurs scénarios de techniques cynégétiques ont été proposés pour expliquer comment les hommes de la préhistoire avaient réussi à exterminer sur place un troupeau entier de mammouths. Les plus spectaculaires de ces scénarios était d'attirer le troupeau dans une ravine et d'en tuer tous individus à coup de sagaies du haut des versants de la ravine ou bien de les précipiter de la plaine dans la ravine comme l'hypothèse célèbre mais réfutée depuis longtemps des chevaux de Solutré. La dernière synthèse historiographique sur le sujet a été publiée par M. Anikovich (Anikovich 1998, p.35–67, Anikovich *et al.* 2011).

A l'opposé, suivant la théorie de L. Binford dans les années 1980, qui avait dénié aux hommes du paléolithique inférieur et moyen de chasser et qui en faisait des charognards (théorie aujourd'hui réfutée mais qui fut très suivie dans les années 1980-2000), plusieurs préhistoriens, dont particulièrement O. Soffer, avaient soutenu la théorie que le mammouth n'était pas chassé. L'argument soutenu était que l'animal était trop gros pour être tué par des sagaies et trop dangereux pour être chassé. Cette hypothèse fut le

Figure 7. Une partie du centre de l'habitat de Gontsy avec les constructions en os de mammouths (n°5, n°6, n°7). Fouilles et photo L. Iakovleva et F. Djindjian.

sujet de débats intenses lors d'un colloque sur les mammouths, organisé par A. Montet-White en 1998 à l'université du Kansas (Proceedings of the International Conference on Mammoth site Studies 2001).

Suivant l'exemple des pygmées chassant l'éléphant africain avec une sagaie, des expériences ont été faites par G. Haynes démontrant que les sagaies des hommes préhistoriques pouvaient traverser la peau épaisse de l'éléphant, qui, perdant son sang, finissait par s'effondrer au bout d'une longue course, expliquant l'action des chasseurs de Clovis en Amérique du Nord et les piles d'ossements découverts à l'endroit du dépeçage avec parfois les pointes de flèche. D'autres techniques de chasse utilisant des pièges larges et profonds ont été récemment rapportées au Mexique au Pléistocène final. Enfin, la technique du feu de savane qui asphyxie les éléphants est également connue en Afrique aux périodes récentes.

Les ossements de mammouths ne présentent généralement pas de traces de décarnisation. Cet argument a été utilisé pour dénier la chasse aux mammouths mais la taille et la texture de l'os de mammouth explique probablement cette absence. Par contre, quelques rares exemples de pointe de silex fichés dans une vertèbre de mammouths ont été signalés (Maschenko *et al.* 2006).

Plusieurs observations faites durant l'étude de l'accumulation de carcasses de la ravine orientale du site de Gontsy permettent de contribuer à ce débat ;

- Absence de pièges qui auraient été faciles à détecter dans un fond de ravine qui présente un système de varves de colluvions de fontes de neige,
- Absence de lits de cendres qui auraient témoigné de l'usage d'un feu d'herbes,
- Absence de versants pentus, permettant le piégeage d'un troupeau en fond de ravine. A cet endroit en sortie de ravine, les versants sont très évasés, avec une dénivellation de seulement deux mètres environ,
- Ce sont les carcasses qui ont été dépecées sur place et non des ossements d'individus ramenés sur le site par des phénomènes naturels ou anthropiques, carcasses qui sont trouvées à proximité les unes des autres, avec des parties anatomiques encore en position quasi-anatomique (notamment des côtes et des vertèbres),
- Le processus de dépeçage des carcasses a laissé des outils en silex et en matière dure animale et des foyers au milieu de l'accumulation des carcasses,
- La distribution spatiale des carcasses et leur mode d'exploitation par le groupe humain, révèle un événement très court et unique dans le temps et non un processus continu sur plusieurs mois, et a fortiori sur plusieurs années.

En conclusion, trois théories sur la chasse au mammouth ont été publiées :

- L'absence de chasse aux mammouths (sauf exception), théorie en vogue dans les années 1980, aujourd'hui en perte de vitesse,
- la chasse généralisée aux mammouths ; tous les ossements de mammouths trouvés dans un site paléolithique proviennent de mammouths chassés, tués et dépecés.
- L'homme préhistorique chasse des individus isolés, plus particulièrement des jeunes mâles chassés du troupeau et des vieux mâles affaiblis ; il les dépèce à l'endroit où ils se sont effondrés. Il ramène au camp des morceaux de carcasses ; il en laisse sur place (cf. les « *piles* » d'ossements des chasseurs de Clovis).

Les accumulations de carcasses de mammouths trouvés dans des ravines sont des troupeaux mort de famine pendant l'hiver, que les groupes humains recherchent à la fin de l'hiver au moment de la fonte des neiges, et qu'ils exploitent comme il a été dit précédemment. Enfin, les membres du groupe ramassent des ossements trouvés sur le sol, présentant des traces d'altération de surface, qu'ils ramènent au camp comme matériau de construction. Cette troisième théorie plus pragmatique et plus conforme aux moyens cynégétiques de l'époque préhistorique, nous parait aujourd'hui la plus plausible.

## L'approvisionnement en matières premières : silex, ambre, colorant et coquillages

Les déplacements des groupes humains sont connus par la présence de petits sites de passages et par l'utilisation de matières premières non locales de certains types de silex (comme le silex noir chocolat ou la calcédoine), du cristal de roche transparent (région de Tcherkassy, environ de Smela), du cristal de roche gris foncé (région de Kanev), de l'ambre et des coquillages.

Peu d'études ont été effectuées sur l'approvisionnement en matières premières, sauf dans les années 2003-2005, où a été mené un projet (PAI Dnipro n°09862VJ et Econet n°0148QD), dans le cadre des fouilles de Gontsy, réunissant plusieurs préhistoriens ukrainiens et des spécialistes européens, pour identifier les principaux gîtes de silex et créer sur le long terme une lithothèque pour l'Ukraine (dont les articles ont été publiés dans la revue Archeometriai Mühely, 2005/4). L'étude de l'industrie lithique du site de Gontsy a permis d'identifier seize différents types de silex, dont les plus fréquents correspondent à une origine dans le Cénomanien et le Bathonien, dont plusieurs gîtes ont été trouvés en Ukraine, notamment près de Kanev. La plupart sont d'origine locale, sous forme de petits rognons, trouvés en position secondaire. D'autres, qui ne sont représentés que par des produits finis sont d'origine lointaine. Le cristal de roche et le silex de moraine sont également présents. Cette variété témoigne des déplacements des groupes humains sur de longues distances supérieurs à la centaine de kilomètres (figures 8, 9, 10, 11).

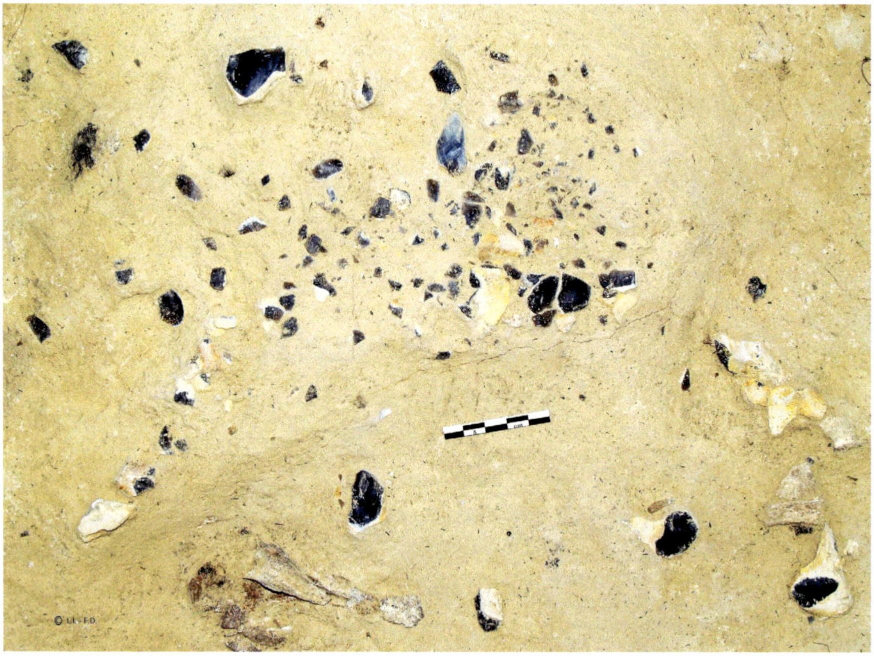

Figure 8. Distribution spatial d'artefacts en silex (débitage) dans une zone d'activité. Niveau inférieur. Gontsy. Fouilles et photo L. Iakovleva et F. Djindjian.

Figure 9. Gontsy. Planche de débitage du silex. Gontsy. Fouilles et photo L. Iakovleva et F. Djindjian

Figure 10. Planche d'outillage du silex. Gontsy. Fouilles et photo L. Iakovleva et F. Djindjian

Figure 11. Outils en silex trouvées dans la paléoravine orientale à Gontsy. Fouilles et photo L. Iakovleva et F. Djindjian.

Les objets en ambre sont présents dans plusieurs sites du bassin du Dniepr, révélant ainsi l'utilisation de cette matière. Mais malgré la disponibilité de cette matière dans le bassin du Dniepr moyen et, entre autres dans les régions de Kiev et de Kanev, leur quantité dans les sites est très variable. Les sites de Gontsy, Semenivka 2, Yudinovo, Chulatovo 2, Elisseevichi 1, Barmaki ont livré des objets en ambre en faible nombre. Dobranichivka, Mezine et Mezhyrich, font une utilisation assez importante de l'ambre (perles, pendeloques) dans les habitats. Le site de Dobranichivka a livré une représentation féminine très schématisée, réalisée en profitant d'une forme naturelle d'un grand morceau d'ambre jaune foncé, qui a pu être porté comme une pendeloque. (Pidoplichko 1976, p.154 ; Iakovleva 2013a, p.255-257).

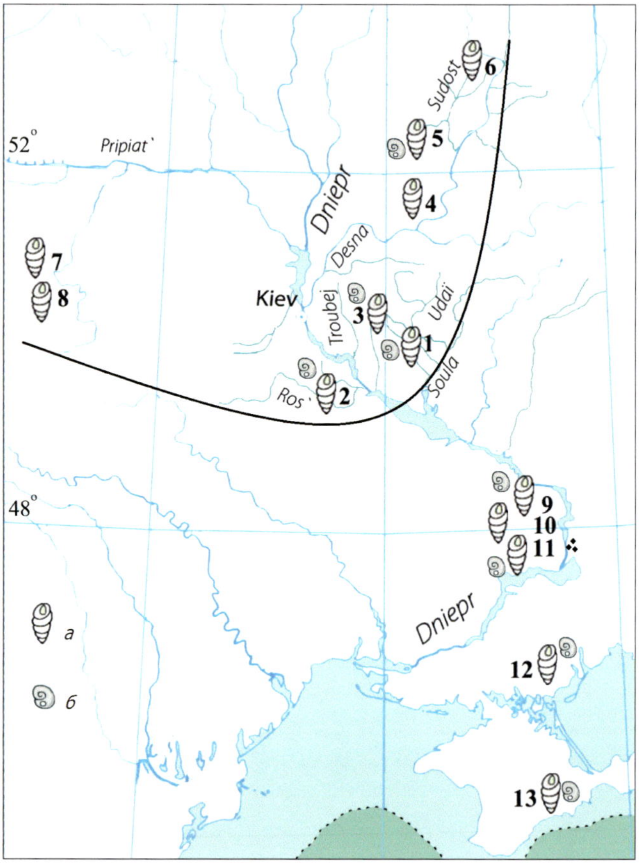


1 – Gontsy ; 2 – Mezhyrich ; 3 – Semenivka 2,3 ; 4 – Mezine ; 5 – Yudinovo ; 6 – Timonovka; 8 – Barmaki.

▲ Figure 12. Carte de sites du Mézinien ayant livré des éléments du parure en coquillages. Carte composée par L. Iakovleva.

Dans plusieurs sites du bassin du Dniepr, des coquillages de différents mollusques d'origine d'eau douce, saumâtre, marine et fossile ont été utilisés comme éléments de parures corporelles. Si l'utilisation des coquillages de rivière ne pose pas de problème pour leur récolte, c'est surtout l'origine des coquillages marins et fossiles qui traduit leur importance dans le système socioculturel, et notamment dans le domaine de la décoration corporelle des groupes humains de Yudinovo, Timonovka 1, Mezine, Gontsy, Mezhyrich, Semenivka 2,3 et Barmaki (figure 12). (Iakovleva 2013b, p.131-156 ; Iakovleva 2013c p.132-153). L'utilisation des coquillages marins pose la question toujours actuelle de l'origine précise des gîtes : rivage de la mer Noire, gîtes du bassin du Dniepr inférieur, notamment dans la région de Nikopol, gîtes fossiles pléistocènes de la terrasse marine Karangat datée du MIS 5 en Crimée dans la région de Soudak et de la presqu'île de Kertch et gîtes fossiles miocènes des niveaux du Sarmatien (rivages fossiles de l'ancien océan Téthys et Paratéthys) des régions de Volhynie et de Podolie (Gromov 1948; Efimienko 1953 ; Roudenko 1959; Pidoplichko 1969, 1976; Chovkoplass 1967 p. 280-281 ; Polikarpovich 1968, p. 171-174; Kijashki, Klopachev 2022 p. 127). Quelle que soit leur origine exacte, les sources des régions du Sud et Sud-ouest d'Ukraine, impliquent une longue distance d'approvisionnement entre ces gîtes et les sites des régions du Dniepr supérieur et moyen (Mezhyrich, Semenivka 2,3, Gontsy, Yudinovo, Timonovka 1). Par contre, le site de Barmaki en Volhynie, à Rivne, qui a fourni de grandes quantités de coquillages, est situé tout près de gites fossiles du Sarmatien. Il faut également mentionner la collecte de mollusques d'eau douce et saumâtre notamment Theodoxus fluviatilis, Theodoxus sp., utilisés comme éléments d'une décoration corporelle à Yudinovo et à Semenivka 2,3.

Plusieurs hypothèses ont été proposées sur l'arrivée des coquillages d'origine lointaine sur les sites du Mézinien : une migration des groupes humains du Sud vers le Nord, un approvisionnement direct au cours d'un déplacement (Chovkoplass, 1967, p.287), un système d'échanges des objets (Boriskovski, 153, p.279 ; Polikarpovich, 1968, p.173) et des relations socioculturelles intragroupes et intergroupes à travers leur territoire. (Iakovleva 2013b p.146, 171).

La diversité et la quantité des coquillages d'origine marine et fossile, d'eau douce, saumâtre dans les sites se traduit d'une part par le nombre des coquillages de taxons différents et leur distribution spatiale dans les sites; et d'autre part par la mise en évidence de processus de fabrication et d'utilisation des parures dans plusieurs sites (Iakovleva 2005, p.26 -37; Iakovleva, 2006, p.32, 43-44).

L'un des sites le plus au Nord, l'habitat de Yudinovo situé sur la rive droite de Sudost' a fourni 10 espèces des coquillages marins identifiés, dont les espèces dominantes sont Tritia, Melarhaphe (Littorine), Cerithium. D'après P.V. Kijashki, ils proviennent du secteur Nord–ouest de la côte de la mer Noire, probablement des affleurements Karangat en Crimée (cf. supra) ou plus à l'intérieur dans les territoires des régions actuelles d'Odessa et de Nikolaïev (Kijashki, Klopachev 2022 p. 109, table 1, p. 127–128). Parmi les 10 espèces, la préférence va aux formes de coquilles allongées et spiralées, notamment Tritia nitida, Tritia reticulata, qui est une coquille ovale, conique spiralée avec un relief réticulé et Cerithium vulgatum, une forme conique avec des spirales très ornementées. L'attirance pour ces formes de coquillages avec un décor naturel, Cerithium vulgatum, Nassa reticulata (= Tritia reticulata) se retrouve à Mezine et à Barmaki, avec leurs équivalents fossiles du Sarmatien miocène.

La même tradition de recherche de coquilles de formes semblables s'observe aussi dans les sites situés plus au Sud à Gontsy (Dorsanum corbianum), à Semenivka 2 (Dorsanum sp., Nassa reticulata (= Tritia reticulata),), à Semenivka 3 (Nassa reticulata (= Tritia reticulata)), à Mezhyrich (Nassa reticulata (= Tritia reticulata)). Cependant, la distance du site au gîte d'approvisionnement, de ces coquillages ne semble pas avoir joué de rôle déterminant. Au contraire, les sites d'habitats situés les plus au nord à Yudinovo et à Mézine possèdent des centaines d'éléments des parures en coquillage de provenance lointaine, tandis que les habitats situés plus au Sud présentent seulement des exemplaires uniques. Le site de Gontsy a livré un exemplaire d'un coquillage fossile miocène de Dorsanum corbianum, trouvé dans une zone d'activité. Et le site de Mezhyrich a livré seulement deux coquillages de Nassa reticulata trouvés à proximité de la cabane n°1. Ainsi, la rareté de Nassa reticulata à Mezhyrich, de Dorsanum corbianum à Gontsy renforce le constat de l'absence totale de coquillages à Dobranichivka (même en absence de tamisage). Á Gontsy et à Mezhyrich, les coquilles d'origine locale d'Unio (la moule d'eau douce qui est aussi une ressource alimentaire) sont connues.

Il existe aussi une variabilité dans l'usage des coquillages marines et fossiles : Melarhaphe neritoides à Yudinovo, Cyclope neritea à Semenivka 2,3, Buccinum superabile, Buccinum subspinosum, Buccinum duplicatum à Mezine. De même, il existe une rareté d'usage de coquilles de mollusques bivalves marins d'une forme triangulaire, striée, comme Cerastoderma glaucum (1 ex.), Cerastoderma rhomboides (3ex.), Nucula nucleus (1 ex.) à Yudinovo, Cerastoderma glaucum (1 ex.) à Gontsy et un tout petit Cardium sp. (1 ex.) à Mezine. La trouvaille d'un seul tout petit Cardium sp. en position in situ dans un Buccinum sans perforation à Mezine a conduit à la conclusion de leurs provenance des niveaux du Dniepr inférieur (de la région de Nikopol) (Rudenko, 1959 ; Chovkoplass, 1967 p.208). Cet argument concerne également d'autres espèces marines comme Cerithium vulgatum Brug. et Nassa reticulata Linné. A. Rudenko, en accord avec I. Pidoplichko, ont proposé une origine dans les affleurements de Karangat au sud en Crimée (Rudenko, 1959 ; Pidoplichko, 1940 p.62). Les fouilles récentes à Barmaki ont livré de nombreux coquillages d'espèces de gites fossiles locaux du Sarmatien qui pose la question de la comparaison de la provenance des coquillages de Barmaki et de Mezine. L'étude des coquillages de Barmaki et la révision de ceux de Mezine apporteront probablement des réponses dans le futur (figure 13, 14).

Figure 13. Coquilles percées de Mezine. D'après L. Iakovleva, 2013b, p. 135. Figure 6/34.

Figure 14. Coquilles percées de Mezine. D'après L. Iakovleva, 2013b, p. 135. Figure 6/35.

La géographie de la Mer Noire a très souvent changé dans les temps géologiques, au Miocène (avec la mer Paratéthys) mais aussi au quaternaire au cours du Pléistocène, quand les changements climatiques ont ouvert ou fermé l'accès à la méditerranée, ou ouvert ou fermé l'accès à la mer Caspienne, entrainant des variations cycliques importantes de la salinité de la mer Noire, et en conséquence en modifiant le spectre des coquillages marins. A l'époque du Mézinien, la Mer Noire est un lac avec une salinité faible, bien en dessous des 18% actuels et loin des 35% de la méditerranée. Les espèces découvertes dans les sites du Mézinien sont des espèces de milieu salin comme Cerithium vulgatum Brug. et Nassa reticulata Linné, Melarhaphe neritoides et Bucccinum sp.., qui ne peuvent être collectés sur les rivages mais dans des plages fossiles (25-30 mètres au dessus du niveau actuel) comme celle du Karangat du pléistocène supérieur (MIS 5) sur les côtes de Crimée ou à l'intérieur des terres. Des espèces comme Cerastoderma Glaucum ou Theodoxus fluviatilis, qui sont des espèces qui s'acclimatent facilement à des eaux douces et saumâtres (mais elles possèdent également des formes fossiles miocènes), sont plus ubiquistes et peuvent provenir de plusieurs origines locales ou distantes.

L'utilisation intense des coquillages d'origine lointaine se traduit aussi par la présence in situ :

1. de coquillages sans perforation comme une matière première;
2. de coquillages avec une ou deux perforations;
3. de coquillages endommagées ou cassés;
4. de coquillages avec des traces d'usure.

Malgré la variation importante du nombre de coquillages dans chacun des sites, les différentes étapes de leur exploitation sont connues à Mezine, Yudinovo, Semenivka 2,3, Mezhyrich, Gontsy, Barmaki (Iakovleva, 2013c, p.28-37 ; 2013b, p.132-156). La présence sur le site de Mezine d'un véritable atelier de fabrication d'éléments de parure en coquillages d'origine lointaine se retrouve aussi sur le site de Barmaki (à 500 km plus à l'Ouest) exploitant les coquillages plusieurs espèces d'un proche gîte fossile du Sarmatien.

En conclusion, l'utilisation de coquillages d'espèces choisies pour leur forme et de provenance lointaine, montre l'importance des décorations corporelles dans le Mézinien ainsi que les déplacements à longue distance et les relations intragroupes et intergroupes à l'intérieur d'un vaste territoire de déplacement, marqué par l'existence de sites de passage, courtes occupations à la bonne saison estivale, révélant des activités de chasses spécialisée (comme le cheval à Fastiv ou la marmotte à Jouravka) et d'approvisionnements en matière première en silex comme à Kanev ou Pouchkari, caractéristique au Mézinien de vastes territoires de déplacement comme dans le cas du Magdalénien d'Europe occidentale et centrale, à la différence du Mésolithique où les territoires de déplacement sont réduits.

## Les constructions en os de mammouths : identification, reconstitution et interprétation

Dans l'histoire des fouilles des structures d'habitat en ossements de mammouths qui débute à la fin du XIXe et au début du XXe siècle, il est nécessaire de rappeler plusieurs interprétations qui ont été proposées. Au début, les structures d'habitat ont été interprétées simplement comme des amas de déchets osseux, ou des amas de stockage d'ossements, ou comme des lieux d'un culte ou d'un rituel. Enfin, avec l'amélioration des méthodes de fouilles des sites d'habitat, les interprétations ont défini ces amas comme des habitations en os de mammouths (nommées des « cabanes » dans les publications francophones).

La grande disponibilité des matériaux les plus volumineux et les plus lourds du squelette du mammouth a fait naitre des constructions variées et complexes dans les habitats de plein air d'Europe centrale et orientale : Aurignacien (Climauti 2), Pavlovien (Dolni Vestonice, Pavlov, Milovice, Predmost), Gravettien oriental (Kostienki–Avdeevo), Gravettien final (Pouchkari 1), culture de Zamiatnine (Kostienki 11-1a) et Mézinien. Dans l'état actuel des recherches, il faut noter la pluralité des structures d'habitat en os de mammouths : la variabilité de leur forme architecturale, de leur dimensions et probablement leurs différentes fonctions à l'origine d'un vocabulaire encore non figé : structure circulaire/ovalaire (grande habitation dite « cabane »), petite cabane circulaire/ ovalaire, structure semi souterraine circulaire/allongée, structure à enclos circulaire / demi circulaire, mur allongé (parfois nommé pare-vent), amas de stockage, fosse de stockage, construction funéraire, etc.

L'identification de constructions en os de mammouths dans les sites du Mézinien a été un long processus. Entre 1871 et 1916, sur les sites ukrainiens de Gontsy, Kiev-Kirilovskaia et Mezine, aucune structure d'habitat n'a été perçue. Pendant les fouilles de Kiev-Kirilovskaia, pratiquées sur une grande superficie, plusieurs accumulations d'ossements des mammouths ont été dégagées et dessinées, mais aucune d'entre elles n'ont été reconnues comme des structures d'habitat. Malheureusement, le site a été entièrement démonté au début du XXème siècle entre 1893 et 1902 (Khvoika 1903) et plus tard ces amas ont fait l'objet d'hypothèses de structures d'habitat (comme des cabanes circulaires), mais trop fragiles du fait de documents d'archives insuffisants (Pidoplichko 1969, p.20-40). Les premiers fouilles en tranchées à Mezine se sont déroulées dans les années 1908–1909, 1912–1914 et 1916 menées sur la partie centrale du promontoire où ont été trouvés des amas d'ossements de mammouths structurés, mais ceux-ci n'ont pas signalés comme des vestiges de constructions (Volkov 1912 ; Tchikalenko 1912). C'est à Gontsy, pendant les fouilles de V. Scherbakivski, conservateur du musée de Poltava, en 1915-1916, que découvrant un amas d'os de mammouths au fond de la tranchée, il eut l'idée d'élargir la tranchée pour dégager l'ensemble de la structure, qui sera la cabane n°1, entourée de ses fosses. A ce moment, le mot de « cabane » n'est pas encore prononcé, mais le fouilleur a mentionné un alignement répétitif des crânes de mammouths en cercle et un arrangement des os qui entourent les crânes. L'archéologue a eu tout conscience de l'importance sa découverte, il en fait le relevé et a pris des photos de la structure (Scherbakivski 1919). Mais la guerre l'empêcha de continuer les fouilles en 1916. Il protégea alors la structure d'une protection en bois et il reboucha la tranchée. En 1935 (juste le temps d'une saison estivale), les fouilles ont été reprises sous la direction d'I. Levitski avec son équipe. Les recherches ont été effectuées sur une surface importante de 380 m$^2$ depuis le niveau archéologique à accumulation de carcasses de mammouths situé dans les paléoravines jusqu'aux zones d'habitat fouillées précédemment (y compris la réouverture de la cabane n°1), où quelques fosses entourant la cabane n°1 ont été fouillées (Levitski 1947). Plus tard, une reconstitution approximative de la cabane n°1 a été proposée par I. Pidoplichko, malheureusement la partie centrale de la construction avait été enlevée pendant les fouilles en tranchée de V. Scherbakivski, et donc la reconstitution est restée incomplète (Pidoplichko 1969, p.53-57). Entre 1977 et 1981, V. Sergin reprend des fouilles limitées, consacrées exclusivement à la recherche et au démontage des restes de la cabane n°1 et de sa proximité (Sergin 1981, 1983). L'avantage du démontage des ossements a été la mise en évidence du niveau d'occupation de l'habitat.

C'est l'archéologie soviétique qui, au début des années 1930, a mis en application et généralisé la méthode de fouilles de l'archéologue ukrainien V. Scherbakivski, notamment S. Zamiatnine à Gagarino en 1929 (Zamiatnine 1935) et P. Efimienko à Kostienki, où il découvrit la structure d'habitat du Gravettien de Kostienki I, couche 1 (Efimienko 1958).

Dans les années 1950 et 1960, la renaissance de la préhistoire ukrainienne après la seconde guerre mondiale voit, sous l'impulsion de P. Efimienko

Figure 15. Les restes de la cabane effondré nꜫ° conservé *in situ* à Dobranichivka. Fouilles I. Chovkoplass. Musée de Dobranichivka. Photo L. Iakovleva

placé à la tête de l'Institut d'Archéologie à Kiev, de nouvelles fouilles focalisées sur le décapage des cabanes en os de mammouths, reconnues comme telles, menées par I. Chovkoplass à Suponevo, Dobranichivka et Mezine et d'I. Pidoplichko à Mezhyrich (figure 15). Ces fouilles mettent en évidence plusieurs constructions en os de mammouths: la cabane n°1 à Mezine (Chovkoplass 1965), 4 cabanes à Dobranichivka (Chovkoplass 1972), 3 cabanes à Mezhyrich (Pidoplichko 1969, 1976). La cabane n°4 de Mezhyrich a été découverte et fouillée dans les années 1980 par M. Gladkhik et N. Kornietz (figure 16) (Gladkhik, Kornietz 1979). Les chercheurs bélarusses et russes ont effectué des fouilles à Yudinovo : K. Polikarpovitch en 1947 (cabane n°1 de 9,5 x 9 $m^2$), K. Polikarpovitch en 1947, V. Budko en 1964 (cabane n°2 de 5 mètres de diamètre) (Budko, 1966) et V. Budko de 1966 à 1967 (cabane n°5 de 6 mètres de diamètre) (Sergin, 2008, p.193-198). Les fouilles de Z. Abramova et G. Grigorieva dans les années 1980 ont permis de découvrir deux cabanes (n°3 et n°4), de 5 mètres de diamètre (Abramova 1995; Abramova, Grigorieva 1997). Les recherches sur le site ont été continuées par G. Klopachev sur une petite zone restée encore intacte et sur une zone déjà fouillée avant et partiellement démontée (figure 17) (Klopachev 2021).

Figure 16. Les restes de la cabane effondré nɛ° de Mezhyrich. Fouilles M. Gladkhik et N. Korniez. Photo M. Gladkhik.

Figure 17. Plan de l'habitat de Yudinovo reconstitué d'après des données des fouilles de Z. Abramova, G. Grigorieva, K. Polikarpovich, V. Budko et G. Klopachev. Plan réalisé par G. Klopachev. D'après G. Klopachev, K. Gavrilov, 2019, p. 30. Figure 3. G. Klopachev, 2021, p.4. Fig. 2.

En fait, pour la première fois, ces structures d'habitat en os de mammouths, de forme circulaire ou ovalaire, ont été reconstituées comme les vestiges d'une habitation en os de mammouths (nommées cabanes), sur la base d'une comparaison avec des types d'habitations des peuplements de Sibérie, comme la yaranga ou le tchum par I.G. Chovkoplass et par I. Pidoplichko (Chovkoplass 1955, 1972, Pidoplichko, Chovkoplass 1961, Pidoplichko, Pidoplichko 1969). D'après ces auteurs, les constructions du Mézinien (notamment Dobranichivka, Mezine, Mezhyrich) sont caractérisées tout d'abord par un alignement répétitif mais variable en cercle de crânes qui sont soit enfoncés dans le sol par les alvéoles (verticalement ou en position inclinée, plus souvent vers l'intérieur de la construction), ce sont les crânes de fondation, soit avec des crânes alvéoles vers le haut, ce sont les crânes de parois, complétés et consolidés par des omoplates, des bassins, des os longs, des mandibules et même des colonnes vertébrales en position anatomique. Ce schéma général a été approfondi, précisé et diversifié avec les plans fournis par le décapage de nouvelles structures en os de mammouths à Mezhyrich, cabane n°4 (Gladkik, Kornietz 1979), Yudinovo, cabanes n°3, n°4 (Abramova 1995) et cabane n°5 très partiellement restée en place (Khlopachev 2021) et 6 nouvelles constructions variées découvertes à Gontsy, les cabanes n°2 à 7 (Iakovleva 2013b ; Iakovleva, Djindjian 2014; 2021a). La variabilité de la position anatomique des crânes ainsi que leur association avec d'autres types d'ossements, les modes d'enchevêtrement des différents types d'os, ainsi que la variabilité dans l'enchevêtrement et l'emboitement d'un même type os, ont été notés, comme l'empilement des os longs en position verticale (cabanes n°1 et n°4 de Mezhyrich), ou en position horizontal (cabane n°3 de Mezhyrich et cabanes n°2, n°4 et l'enclos, nommé cabane n°1 de Yudinovo), les emboitements des mandibules de façon variée (cabanes n°1, n°3, n°4 de Mezhyrich) et dans la structure à enclos n° 5 de Gontsy.

Dans les constructions du Mézinien, les ossements sont aménagés par des perforations des os plats pour permettre de les lier ensemble, et par des creusements et appointements des os longs pour favoriser les emboitements, toutes pratiques nécessaires pour garantir la solidité et la stabilité de la structure, par l'usage probable de tendons ou des cordes. Le lœss, extrait des fosses creusées autour de la construction, est utilisé pour colmater la paroi et assurer une bonne isolation thermique.

La principale difficulté dans l'étude de ces constructions est la reconstitution de l'élévation et de la couverture. I. Pidoplichko a proposé un modèle, visible dans les deux cabanes (n°1 de Mezhyrich et n°1 de Mezine), qui ont été reconstituées au musée de zoologie de Kiev. Cette reconstitution a été critiquée car le poids de la couverture a nécessité l'utilisation de poteaux métalliques et d'une ossature en bois. D'autres modèles de couverture ont été proposées comme l'encorbellement de défenses enfoncées dans les crânes de paroi (Jelinek, Hanzalek 1987) et l'enchevêtrement de défenses posées à plat sur le sommet des parois. Cependant, ces modèles ne sont sans doute pas les seuls car les solutions architecturales dépendent des ossements disponibles au moment de la construction des cabanes et de l'inventivité de leurs constructeurs.

En plus de ces remarques sur les détails de la construction de ces structures circulaires, de 4 à 6 mètres de diamètre, de leur mode d'élévation et de leur couverture, il faut souligner l'existence d'autres types de structures comme les cabanes à enclos, les murs allongés et certains types de fosse avec une couverture de protection.

Dans les années 1960–1980, les cabanes en os de mammouths ont fait l'objet de plusieurs études, publications et même des expositions muséographiques internationales.

Ces cabanes ont été désignées par A. Rogatchëv, qui proposa une typologie des structures d'habitat du paléolithique supérieur d'Europe orientale, sous le nom de cabanes de type Anosovka-Mezine, dont les types éponymes sont la cabane n°1 de Mezine et le cabane n°1 de Kostienki 11, couche 1a (Anosovka 2). En fait, la forme circulaire de la grande construction n°1 de Anosovka 2 (nommée cabane) qui présente une certaine ressemblance avec les positionnements des os de la plus petite cabane n°1 de Mezine, a conduit l'auteur à cette définition, qui a été utilisée pendant quelques décennies jusqu'à la nouvelle découverte de nouvelles structures en os variées et des nouvelles séries de datations des sites. Cette terminologie Anosovka-Mezine n'est plus crédible aujourd'hui car ces structures sont différentes tant sur le plan architectural que sur le plan chronologique et culturel.

Un exemple de démonstration de cette thèse, est l'habitat de plein air de Kostienki 11 (1a), surnommé aussi Anosovka 2, daté d'il y a 20 000 ans BP (24 000 cal. BP) qui est actuellement bien connu par trois grandes structures en os du mammouth similaires. La première construction en os de mammouth de forme circulaire, de 8 mètres de diamètre, est entourée 5 fosses remplies d'ossements des mammouths. Cette structure n°1 (définie par A. Rogatchëv comme une habitation) possède 394 os de mammouths parmi lesquels 16 crânes, 33 mandibules, 16 défenses, 50 omoplates, 32 bassins, 131 os longs, 65 côtes et 21 vertèbres (Rogatchëv, Popov, 1982). La deuxième grande construction en os du mammouth a été fouillée seulement partiellement et son étude détaillée n'a pas été encore publiée. La troisième structure a été découverte en 2014 à une distance de 17 mètres dans la direction Ouest-est de la construction n°1. C'est une des plus grandes constructions en os du mammouth de dimensions 11 x 12 $m^2$, toujours en cours d'études, qui a été réalisée avec les mêmes types d'os du squelette de mammouths que les constructions précédentes. Cependant une nette différence s'observe dans le choix des regroupements des grands os de mammouths, ainsi que dans la préférence donnée à des os de petite et moyenne taille comme des côtes, des vertèbres, des épiphyses. A l'intérieur de la construction n°3 ont été trouvés des zones cendreuses, les vestiges d'un foyer de 1,5 mètre de diamètre et de 20–25 cm d'épaisseur et de nombreux artefacts en silex. Pendant les fouilles 2014–2015, 1929 artefacts en silex ont été trouvés, parmi lesquels 203 outils (11%). Le résultat des analyses de flottation a révélé un fonctionnement de cette structure d'habitat pendant la période estivale (Dudin, Fedounin, 2019). Enfin, les études en cours de la construction en os de mammouths n°3 de Kostienki 11 (1a) révèlent encore une fois la complexité et la variabilité des constructions réalisées avec un grand nombre d'os de mammouths. Ainsi, le grand pourtour circulaire d'ossements ayant une épaisseur importante, l'absence d'ossements dans la partie centrale de la construction où a été aménagé un foyer, la présence d'outils en silex, avec la domination de burins et de grattoirs, ayant été utilisés dans des zones d'activités, plaident en faveur d'une construction circulaire, un enclos, qui a fonctionné pendant la période estivale comme une structure d'habitat de plein air. La continuation des recherches apportera sans doute des précisions et des corrections sur sa fonction.

L'autre exemple qui illustre toute la diversité des structures en os de mammouths du Mézinien est l'habitat de Gontsy. Les fouilles de Gontsy 1993–2023 ont mis en évidence 6 nouvelles structures variées par leurs formes, leurs dimensions et leurs structures : une petite construction ovalaire (n°2) de dimensions 2,7 x 1,7 $m^2$, une grande construction ovalaire d'environ 6 mètres de diamètre (n°3), une grande construction à enclos circulaire de 8 mètres de diamètre (n°5), une construction ovalaire (n°4) de dimensions 3,5 x 2,75 $m^2$, une construction ovalaire (n° 6) de dimensions 3,6 x 2,4 $m^2$ et une petite construction ovalaire (n°7) de dimensions 3 x 1,5 $m^2$ (Iakovleva *et al.* 2012, Iakovleva, Djindjian 2014 ; 2021). Les fouilles actuelles à Gontsy révèlent la variété des constructions en os de mammouths dans le même site d'habitat et donc met en évidence la complexité et la diversité des structures et de leurs fonctions. En outre, tout l'espace de la zone centrale de l'habitat a été conservé in situ sous hangar et fait l'objet d'un projet de muséographie en cours (mais gelé à cause de la guerre d'invasion de la Russie en Ukraine depuis 2022). Le site de Gontsy révèle pour la première fois toutes les zones d'activités de plein air en corrélation avec les constructions en os de mammouths dans l'intégralité de l'habitat. Nous pouvons également affirmer qu'à Gontsy, aucun élément micro-stratigraphique ne permet de faire l'hypothèse d'une désynchronisation entre les différentes structures (constructions en os de mammouth, fosses, zones d'activités, zones de rejet, zones de dépeçage) et que chaque ossement ou défense trouvé à proximité d'une cabane effondrée peut trouver son origine dans la chute suite à l'effondrement de la structure après l'abandon du site. En effet après l'abandon du site, la structure se désagrège progressivement, le lœss des parois coule sur le sol d'occupation, les liens cassent et la cabane s'effondre. Ce processus d'effondrement a été particulièrement bien étudié sur les structures d'habitat de Gontsy, qui montrent la chute par gravité des ossements des parois et de la couverture à l'intérieur et à l'extérieur de la structure et le coulage du lœss des parois à l'extérieur sur le niveau d'occupation (Iakovleva, Djindjian 2021a).

Plus récemment, le postmodernisme en archéologie est à l'origine d'une contestation de l'existence des constructions en tant que structures d'habitat, et qui les remplacent par des structures exclusivement religieuses, notamment comme un lieu de culte construit au moment de l'abandon du site à partir des ossements des animaux chassés. C'est le cas de K. Gavrilov sur plusieurs sites du Mézinien et du Gravettien (Gavrilov 2015, 2024), de G. Klopachev et K. Gavrilov à Yudinovo (Khlopachev, Gavrilov, 2019).

Dans le développement de leur discours, les auteurs s'appuient sur une construction en os de mammouth à Yudinovo (cabane n°5). Cependant, il faut préciser et c'est souligné par les auteurs, que leurs conclusions sont basées sur des données archéologiques incomplètes et partielles des fouilles anciennes, qui ont démonté la plus grande partie de cette structure ainsi que le niveau d'occupation intérieur et extérieur. Le résultat des fouilles réalisées par V. Budko entre 1966 et 1967 n'a pas été publié. La reconstitution approximative à partir de fragments de documents d'archives a été publiée beaucoup plus tard par V. Sergin (Sergin, 2008). La zone des fouilles de V. Budko, extérieure à la protection construite par Z. Abramova, a été ouverte et refouillée à nouveau entre 2015 et 2018 par G. Klopachev (Khlopachev 2021, p.6-11). Cette opération a permis de découvrir qu'un secteur oriental de la construction n°5 était partiellement resté en place comprenant 5 crânes plantés dans le sol et des artéfacts dans le niveau d'occupation partiellement conservé. G. Khlopachev a noté également la présence d'artefacts au fond des trous creusés pour enfoncer dans le sol les crânes par les alvéoles, lors du démontage des crânes. Divers objets (quelques outils, des éléments de parures et autres) ont été trouvés à la base de plusieurs crânes, dans leurs alvéoles et entre celles-ci. D'après ces observations, l'auteur a déduit que le niveau d'occupation était antérieur à la pose de la structure de fondation des crânes et a conclu à « une activité non utilitaire liée à la construction de la cabane n°5 de Yudinovo » (Khlopachev 2021, p.9-10). Enfin dans sa conclusion générale, les cabanes ne sont plus des habitations, mais une construction de type sanctuaire, postérieure au niveau d'occupation et ne révélant que l'étape finale de l'occupation de l'habitat (Gavrilov 2015 ; Khlopachev, Gavrilov, 2019).

Dans ce discours, il faut mentionner deux points différents importants. Le premier point, concerne notamment les données partielles de la structure n°5 qui ne sont pas mentionnées dans la base des données de Z. Abramova et G. Grigorieva à Yudinovo (Abramova 1995; Abramova, Grigorieva 1997). Celle–ci nous ramène à la question générale de l'installation des habitats de plein air utilisant intensivement les os de mammouths dans la grande plaine d'Europe orientale. Ce type d'habitat enregistre plusieurs étapes dans son installation et son aménagement, dont l'aboutissement est la construction des cabanes en os de mammouths. Cette question nous amène à étudier les tâches effectuées par le groupe humain dans la première étape de son installation. L'exemple des fouilles actuelles à Gontsy révèle l'exploitation d'une accumulation de carcasses de mammouths dans la ravine orientale (dépouillage, dépeçage, décarnisation) qui a fourni l'essentiel des ossements des structures d'habitat, opération qui a pris un certain temps, aussi long que la construction des cabanes. Le groupe humain a donc installé un campement provisoire avec une installation de fortune avant de pouvoir construire les structures d'habitat. Une étude a récemment montré comment distinguer une accumulation de carcasses de mammouths exploitée par les hommes préhistoriques, de la construction de cabanes situées à sa proximité immédiate (Djindjian, 2015 ; Iakovleva, Djindjian 2021). En conséquence, la structure en os de mammouths s'intègre dans un niveau d'occupation dont le sol se constitue progressivement pendant tout le fonctionnement du site en liaison avec les zones d'activités, les zones de rejets et les fosses, dont plusieurs ont été creusées dès le début de l'installation de l'habitat (et en suite au cours de son occupation continue), fosses qui fonctionnent en plusieurs phases : leur première fonction est d'extraire le lœss pour colmater l'architecture en os et en assurer la solidité . Ces fosses ont servi aussi pour le stockage de la nourriture dans le fond au contact avec le permafrost selon l'hypothèse de L. Binford, puis elles ont servi de zone de stockage de matériaux de construction et enfin de fosses de rejet.

Le deuxième point concerne la proposition « d'une activité non utilitaire liée à la construction de la cabane n°5 de Yudinovo », qui nous amène à revenir sur les divers objets ayant trouvés à la base des plusieurs crânes, dans les alvéoles et entre celle-ci (Khlopachev 2021, p.8-11). Les découvertes de « cachettes» (avec différents types d'objets utilitaires et non utilitaires comme les rognons de silex, les outils en os et en silex, les éléments de parure en ivoire, en os, en coquillages et les figurines en ivoire) ont été enregistrées à plusieurs reprises à l'intérieur de structures en os de mammouths et à coté de celles–ci, aussi que dans les fosses à Mezine, Dobranichivka, Gontsy et Mezhyrich. Il n'est donc pas surprenant de trouver à la base de la construction n°5 d'Yudinovo plusieurs types d'objets posés volontairement pour des raisons variés. Par ailleurs, au Paléolithique supérieur, le phénomène des « caches » d'artéfacts divers est bien connu dans plusieurs sites de plein air ainsi que dans les sites en abri sous roche et en grottes, et il peut avoir différentes explications utilitaires ou culturelles. Il faut en outre souligner la différence de sens entre la notion d'« activités religieuses » et celle des fonctions socioculturelles des sociétés de chasseurs cueilleurs du paléolithique supérieur, que nous avons définies et mentionnées à plusieurs reprises dans les habitats du Mézinien à travers l'art mobilier, la décoration corporelle, les ornementations et l'architecture (Iakovleva 1985, 2009, 2013b ; 2015).

Continuant sur l'idée des « activités religieuses » faites avec des ossements de mammouths, K. Gavrilov ne s'est pas limité à la structure n°5 d'Yudinovo. L'auteur a étendu son discours en déclarant son désaccord total avec l'interprétation fonctionnelle des structures de Kostenki11/1a, Anosovka 2, de Mezine, de Mezhyrich, de Yudinovo, comme des cabanes, mais aussi de l'existence d'un sol d'occupation à l'intérieur de l'habitation et du lien entre l'habitation et le niveau d'occupation. K. Gavrilov essaie en outre de démontrer que sa proposition ne se limite pas aux cabanes de type Anosovka-Mezine essayant de trouver une plus grande ancienneté et une longue tradition à son hypothèse des structures religieuses (sanctuaires). Il est absolument convaincu que les constructions en os de mammouths ne peuvent pas être interprétées comme des vestiges d'habitations. Et pour lui, les structures de type Anosovka-Mezine témoignent de l'étape finale d'une tradition très spécifique du Paléolithique d'Europe centrale et orientale déterminée par des idées religieuses (Gavrilov 2015). Enfin K. Gavrilov essaye de démontrer que les « cabanes » sont postérieures à la couche d'occupation pour justifier son idée d'une construction religieuse au moment de l'abandon du site. Il déclare également que ces constructions n'ont eu ni élévation, ni volume, ni couverture, et qu'elles ont été recouvertes de sédiment au moment de l'abandon du site.

Ses arguments contestables ont été largement critiqués en détail par V. Sergin (Sergin 2019).

Pour finir la discussion, la proposition « de croire que des constructions en os de mammouths soient faites uniquement pour des idées religieuses » est vraiment très surprenante, compte-tenu des conditions climatiques défavorables de la période post-LGM, en considérant que les groupes humains vivaient dans leur site de plein air sans utiliser les os de mammouths, disponibles en grand nombre, comme matériaux des construction et de protection de leurs structures d'habitat, après avoir exploité les amas de carcasses. Juste avant leur départ, ces habitants auraient donc fait un grand effort pour collecter de grandes quantités d'ossements pour des constructions « non utilitaires », et ensuite les recouvrir par du sédiment et tous cela exclusivement pour un « besoin religieux » ? Cette interprétation qui privilégie le culte et le religieux manque de fiabilité en s'appuyant sur des données de fouilles trop anciennes ou trop partielles, au détriment d'une analyse systémique sur des données fiables et redondantes. Pour nous, cette opposition « sacré versus profane » appliquée aux structures d'habitat en os de mammouths ne s'appuie pas sur une argumentation convaincante.

Il faut en fait s'appuyer directement sur les enregistrements effectués par les archéologues pendant le décapage et le démontage des structures d'habitat. Ainsi, la corrélation entre la construction en os de mammouths et le sol intérieur de celle-ci ont été relevés plusieurs fois de façon très détaillée, notamment pendant les fouilles à Dobranichivka, Mezhyrich, Mezine. Notamment à Mezhyrich, un foyer a été aménagé à l'intérieur sur le sol des cabanes n°2 et n°3, les places de travail étant localisées à l'intérieur sur le sol de la cabane n°1 (carrés 10, 11), de la cabane n°2 (carré 114) et de la cabane n°3 (carré 189). En particulier, il faut souligner la présence d'un emplacement pour le débitage du silex à l'intérieur de la cabane n°1 (carré 11), ainsi qu'un petit poste de travail situé à côté de l'entrée de la cabane n°2 (carré 17), révélant le même niveau d'occupation à l'intérieur et à l'extérieur de l'habitation et leur continuité (Pidoplichko1969, p.128, Pidoplichko 1976, p.119–129, 113, 138). A l'intérieur, sur le sol de la zone centrale de la cabane n°4 de Mezhyrich ont été identifié des travaux de traitement de peaux d'animaux à fourrure pour la fabrication d'un vêtement : de restes

Figure 18. La cabane n°1 de Mezine. Fouilles I. Chovkoplass. Photo des Archives de l'Institut d'Archéologie NAS Ukraine. D'après L. Iakovleva, 2021, p. 8. Fig.6.

ostéologiques en position anatomiques de petits carnivores, d'outillage en silex et des aiguilles à chas. Dans la même cabane n°4, dans le secteur nord-ouest (carrée 332Б) a été aussi trouvé une série d'outils en os (parmi lesquels des aiguilles à chas) et dans le secteur nord-est une petite zone de débitage du silex. Celles- ci témoignent d'une organisation spatiale à l'intérieur sur le sol de l'habitation (Tsvirkun *et al.* p. 68).

La continuité entre le niveau d'occupation entre les cabanes et les zones d'activités de l'habitat a été confirmée à plusieurs reprises directement à l'occasion des fouilles de Dobranichivka, Mezhyrich, Mezine, Yudinovo, Gontsy (Pidoplichko 1969, 1976 ; Chovkoplass 1955, 1961, 1972 ; Abramova 1995; Gladkikh, Korniez 1979 ; Abramova, Grigorieva 1997 ; Soffer *et al.* 1998 ; Gladkikh 1999 ; Iakovleva *et al.* 2018; Iakovleva, Djindjian 2014).

En outre, à Mezine, pendant le démontage du niveau d'occupation, y compris des zones d'activités qui entouraient la cabane n°1 (5,6 m x 5,9 m), ainsi que le sol d'habitation et les ossement de la construction, les fouilleurs ont réalisé une expérience unique pour mieux comprendre l'architecture de la structure (figure 18) (Chovkoplass 1965, p.43-47, figures 22-24). Le démontage de la cabane effondrée a été effectué en plusieurs niveaux successifs, entrainant le démontage de plus de 300 os : 273 os de mammouths (30 individus), 1 crâne de loup, 1 humérus de rhinocéros et 30 bois de renne (20 individus) (figure 19). Le démontage des ossements a commencé par un premier niveau d'enlèvement de bois de renne (la plupart étant situés au sommet de la structure) et continué par quatre niveaux successifs d'effondrement des os de mammouths suivant leur superposition. Les étapes de démontage ont été effectuées en gardant les ossements de fondation du pourtour, pour permettre de visualiser une reconstitution expérimentale de la cabane (figure 20). Dans l'étape finale de démontage, le cercle des crânes

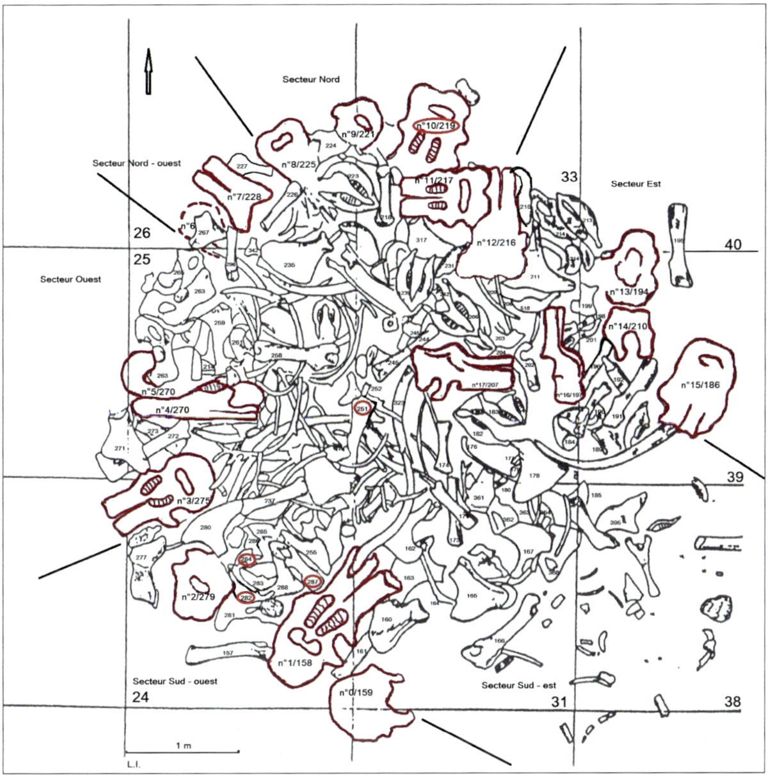


Figure 19. Le plan reconstitué de la cabane n°1 de Mezine. D'après L. Iakovleva, 2021, p. 8. Fig.5.

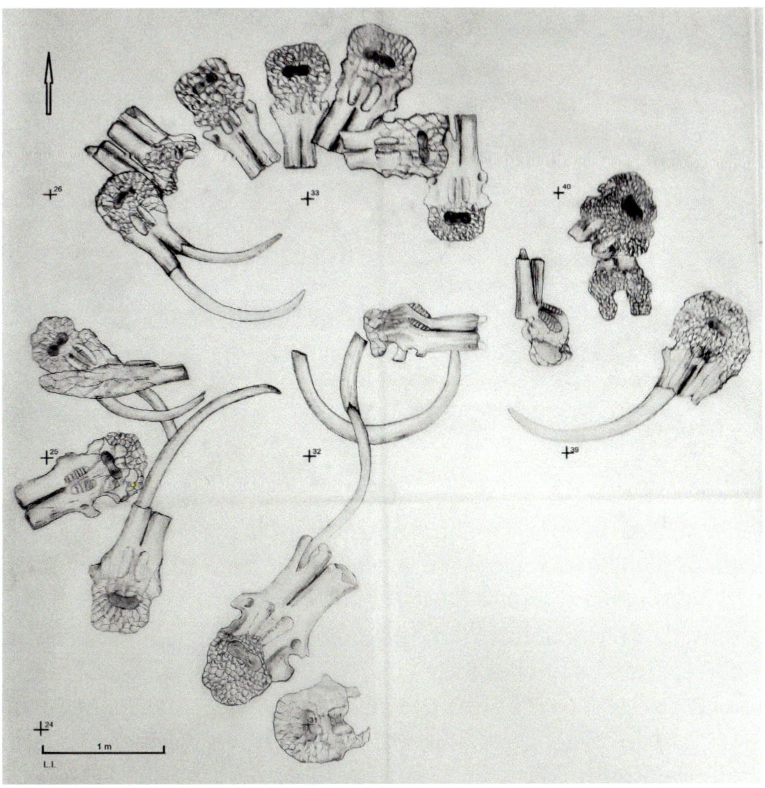


Figure 20. Le cercle des crânes de mammouths de la cabane n°1 de Mezine. Relevé reconstitué par L. Iakovleva d'après un plan d'archives d'I. Chovkoplass, 2021, p.7. Fig.4

Figure 21. Reconstitution partielle de la cabane n°1 de Mezine, 1955. Photo des Archives de l'Institut d'Archéologie NAS Ukraine.

Figure 22. L'équipe des chercheurs ukrainiens avec I. Chovkoplass et I. Pidoplichko pendant les fouilles à Mezine en 1955. Reconstitution partielle de la cabane n°1. Photo des Archives de L'Institut d'Archéologie NAS Ukraine.

de fondations avec les défenses de pourtour révélant la paroi de la cabane et les poteaux en os plantés au sol, ont été laissés *in situ*, permettant de réaliser une reconstitution expérimentale de la cabane en élévation et en volume (figure 21). Pour la première fois, cette reconstitution partielle réalisée en grandeur nature, directement sur le lieu de fouille, a mis en évidence que la fondation de la cabane n°1 a été effectuée en enfonçant circulairement dans le sol un ensemble de crânes de mammouths, qui sont les éléments de base de la construction (figure 22).

La disposition des os enchevêtrés et empilés révèle que la construction en os de mammouths est circulaire. Ses fondations s'appuient sur un cercle de crânes et les défenses dans leurs alvéoles, qui sont associées avec des os plats (omoplates et bassins), des os longs (humérus, ulna, radius, tibia, fémur) et des mandibules pour consolider et stabiliser la paroi de la cabane. La disposition circulaire des cinq crânes avec les défenses dans leurs alvéoles, en position verticale (effectuée pendant l'expérience de terrain de 1955), fournit la clé conceptuelle de cette architecture en élévation. Ainsi, les défenses de mammouths, grâce à leurs longues courbures, ainsi que probablement des perches de bois (non conservées) enfoncées dans les alvéoles vides pourraient avoir servi comme des éléments d'élévation voire de charpentes. Les nombreuses perforations visibles sur les omoplates et les bassins, ainsi que les creusements dans les os longs révèlent des modes d'attachement et d'emboitement obtenus à l'aide des tendons /et de cordes pour la stabilisation de la paroi (Iakovleva 2021).

La cabane n°1 de Mezine donne un exemple caractéristique de cette première construction architecturale circulaire. Le détail de cette construction, du mode d'installation des éléments d'élévation et des reconstitutions des couvertures a été également enregistré à l'occasion du démontage des trois cabanes (4 mètres de diamètre) de Dobranichivka (Chovkoplass 1972) et des trois cabanes de Mezhyrich (5 à 6 mètres de diamètre) (Pidoplichko 1976, Gladkikh 1999).

Un deuxième type de structure de forme ovalaire de dimensions 2,7 x 1,7 $m^2$ est la petite cabane n°2 de Gontsy. Elle est caractéristique par sa petite taille et la lisibilité de la structure. Il s'agit d'une petite cabane ovalaire avec ses matériaux de construction façonnés en os de mammouths : une partie du crâne avec ses alvéoles en position centrale, un fémur, un humérus, deux défenses entières de mâles adultes et des alvéoles (Iakovleva, Djindjian 2005; 2014).

Un troisième type de structure en os de mammouths de forme circulaire est la structure à enclos n°5 (8 mètres de diamètre) de Gontsy (Iakovleva *et al.* 2021).

Une autre mode d'installation d'une grande construction à enclos ouvert de dimensions 9,5 x 9 $m^2$ (nommé par K. Polikarpovich cabane n°1) est connue à Yudinovo (Polikarpovich 1968, p.143–145, 152-152). Cette construction ovalaire à enclos (un quatrième type de structure), d'une épaisseur de 1 mètre, a été réalisée par des crânes enfoncés dans le sol avec les alvéoles en bas, en position verticale ou inclinée vers l'intérieur. La partie extérieure de la structure est complété avec des os plats (bassins et omoplates) et de nombreux os longs, empilés ensemble en position horizontale de façon « *en pile de bois*». Plusieurs petites perforations artificielles dans ces os ont sans doute servi à les consolider par un lien périssable (ficelles, cordes, tendons). L'intérieur de la structure a révélé un sol approfondi avec un foyer dans la partie ouest. L'autre construction voisine situé à 5m au sud–est de la précédente (nommé cabane n°5), fouillée partiellement en plusieurs années et étudiée par différents chercheurs avec des méthodes différentes, pourrait être aussi une structure à enclos d'environ 6 mètres de diamètre (Budko, 1966, Sergin 2008, p.193–198, Khlopachev 2021, p.6-10). Ces constructions à enclos caractérisent un autre type de structure d'habitat du plein air.

Un cinquième type de structure ovalaire allongé est défini à partir de deux constructions en cuvette récemment découvertes à Gontsy : la construction ovalaire n°6, de dimensions 3,6 x 2,4 $m^2$ et la construction ovalaire n°7, de dimensions 3 x 1,5 $m^2$.

Enfin il faut mentionner un sixième type de structure, un mur allongé nommé aussi « *pare-vent* » aménagée avec des crânes des mammouths enfoncés dans le sol et consolidés avec d'autres os, connu dans les habitats de Mezine (Chovkoplass 1965, p.54–56 ; Iakovleva 2021, p.16–17) et comme construction« *pare-vent* » à Yudinovo (Khlopachev 2021, p.10).

En conclusion, il faut maintenant abandonner le seul et unique type de structure « *Anosovo - Mezin* » définie par A.N. Rogachev, au profit des six types de constructions précédemment définies.

Les sites du Mézinien sont un exemple de la relation particulière de l'homme à la nature notamment par le développement d'une architecture originale en os de mammouths. La grande disponibilité des ossements des mammouths, comme matériaux des constructions, illustre, qu'en utilisant les mêmes types des os du squelette de mammouth, les chasseurs-cueilleurs ont réussi à édifier des constructions complexes et variées au fur et au mesure de leur occupation de l'habitat. Dans les conditions géographiques et climatiques de la «steppe à mammouths», où sont absents les abris naturels, l'installation et l'aménagement d'un habitat de plein air est d'une importance primordiale pour la vie et la survie du groupe humain. Malgré tous les difficultés de reconstitution de l'architecture de ces types d'habitat, lié aux différents méthodes des fouilles dans le temps long de la préhistoire, aux problèmes de datations et à leur fiabilité, et malgré les paradigmes changeant des tendances actuelles (suscitant parfois des débats très vifs et des controverses), il faut néanmoins noter la progression de notre connaissance des traditions architecturales en os de mammouths particulièrement créatives et ingénieuses dans ces habitats du Mézinien.

## Bibliographie

Abramova, Z.A., 1995. *Verhnepaleoliticheskoe poselenie Yudinovo 1* (The Upper Palaeolithic site of Yudinivo 1), Saint-Petersburg, IHMC RAS. (in Russian)

Abramova, Z.A., Grigorieva, G.V. 1997. *Verchenepaleolititcheskoe Poselenie Ioudinovo* (The Upper Palaeolithic camp-site of Ioudinovo). Vol.3. Saint Petersburg. Russian Academy of Sciences. (in Russian)

Anikovich, M.V. 1998. Dnepro – Donskaia istoriko kulturnaia oblast' ochotnilov na mamonta ot"vostochnogo gtaveta" lj "vostochnogo epigraveta". *Vostochni' gravet.* (Les chasseurs de mammouths de la région

Dniepr – Don du Gravettien oriental à l'Epigravettien". Le Gravettien oriental). Nauchni mir. Moscow, p. 35-67.

Anikovich, M.V., Anisyutkin, N.K., Platonova, N.I. 2011. Chelovek i mamont v paleolite Evropy: podhody i gipotezy: Istoriografiya, metodologiya, osnovnye problem. (Man and the mammoth in the Paleolithic of Europe: approaches and hypotheses: Historiography, methodology, main problems, 1.) *Trudy Kostyonkovsko-Borshchyovskoj arheologicheskoj ekspedicii IIMK RAN* (Proceedings of the Kostenki-Borshchevo archaeological expedition of IHMC RAS) 6/1, Saint-Petersburg, Nestor-Istoriya. (In Russian)

Belan, N.G. 1982. Severni' olen' v verchnem pleistosene v basseine Dniepra. Le renne au Pléistocène supérieur dans le bassin du Dniepr. *PIN*. Académie des Sciences URSS. Moscow, Nauka, 1982, p.20-26 (en russe).

Budko, V.D. 1966. Pizniy paleolit severovostoka ruskoi ravnini. The Upper Palaeolithic of the Northwest of the Russian Plain. *Antiquites of Belarus.* Conference proceedings. AN BSSR. Minsk, p. 6-21 (in russian).

Boriskovski, P.I. 1953. *Paleolit Ukraini. Materiali i islidovania archeologii SSSR. Le Paléolithique d'Ukraine. Les données* et *les recherches archéologiques. URSS.* N°40. Moscou – Leningrad.

Chabai, V.P., Stupak, D.V., Veselskyi, A.P., Dudnyk, D.V. 2020. Kulturno-khronolohichna variabilnist epihravetu Serednoho Podniprov'ia. (The variability of epigravettian of the Middle Dniepr basin). *Arkheolohiia*, 2, p.5–31 (en ukrainien).

Chovkoplass, I.G. 1955. Stoianla paleoliticheskaia Dobranichivka. Le site paléolithique de Dobranichivka. *KSIIMK*, 53, p.32-45 (en russe).

Chovkoplass I.G. 1965. *Mezinskaya stoyanka. K istorii srednedneprovskogo bassejna v pozdnepaleoliticheskuyu epohu. Le site de* Mezine. Sur l'histoire du bassin du Dniepr moyen au Paléolithique supérieu. Kiev, Naukova Dumka. (in russian).

Chovkoplass I.G., 1972. Le site de Dobranichivka dans la région du Kiev (résultats préliminaires des recherches). MIA 185, p.177-188 (en russe).

Haesaerts, P., Péan, S., Valladas, H., Damblon, F., Nuzhnyi, D., 2015. Contribution à la stratigraphie du site paléolithique de Mezhyrich (Ukraine). *L'anthropologie* 119 : 364–393.

Desbrosse, R., Kozlowski, J.K. 1988. *Homme et climats à l'âge du mammouth. Le Paléolithique supérieur d'Eurasie centrale*. Paris.

Djindjian, F. 1999. Datations $^{14}$C du Paléolithique supérieur européen: bilan et perspectives. In J. Evin. (ed.). *III Congrès International $^{14}$C et Archéologie. Lyon, 1998.* Paris: SPF et GMPCA, Mémoire S.P.F., p.171–179.

Djindjian F. 2003. Ruptures et continuités dans les industries du maximum glaciaire en Europe centrale et orientale : la question de l'Epigravettien. In A. Sinitsin (ed.) *Trends in the Evolution of the East European Palaeolithic*, Actes du colloque du 120° anniversaire de la découverte du site de Kostienki, Saint-Pétersbourg, Novembre 1999. Kostienki in the context of the Palaeolithic of Eurasia, Proceedings of Kostienki expedition, series research, vol. 1, Institute of the History of material Culture, Russian Academy of Science, Saint-Petersburg, RAS (2002), p.53-62.

Djindjian, F. 2015. Identifying the hunter-gatherer systems behind associated mammoth bone beds and mammoth bone dwellings. *Quaternary International,* 2015, 359–360, p.47–57.

Djindjian F., Iakovleva, L. 2021. Epigravettian in Central and Eastern Europe. An essay of synthesis. *Kamiana doba* 21, ANS Ukraine Kiev, p.115 – 132.

Dudin, A.E., Fedyunin, I.V., 2019. Tretij kostno-zemlyanoj zhiloj kompleks stoyanki Kostyonki 11/Ia (Third bone-earth dwelling complex of the Kostenki 11/Ia site) In: Anikovich, M.V., Lisitsyn, S.N., Platonova, N.I., Popov, V.V., Dudin, A.E., Fedyunin I.V. Chelovek i mamont v paleolite Evropy (Man and mammoth in the Paleolithic of Europe) II. Dnepro-Donskaya istoriko-kul'turnaya oblast': Pamyati Mihaila Vasil'evicha Anikovicha (Dnieper-Don historical and cultural region: In Memory of Mikhail Vasilyevich Anikovich). *Trudy Kostyonkovsko-Borshchyovskoj arheologicheskoj ekspedicii IIMK RAN* (Proceedings of the Kostenki-Borshchevo archaeological expedition of IHMC RAS) 8/II, Saint-Petersburg, Ars Longa, p. 221-236 (in Russian).

Efimenko, P.P. 1931. Znachenie zhenshchiny v orin'yakskuyu epohu (The significance of women in the Aurignacian era). *Izvestiya Gosudarstvennoj Akademii istorii material'noj kul'tury* (Proceedings of the State Academy of history of material culture) XI, 3–4. (in Russian).

Efimenko, P.P. 1958. *Kostenki 1*, Moscow-Leningrad, USSR Academy of Sciences. (in Russian).

Gavrilov, K.N. 2015. "Jilicha" anosovo – mezinskogo tipa. ("Dwelling" of the Anosovo – mazin type. Origin and interpretation). *Stratum plus* 1, p.187-203.

Gladkikh, M.I., Kornietz, N.L. 1979. *Nonaia konstrucsia iz kostei mamonta v Mejiriche.* (La nouvelle construction en os de mammouths de Mehzyritche). Publications de l'Académie des Sciences USSR. Kiev. p.50-56 (en ukrainien).

Gladkikh, M.I. 1977. *Nekotorie kriterii opredelenia kyltyrnoi prinadlejnosti posdnepaleoliticheskih pamiatnikov. Problemb paleolita Vostochnoi s Zentral'noi Evropi.* (Quelques critères culturels des sites paléolithiques d'Europe d'est et du centre). Nauka, Leningrad, p.137-143.

Gladkikh, M.I. 1999. Drevneyshaya arkhitektura po arkheologicheskim istochnikam epokhi paleolita. L'architecture ancienne selon la source archéologique de l'époque paléolithique. *Vita Antiqua* 1, Kiev, p.29–34 (in Russian).

Gorodtsov, V.A., 1923. *Arheologiya.*1 *Kamennyj period.* Archaeology Stone Age. Moscow-Petrograd, Gosudarstvennoe Publishing House (in Russian).

Grekhova, L.V. 1970. Timonovskie stoianki s ich mesto v posdnem paleolite Vostotchnoi Europe. *Les sites de Timonovka et leur place dans paléolithique supérieur d'Europe de l'est.* Thèse d'Histoire. Moscou (en russe).

Grekhova, L.V. 1971. Kremnieviy komplex stoianki Timonovka 2 i odnoipnie pamiatniki desninskogo baseina. *Istoria i kultura Vostochnoi Evrops po arkcheologitcgnim dannum.* Le silex du site de Timonovka 2 et les sites homogènes de du Bassin du Desna. *Histoire et culture d'Europe de l'est d'après des donnes archéologiques.* Moscou. 1971, p. 3-22 (en russe).

Grekhova, L.V.1985. Kostno – zemlianie konstruksii na paleoliticheskoi stoianle Elisseevichi. *Novie materiali po istorii plemion Vostotchnoi Evropi v epochy kamkia i bronsi.* Les constructions en ossements et terre du site d'Elisseevichi. *Nouvelles données d'histoire d'Europe orientale de la période de l'Age de la pierre et du bronze.* Moscou 1985, p. 5-26 (en russe).

Gromov, V.I., 1948. Paleontologitcheskoe i archeologitcheskoe obosnavie stratigrafii kontinentalniche otlogenij thetvertichnogo perioda na territorii SSSR. Palaeontology and Archaeology. (La stratigraphie paléontologique et archéologique de la sédimentation quaternaire du territoire de l'URSS). *Trudi Geologitheskogo Instituta AN SSSR.* (Les recherches de l'Institut de Géologie de l'Académie des Sciences d'URSS). *Serij Geologii* 17, p.1–521 (en Russe).

Iakovleva, L., 1999, Les datations $^{14}$C sur les habitats de la grande plaine russe orientale. In J. Evin, Ch. Oberlin, J.P. Daugas, J.F. Salles (eds.) $^{14}$C *et Archéologie, °3 Congrès International* $^{14}$C *et Archéologie*, Lyon, Avril 1998. Mémoires de la Société Préhistorique Française, Tome XXVI. GMPCA, p. 123-131.

Iakovleva, L., 2005. Les parures en coquillage au Paléolithique supérieur récent dans les territoires de peuplement du bassin du Dniepr. *Archeometriai Mühely,* 2005/4, p.26-37.

Iakovleva, L., 2006, Le système symbolique des parures dans les peuplements du Paléolithique supérieur récent du bassin du Dniepr. IV° Simposio Cueva de Nerja & Colloque UISPP Commission 8. Nerja (Andalousie), novembre 2004. In J.L. Sanchidrian Torti, A.M. Marquez Alcantara, J.M. Fullola I Pericot (eds) *La cuenca mediterranea durante el paleolitico superior 38 000 – 10 000 anos.* Malaga, Fundacion Cuevade Nerja, p.32-44.

Iakovleva, L., 2009a. Le concept de territoire à partir des données des sites des régions du Dniepr au Paléolithique supérieur récent en Europe orientale. In F. Djindjian, J. Kozlowski, N. Bicho (eds), *Le concept de territoires pour les chasseurs cueilleurs du Paléolithique supérieur européen.* BAR, International Series, 1938, pp.41-62.

Iakovleva, L. 2009b. L'art mézinien en Europe orientale dans son contexte chronologique, culturel et spirituel. Représentations préhistoriques. Image du sens (2/3). *L'Anthropologie* 113, 5(1), décembre 2009, p.691-752.

Iakovleva, L. 2013a. Die Verwendund von Bernstein im Jungpalaolithikum der Ukraine. The use of Amber in Upper Palaeolithic in Ukraine. *Die Kunde* N.F.64, p.255-257

Iakovleva, L.A., 2013b. *Najdavnishe mistectvo Ukraïni. L'Art des origines en Ukraine.* Kyiv, Starodavnij Svit. (in Ukrainian).

Iakovleva, L. 2013c. Shell Adornments from the Upper Palaeolithic in Ukraine. *Archeologia* 2012, p. 28-37.

Iakovleva, L. 2015. The architecture of mammoth bone circular dwellings of the Upper Palaeolithic settlements in Central and Eastern Europe and their socio-symbolic meanings, *Quaternary International* 359-360, p.324-334

Iakovleva L. 2016. Mezinian landscape (Late upper palaeolithic of Eastern Europe). In C. Cacho, L. Iakovleva (eds), Landscape analysis in the European upper Palaeolithic. Reconstruction of the economic and social activities, *Quaternary International* 412, A, August 2016, p.4-15

Iakovleva, L. 2021. La Cabane n°1 de Mezine : une référence d'architecture des cabanes en os de mammouths. *L'Anthropologie* 125, p.1-20.

Iakovleva, L., Djindjian, F. 2005. *Le site paléolithique de Gontsy et les cabanes en os de mammouth du Paléolithique supérieur récent d'Europe orientale. Les campagnes de fouilles 1993-2005 à Gontsy. Kiev*, Service d'action culturelle de l'Ambassade de France en Ukraine.

Iakovleva L., Djindjian, F., Maschenko, E.N., Konik, S., Moigne, A.M. 2012. The late upper palaeolithic site of Gontsy (Ukraine): a reference for the reconstitution of the hunter-gatherer system based on a mammoth economy. *Quaternary International* 255, p.86-93.

Iakovleva, L., Djindjian, F. 2014. *Le site d'habitat à cabanes en os de mammouths de Gontsy (Ukraine). Vingtième anniversaire des fouilles à Gontsy (1993-2013), Kiev*, Service d'action culturelle de l'Ambassade de France en Ukraine.

Iakovleva, L., Djindjian F. 2018. The mammoth bone dwellings of the upper Palaeolithic settlement of Gontsy (Ukraine: a First Synthesis), *Archeologia* 2018, 4, p. 86- 94.

Iakovleva, L., Djindjian, F, Moigne, A.M., Maschenko, E., Konik, S., Gregoire, S., Matviichina, J., Sapozhnikova, G. 2018. Gontsy (Ukraine) a settlement with mammoth bone dwellings of the late upper palaeolithic in Eastern Europe. *UISPP Journal* 1-1, p.42-67

Iakovleva, L., Djindjian, F. 2019. Le site paléolithique de Gontsy (Ukraine) : un habitat à cabanes en os de mammouths du paléolithique supérieur récent d'Europe orientale. Académie des Inscriptions et Belles-lettres. *Comptes rendus des séances de l'année 2017*, juillet – octobre. Fascicule III, p.1221–1258.

Iakovleva. L., Djindjian, F. 2021. Mammoth bone bed and mammoth bone dwellings. Actes du colloque « Les recherches sur les sites paléolithique du Volhynie ». *Journal archéologique de Peresopnitsa* 8, p.63-73.

Iakovleva. L., Djindjian F., Moigne A.M. 2021. La cabane n°5 du site paléolithique de Gontsy. *L'Anthropologie,* 125 (2021), p.1-30.

Jelinek J., Hanzalek, L. 1987. Essai de reconstruction de l'habitation paléolithique de Mezhirich 1. *L'Anthropologie* Tome 91, 1, p.255-258.

Kijashko, P.V., Khopachev, G.A. 2022. Nachodki pakovin moluskov s ostankov politex s vephnepaleolitutxeskih stoianok Yudinovo i Eliseevichi 1 : tafonomia, taksonomia, vosmojnosti paleogeografichrskik s archeologicheskik rekonstruksii. (Fossil molluscan shells and polychaeta tubes from the Yudinovo and Eliseevichi 1 Upper Paleolithic settlements : taxonomy, possibilities of palaegeographical and archaeological). *Camera praehistorica* 2(9), p.106 – 133.

Khlopachev, G.A., Sablin M.V., Pantileev A.V. 2012. Sesonost' obitania Ydinovskoi verchepaleoliticheskoi stoianki : archeologicheskie i paleontologicheskie dannie. La saisonnalité de l'habitat du site paléolithique supérieur de Yudinovo : les données archéologiques et paléontologiques. *Radlovski sbornik.* MAE PAN. Saint Petersburg 2012, p. 70-78.

Khlopachev, G.A., Gavrilov, K.N., 2019. Paleoliticheskie zhilishcha Anosovsko-Mezinskogo tipa: konstruktivnye osobennosti i problema interpretacii. Paleolithic dwellings of the Anosovo-Mezin type: design features and the problem of interpretation. *Rossijskaya arheologiya.* (Russian Archaeology) 4, p.27-42. (in Russian).

Khlopachev, G.A. 2021. Les cabanes de type « Anosovka – Mézine » du site de yudinovo ; éléments de construction, architecture, classification. *L'Anthropologie* 125, p.1-13.

Khvoika 1903. Kievo – Kirilovskaia stoianka i kyltyra epoki madlenskoi. (Le site de Kiev – Kirilovskaia, culture d'époque magdalénienne). *Archeologicheskaia Letopis' Yjnoi Rossii.* (La Chronique archéologique du Sud de Russie) N1°, p. 26-36.

Levitski, I.F. 1947. *Ginsivska paleolitichna stoianka (za danimi doslidjen' 1935 r.) Le site paléolitique de Gontsy (d'après des fouilles en 1935).* PRY. Volume 1. Kiyv : 248-197.

Lisitsyn, S.N. 1999. Epigravett ili postgravett ? (Epigravettian or Postgravettian ?) *Stratum plus* 1999, 1, p. 83-120 (in Russian).

Maschenko, E.N., Lavrov, A.V. 1991. Sevskiy carier – ynikalinoe zachoronenie mamontov. La carrière du Sevsk – un cimetière unique des mammouths. *Priroda* 1991 N°1, p.52-55.

Maschenko, E.N., Gablina, S.S., Tesakov, A.S., Simakova, A.N., 2006. The Sevsk woolly mammoth (Mammuthus primigenius) site in Russia: Taphonomic, biological and behavioral interpretations, Third International Mammoth Conference, Dawson, Yukon. *Quaternary International* 142 (3), p. 147-165.

Nuzhnyi, D.Yu., Pjsietsky, V.K. 2003. Kam'ianiy komplex verchnopaleolitichnoi stoianki Barmaki na Rivenchini nf problema icnyvanna pam'itok Mizinskoi industii na volinskoi vicotchini. (The flint assemblage of the upper palaeolithic site of Barmaki from Rivne city : the existence of mezin type industry on the volynian upland). *Kam'iana doba Ukraine* N2°. Kiyv, p. 58-81 (in Russian).

Nuzhnyi, D.Yu. 2015. *Verkhnii paleolit Zakhidnoi ta Pivnichnoi Ukrainy (tekhniko-typolohichna, variabelnist ta periodyzatsiia).* (The Upper Palaeolithic of western and Northern Ukraine (techno– typological variability and periodization)). Kiyv, FOP Filiuk O.

Olenkovski, N.P. 2000. *Paleolit s mezolit Prisivachia. Problemi Epigravety vostochoi Evropu.* (The Pre-Azov Palaeolithic and Mesolithic. Epigravettian of Eastern Europe). Ed. Pridniprovia, Kherson.

Polikarpovich, K.M., 1968. *Paleolit Verhnego Podneprov'ya.* Palaeolithic of the Upper Dnieper Basin. Minsk, Nauka i Tekhnika. (in Russian).

Pjsietsky, V.K. 1997. Natchalo roskopok posdnepaleoliticgesjuj poselenia Rovno (Barmaki). (Le commencement des fouilles dans l'habitat de Rovno (Barmaki)). *Archeologie russe* N1°, p. 151-162.

Pidoplichko, I.G. 1936. Fayna Gontsovskoi paleolititcheskoi stoianki. Faune de site de Gontsy. *Novosi nayki. Priroda* n°2, p.113 -116.

Pidoplichko, I.G. 1940. Kratki obzor fayni paleolita YSSR. *Sovetsaia archeologia* V. (Bref observation de faune paléolithique de Urk). RRS. Moscou – Leningrad. p. 38 – 41.

Pidoplichko, I.G. 1969. *Les habitats du Paléolithique supérieur en os de mammouths en Ukraine.* Kiev (en russe).

Pidoplichko, I.G. 1976. *Les habitats en os de mammouths de Méziritche.* Kiev (en russe).

Rogachev, A.N., 1962. Ob anosovsko-mezinskom tipe paleoliticheskih zhilishch na Russkoj ravnine. (On the Anosovo-Mezin type of Palaeolithic dwellings on the Russian Plain). *Kratkie soobshcheniya Instituta arheologii AN SSSR* (Brief reports of the Institute of Archaeology of the USSR Academy of Sciences) 92, p. 12-17 (in Russian).

Rogachev, A.N., Popov, V.V. 1982. Kostenki 11 (Anosovka 2). *Paleolit Kostenkovsko - borchevskogo paiona na Dony.* (Le Paléolithique de la région de Kostenki - Borchevo sur le Don). Leningrad, p. 116-132 (en russe).

Rudenko, A.S. 1959. Morskie moliuski iz Mezinskoi stoianki. (Mollusques marins du site de Mézine). Kiev. *KSIA Académie des Sciences Ukr. RSS*, Vol. 8, p.110 – 112 (in Russian).

Sablin, M.V. 2019. Epigravetckaia stoianka Yudinovo : mamont i tchelovek. (Le site épigravettien de Yudinovo: mammouth et homme). *Camera Praechistorica* 2019 n°1 (2), p.108-127.

Sergin, V.YA. 2008. Maloizvestnye zhilishcha poseleniya Yudinovo (Little-known dwellings of the Yudinovo settlement). *Chelovek, adaptaciya, kul'tura.* (Man, adaptation, culture). Moscow, IA RAS, p. 186 – 199 (in Russian).

Sergin, V.Ya. 1981. Raskopki jilicha na gonsovskom poselenii. (Les fouilles de l'habitation dans l'habitat paléolithique de Gontsy). *KCIA AN URSS*, N°165, p. 43-50.

Sergin, V.Ya. 1983. Naznachenie bolchik iam na paleoliticheskik poseleniak. (Les fonctions des grandes fosses dans les habitats paléolithiques). *KCIA AN URSS* N173°, p. 23-31.

Sergin, V.Ya. 2019. Jilicha ili sviatilicha ? Habitations ou sanctuaires ? *Stratum Plus* 2019 N°1, p. 99-110.

Sinitsyn, A.A., Lisitsin, N.F., Praslov, N.D., Svezhentsev, Yu.S., Sulerzhitskiy, L.D. 1997. *Radioyglerodnaia chronologia paleolita vostochnoi Evropu i severnoiy*

*Azii. Problemu i perspektivu.* (Radiocarbon chronology of the Palaeolithic of Eastern Europe and Northern Asia, Problems and perspectives). IIMK RAN Saint Petersburg (in Russian).

Soffer, O. 1985. *The Upper Palaeolithic of the Central Russian Plain.* Orlando, Academic Press.

Soffer, O, Adovasio, J.M., Kornietz, N.L., Velichko, A.A., Gribchenko, Yu.N., Lenz, B.R., Suntsov, V.U. 1997. Cultural stratigraphy at Mezhiritch, an Upper Paleolithic site in Ukraine with multiple occupations. *Antiquity,* 71. p. 48-62.

Shcherbakivs'kiy, V.M. 1919. (Excavations of a Paleolithic settlement in Gontsy in the Lubny region in 1914 and 1915). *Zapiski Ukraïns'kogo naukovogo tovaristva dosliduvannya y okhoroni pam'yatok starovini ta mistetstva na Poltavshchini.* Transactions of Ukrainian Scientific Society for the Study and Protection of the historical and cultural heritage of Poltava Region, 1. Poltava, p. 61–78. (in ukrainian).

Shydlovskyi, P., Tsvirkun, O., Chymyrys, M. 2023. Problemi radiovuglezevoi kronologii Mejiritchskogo poselenna mislivsiv na mamonta. (Issues of radiocarbon chronology of the Mezhyrich mammoth hunters' settlement). *Kam'ana doba Ukraini* 22, p. 86-103 (in Ukrainian).

Stupak, D.V. 2011. Explorations of Epigravettien Sites in the South of Middle Desna Area. *Ukrainian Archeology* 2011, p.10-25.

Thikalenko, L.E., Roskopki 1912. r. v *Mizini.* Les fouilles à Mezine en 1912. Archives nationales de l' Institut d'Archéologie NAS Ukraine, F.A.B. 41, 12p.

Tsvirkun, O.I, Shydlovskyi, P.S., Dudnyk, D.V., Chymyrys, M.V. 2021. Kremneobrobni' komplex tchetvertogo jitla Mejiritchskogo verchnepaleolitichnogo poselennia. (Lithic processing complex of the fourth dwelling of the Mezhyrich Upper Palaeolitic Settlement. Dwellings of Prehistoric Europe : Social Adaptations in Variable Environments). *VITA ANTIQUA* 13, p.55-86.

Velichko, A.A., Grekhova, L.V., Gubonina, Z.P. 1977. *Sreda obitania pervobitnogo tcheloveka Tiumonovskich stoijanok.* (Early man and the palaeonvironment of the Timonovka site). Russian Academy of sciences, Moscow (en russe).

Velichko, A.A., Grechova, L.V., Gribchenko, U.N., Kurenkova, E.I. 1997. *Pervobitnij tchelovek i ekstremalnick usloviach sredi. Stoianka Elisseevichi.* (Early man in the extreme environmental conditions: Elisseevichi site). Moscow, Russian Academy of Sciences (in Russian).

Verechagin, N.K, Kusmina, I.E. 1977. (Les restes de mammifères des sites paléolithiques des vallées du Don et de la Haute Desna). *Faunes de mammouths de la plaine russe et de Sibérie orientale.* Saint-Pétersbourg, Publication ZIN Académie des Sciences, vol.72, 1977, p.77-83 (en russe).

Volkov, Th. 1912. Nouvelles découvertes dans la station paléolithique de Mézine (Ukraine). *Congrès International d'Anthropologie et d'Archéologie, Genève, 1912. Compte rendu de la XIVe session, tome 1.* Geneva, Albert Kundig, p.415–428.

West, D. (ed.) 2021. *Proceedings of the International Conference on Mammoth site Studies*. Publications in Anthropology 22. University of Kansas, Lawrence.

Zalizniak, L.L. 2000. Etnokulturni prosesi v pizniomy paleoliti ta problema epigravety. Les processus ethnoculturels dans le paléolithique supérieur et le problème de l'epigravettien. *Arkeologia* 2000, 2, p.4-11.

Zamyatnin, S.N., 1935. Raskopki u sela Gagarina (Verhov'ya Dona, C.CH.O.). Excavations at the village of Gagarino (Upper Don Basin, C.CH.O). Paleolit SSSR: *Materialy po istorii dorodovogo obshchestva. Izvestiya GAIMK.* (Paleolithic of the USSR: Materials on the history of prehistoric society. Proceedings of GAIMK) 118, p.26–77 (in Russian).

# The evidence for fishing in the Late Palaeolithic and Mesolithic of Northwestern Poland

Jacek Kabaciński

## Abstract

*The paper presents an overview of the evidence for fishing practiced by the Late Palaeolithic and Mesolithic societies inhabiting the northwestern part of Poland. There is a twofold record of fishing: direct coming from peatbog sites, and indirect, acquired as a result of isotopic and traceological studies.*

*Fishing strategies in the Late Palaeolithic and Mesolithic seem to be opportunistic, and people were fishing all the species that were available in the environment. Obviously the range of fish taxa has changed over time and climatic amelioration. What differs is the fishing methods. During the Late Paleolithic and Early Mesolithic fishing seems to be based on the direct catching of fish with the help of hunting equipment like harpoons or spears. Only in the Boreal period does evidence of utilization of containers suggest some change. A radical, strategic change in methods of fishing is observed in the Late Mesolithic. The evidence proves the vast scale of fishing and important technological change, i.e. the appearance of fences helping to control fish and making the process of fishing very effective.*

*Keywords: Central European Lowland, Late Palaeolithic, Mesolithic, fishing strategies, fish taxa, isotopic analysis*

## Résumé

*L'article présente un aperçu des preuves de la pêche pratiquée par les sociétés du Paléolithique supérieur et du Mésolithique habitant la partie nord-ouest de la Pologne. Il existe un double enregistrement de la pêche : directe provenant des sites de tourbières et indirecte, acquise grâce à des études isotopiques et tracéologiques.*

*Les stratégies de pêche au Paléolithique supérieur et au Mésolithique semblent être opportunistes et les gens pêchaient toutes les espèces disponibles dans l'environnement. De toute évidence, l'aire de répartition des taxons de poissons avait changé au fil du temps et de l'amélioration climatique. Ce qui diffère de ces périodes, ce sont les méthodes de pêche. À la fin du Paléolithique et au début du Mésolithique, la pêche semble reposer sur la capture directe de poissons à l'aide d'équipements de chasse comme des harpons ou des lances. Ce n'est qu'à l'époque boréale que les preuves de l'utilisation des nasses suggèrent un certain changement. Un changement radical et stratégique dans les méthodes de pêche est observé à la fin du Mésolithique. Les preuves prouvent l'énorme échelle de la pêche et les changements technologiques importants, c'est-à-dire l'apparition de barrages aidant à contrôler les poissons et rendant le processus de pêche très efficace.*

*Mots-clés : Basses terres d'Europe centrale, Paléolithique supérieur, Mésolithique, stratégies de pêche, taxons de poissons, analyse isotopique*

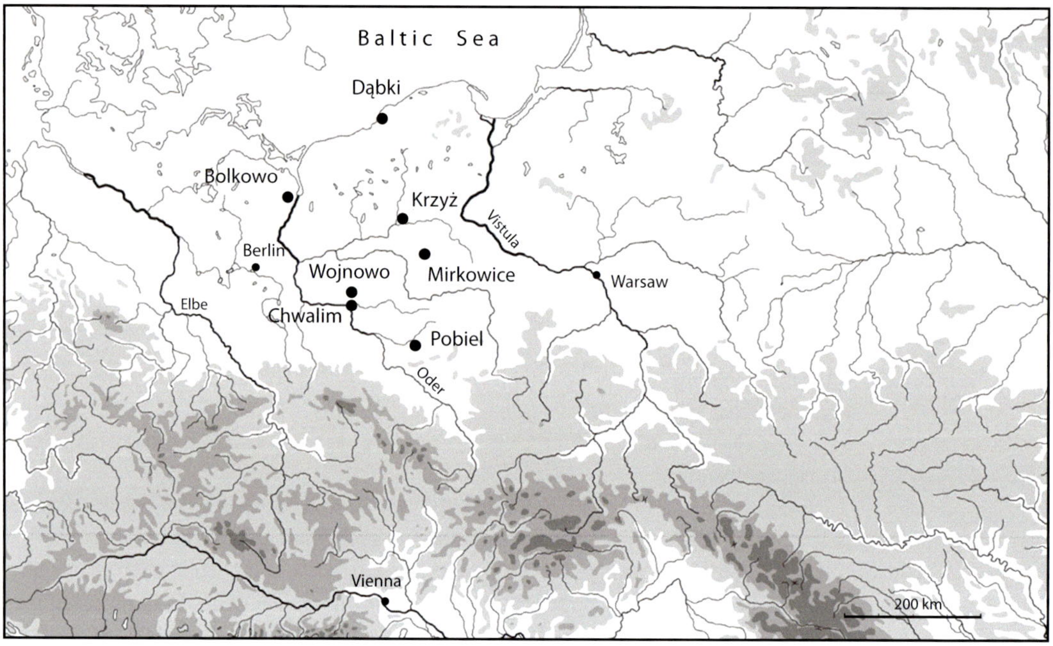


Figure 1. Location of Late Palaeolithic and Mesolithic sites in Northwestern Poland mentioned in the text

## Introduction

The landscape of northern Poland was finally formed during and after the retreat of the last Scandinavian ice sheet after reaching its maximum extent between 24 and 19 kyrs BP, depending on the area (Marks 2012). A dense network of lakes and rivers is characteristic for the post glacial hydrological system. In these water bodies were carried one of the most important food resources, i.e. diverse species of fish. The importance of fish in the human diet is confirmed by isotopic studies of rare North European Late Palaeolithic human remains, including Bonn-Oberkassel and Rhünda (Nehlich, Richard 2015; Drucker *et al.* 2016). Similar results were obtained also for instance for Early Holocene finds from Friesack and Krzyż (Terberger *et al.* 2012).

Evidence for utilization of fish is also available from northwestern Poland. It includes a direct record of fish bones from archaeological contexts as well as isotopic analysis of human and animal remains, and analysis of lithics. The aim of this paper is to demonstrate that data in the wider context of the archaeological sites where it comes from (Figure 1).

## The Late Glacial

The only direct evidence of fish procurement from the Late Glacial comes from Mirkowice. The site is an example of the earliest human re-colonization of the Central European Lowland associated with the so-called Hamburgian culture (Kabaciński 2016b). The site is located in the young-moraine landscape, several dozens of kilometers north of the maximal extension of the moraines of the Vistulian. It occupies the southern end of a complex dune that initially accumulated during the Last Pleniglacial by the inconspicuous, today masked, channel which is an element of an alluvial system of glacial valleys and troughs. On a wider scale they form the southeastern tributary of the Toruń-Eberswald ice marginal stream valley (Kabaciński et. al. 2002; Kabaciński, Schild 2005). Within the channel a sequence of biogenic and mineral sediments was recorded dated from the end of Pleniglacial to the end of Late Glacial. It reflects the dynamic of climatic and environmental changes observed throughout whole the Late Glacial, from the early Late Glacial to Younger Dryas (Figure 2). From the point of view of Hamburgian occupation the most important is the appearance of the lake at the very end of the early Late Glacial surrounded by arctic tundra with pioneer vegetation including various herbs and dwarf shrubs such as polar willow (*Salix polaris*), white dryas (*Dryas octopetala*) and dwarf birch (*Betula nana*). Next to this lake Late Palaeolithic hunters set up their camp (Housley *et al.* 2014).

Several concentrations of lithic materials were recorded within the dune (Chłodnicki, Kabaciński 1997; Kabaciński *et al.* 1999). In concentration 1 a fire-place was recorded built up of several stone tools (hammer-stones and grinders) containing burnt animal remains and single flint tools, including two perforators. The faunal assemblage is composed of 6 bones of arctic hare (*Lepus arcticus*), 4 bones of pike (*Esox lucius*), 1 bone of the *Cyprinidae* family, 3 bones of unidentified fish and 1 fragment of antler

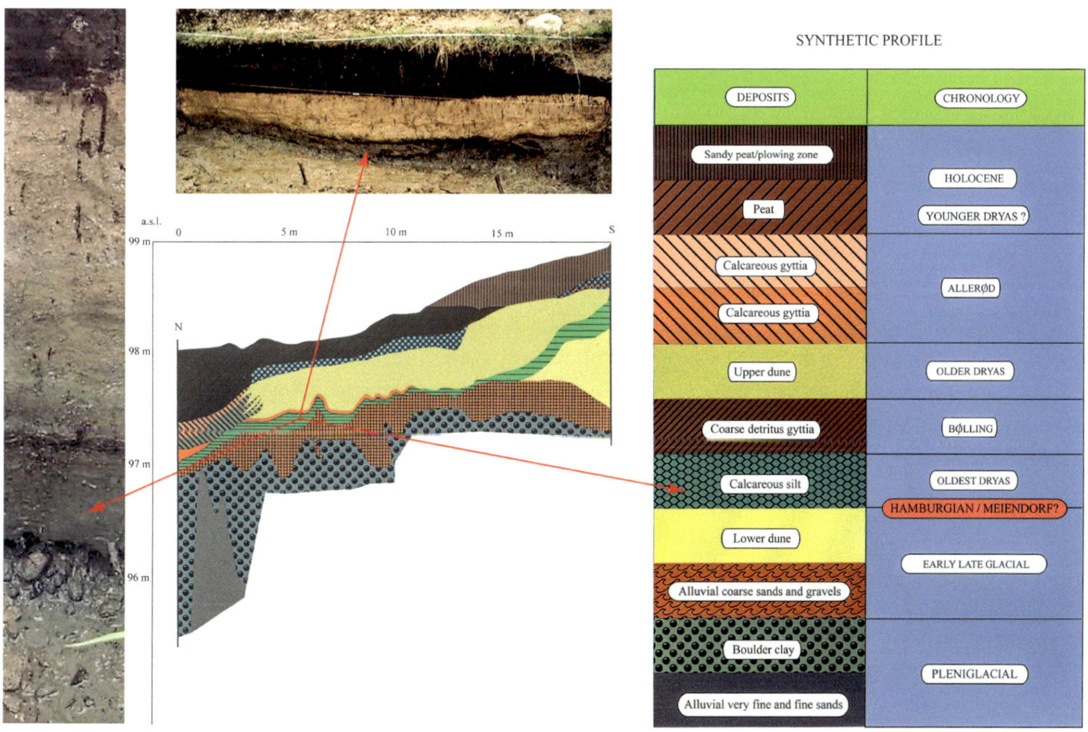


Figure 2. Late Glacial stratigraphic sequence at the Hamburgian site in Mirkowice

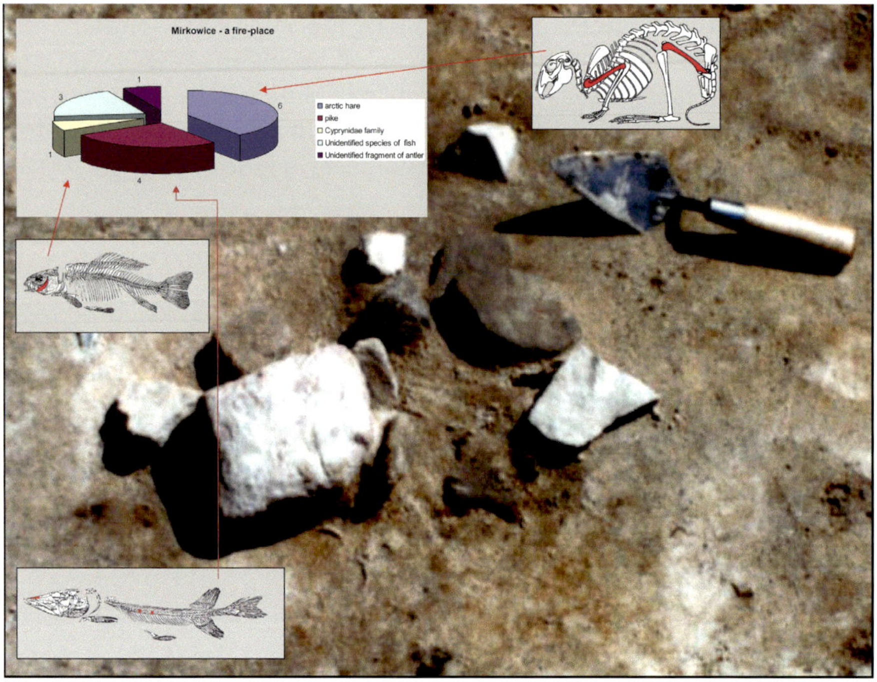


Figure 3. Mirkowice. Faunal remains from a fire-place (in the background)

(reindeer?) (Figure 3). Bones of arctic hare were radiocarbon dated to ca. 14,555-14,053 cal BP (12290±70 bp). Coarse-detritus gyttja dated to the Bølling oscillation, and perhaps also connected with human occupation, yielded a few thousand background fauna bones including pike (*Esox lucius*), perch (*Perca fluviatilis*), and fish from the carp and salmon families, most probably brown trout (*Salmo trutta*) (Figure 4; Kabaciński *et al.* 1999; Makowiecki 2003; Bratlund 2006).

The above evidence from the beginning of the Late Glacial is the only direct evidence coming from archeological sites. More evidence, of different nature, comes from two sites dated to the Younger Dryas. The first site – Wojnowo 'a' is located in western Poland (Figure 1), on the sandy lake terrace, close to the passage between two lakes. It is interpreted as a reindeer hunting station (Kobusiewicz, Kabaciński 1992; Kobusiewicz 1999). The lithic assemblage is typical for the Sviderian culture of western Poland. The microwear analysis of one of the concentrations revealed features characteristic for scaling fish on a burin, two Sviderian points and a retouched flake (Winiarska-Kabacińska 1992). These are the only such traces recorded on Younger Dryas lithics so far.

The multi-cultural peat-bog site at Krzyż Wielkopolski is one of the best recognized Late Glacial and Early Holocene sites in northwestern Poland (Figure 1) due to excellent preservation conditions, and a developed and well-dated stratigraphic sequence. It is located on the lower, northern terrace of the Toruń-Eberswald ice marginal stream valley. Thousands of animal bones, objects made of bone, antler, wood and non-woody

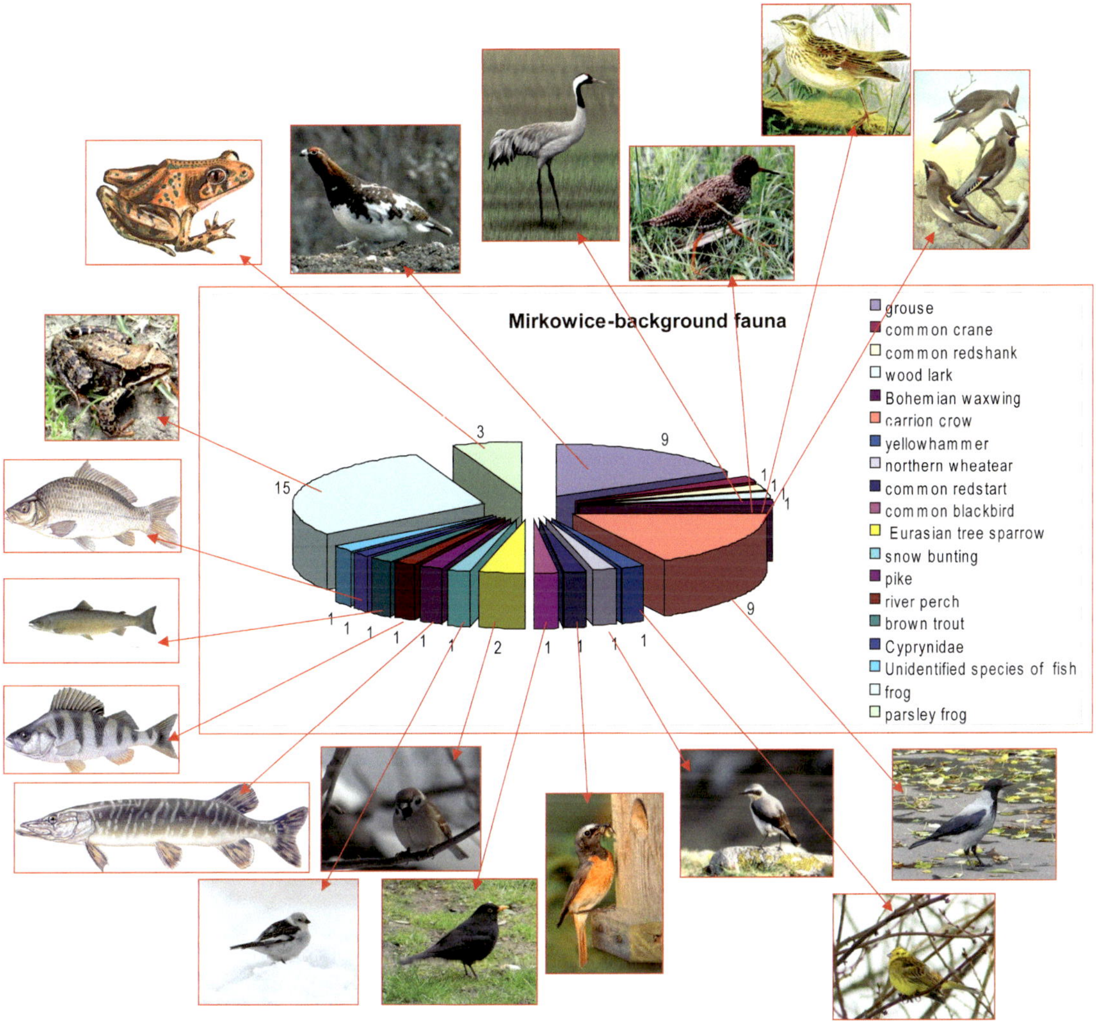


Figure 4. Mirkowice. A background fauna from thick-detritus gyttja

plants and preserved organic substances allow us to study details of the hunter-gatherers' subsistence behaviors and strategies (Kabaciński 2023; Kabaciński *et al.* 2023; Koch *et al.* 2024). Two main settlement phases were distinguished, namely the Late Palaeolithic and the Early Mesolithic.

The Late Palaeolithic settlement is related to the presence of Younger Dryas Sviderian groups. They left a characteristic lithic inventory (Figure 5) and very unique faunal remains. These were exclusively eleven dog bones belonging to at least two different animals (Figure 6). The results of AMS radiocarbon dating of eight bones also suggest two different dogs (Figure 7). All radiocarbon-dated bones were also subjected to isotopic analyses. The δ15N ranged between 10.5-11.4‰, while δ13C between -24.8‰ and -20.6‰. That clearly points to a fresh water origin for the food these dogs consumed. In the environmental conditions of the Younger Dryas tundra there is only fish that could be taken into account (Figure 8). Such a specific dietary circumstances raises the question of a reservoir effect (Philippsen, Heinemeier 2013). In the case of the Krzyż Wielkopolski site, on the basis of comparative analysis of modern and prehistoric samples the local reservoir effect was estimated at ca. 600-700 years (Kabaciński forthcoming). That would make the results of radiocarbon dating of dog bones appear older than if unaffected, however still placing them within the second half of the Younger Dryas. That is in agreement with geomorphological observations. Bones of dogs were recorded at the base of biogenic sediments directly on sand and gravels building the Noteć river channel. And river channels were formed on the Central European Plain not earlier than the middle of the Younger Dryas (Starkel *et al.* 2013).

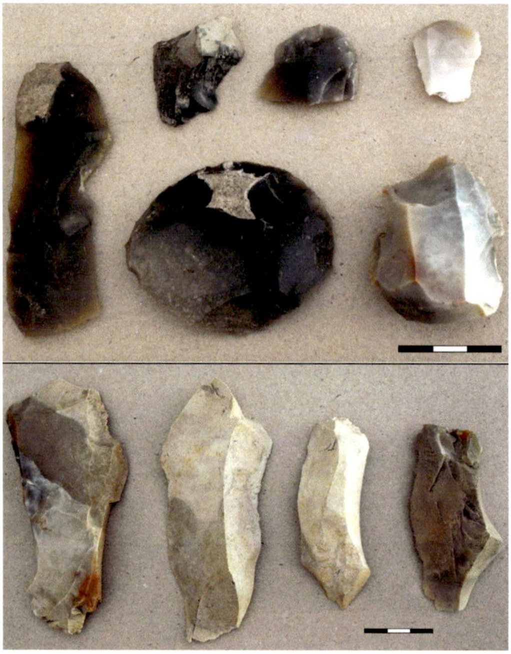

Figure 5. Krzyż Wielkopolski. Late Palaeolithic assemblage of Sviderian culture; End-scrapers (2 upper rows), burins (2 lower rows)

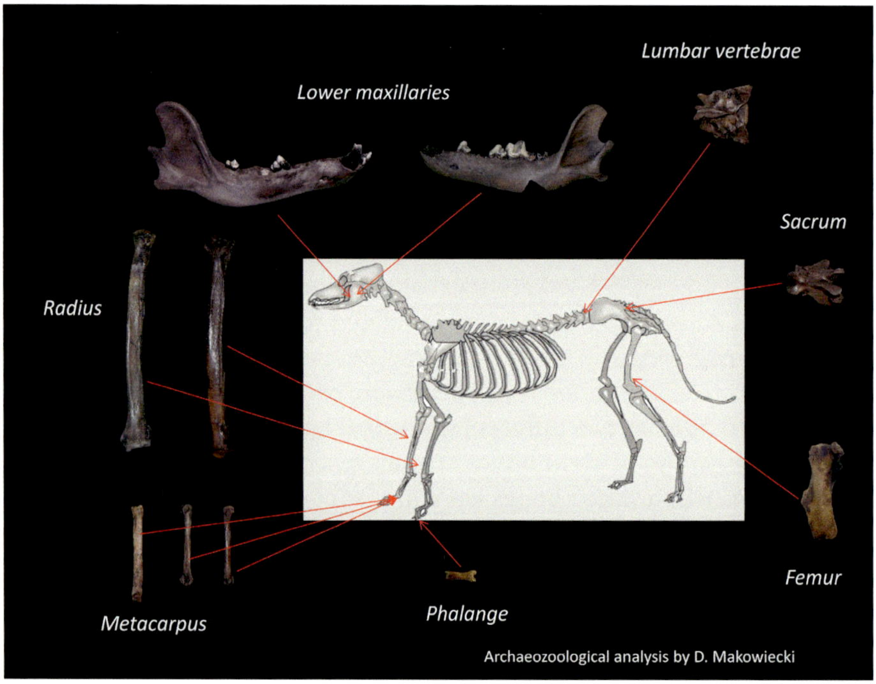


Figure 6. Krzyż Wielkopolski. Late Palaeolithic dog bones form Krzyż Wielkopolski

Figure 7. Krzyż Wielkopolski. Results of radiocarbon dating of dog bones

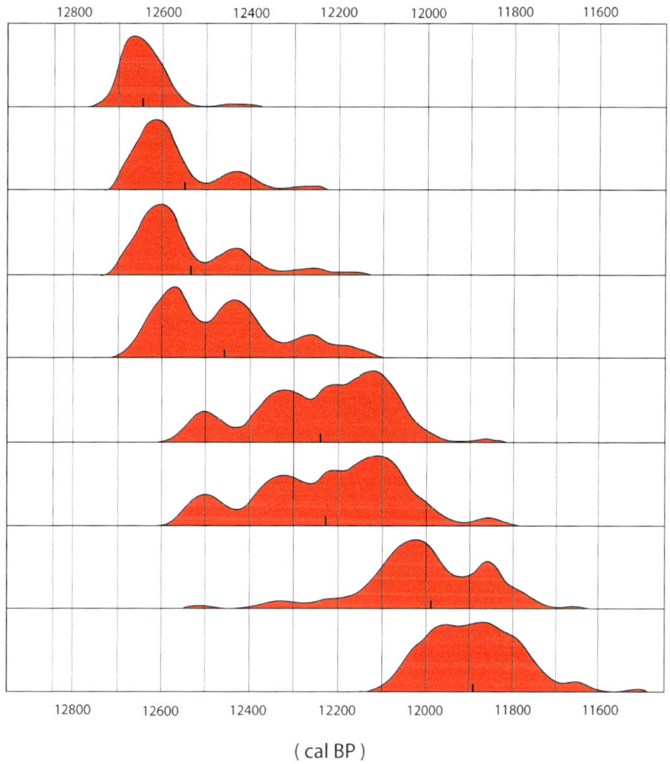


▼ Figure 8. Samoyad men with his dogs in Siberian tundra

## The Early Holocene

The evidence of fishing from the first part of the Holocene comes directly from three sites: Krzyż, Bolkowo and Pobiel. All of these sites are connected with the Duvensee culture known in Poland also as the Komornica culture. The first two are dated to second half of the Preboreal Period, the last is younger (Boreal).

The Early Holocene site at Krzyż Wielkopolski, already mentioned here due to the presence of Late Palaeolithic dogs, belongs to the earliest Mesolithic sites in Poland. The oldest dated evidence of Mesolithic occupation is to ca. 10.7 kyrs BP and continues to ca. 9.0 kyrs BP (Kabaciński 2016a, 2023). Based on a long series of AMS radiocarbon dates correlated with the stratigraphy of the paleo-channel adjacent to the settlement area, two main phases of Mesolithic occupation were distinguished: Late Preboreal and Boreal (Figure 9). During site exploration a several centimeter thick layer containing thousands of hazel-nut shells and several thousands of fish bones was revealed. The layer is radiocarbon dated to ca. 9.2 kyrs BP. A part of the fish bone assemblage has already been analyzed (Zabilska-Kunek *et al.* 2015a). Within ca. 2400 fish remains 11 fish taxa were identified (Figure 10).

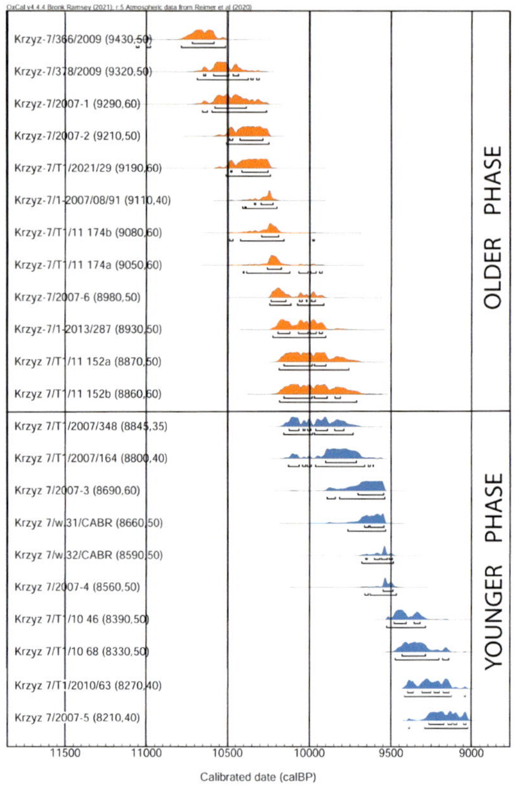


▲ Figure 9. Krzyż Wielkopolski. AMS radiocarbon dating of the Mesolithic occupation

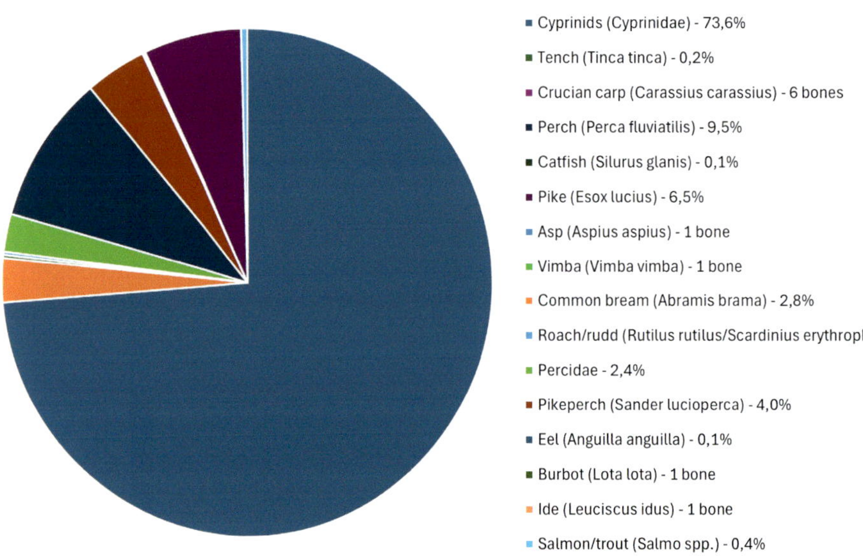


Figure 10. Krzyż Wielkopolski. Structure of fish remains

▲ Figure 11. Krzyż Wielkopolski. Plant pleat made of twigs and bast

The assemblage is dominated by species belonging to *Cyprinidae* family. Pike, taxa belonging to the *Percidae* family, catfish and eel are also important elements in the structure of fish remains. There are a number of significant observations concerning fish from Krzyż Wielkopolski: firstly, the oldest (Boreal) evidence of eel significantly before the Late Atlantic Littorina transgression; secondly, a specific structure of identified fish, dominated by small, young individuals. Fish of large dimensions were only incidentally recorded, like pikes or catfish. Most probably this is related to the location of the settlement by a paleochannel of the Noteć river, ca. 500 meters long and 10-15 meters wide, with the maximal depth of 2 meters. In such a limited basin larger fish had no chance to develop and that seems to be the main fishing area. Larger specimens were most probably caught in more distant places.

Fish in Krzyż Wielkopolski was acquired in different ways. During spawning season, nets or baskets could be used. Fragments of plant pleats made of twigs and bast were recorded at Krzyż as well as a wooden disc that could serve as a net float (Figures 11, 12). For catching larger fish spears

Figure 12. Krzyż Wiekopolski. A wooden disk, possible net float

could be used. Such function is suggested for a unique find of a composite spear point (Figure 13; Kabaciński *et al.* 2023).

In 2018 a large fragment (calotte) of human skull was discovered in detritus gyttja within the lower part of the stratigraphic sequence (Figure 14; Kabaciński *et al.* forthcoming). It appeared that the skull belonged to a ca. 40 years old woman who passed away about 10.2-9.9 kyrs BP ago. Isotopic studies revealed δ15N of l12.4‰, and δ13C of -23.9‰. That clearly points to a freshwater environment as a source of food. Most probably it was fish. Interestingly, dozens of carapaces of European pond turtle (*Emys orbicularis*) were discovered in Krzyż in the early Boreal layer from which the skull came (Figure 15). This turtle is a predator leaving in freshwater environment that hunts and feeds only underwater. It eats aquatic insects and their larvae, snails, mussels, tadpoles, frogs, and small fish. Turtle shells seemed to be valuable objects that served as containers, as is confirmed at Krzyż. However we don't know to what extent turtle meat was consumed

Figure 13. Krzyż Wielkopolski. Composite point

Figure 14. Krzyż Wielkopolski. Human skull in sediments

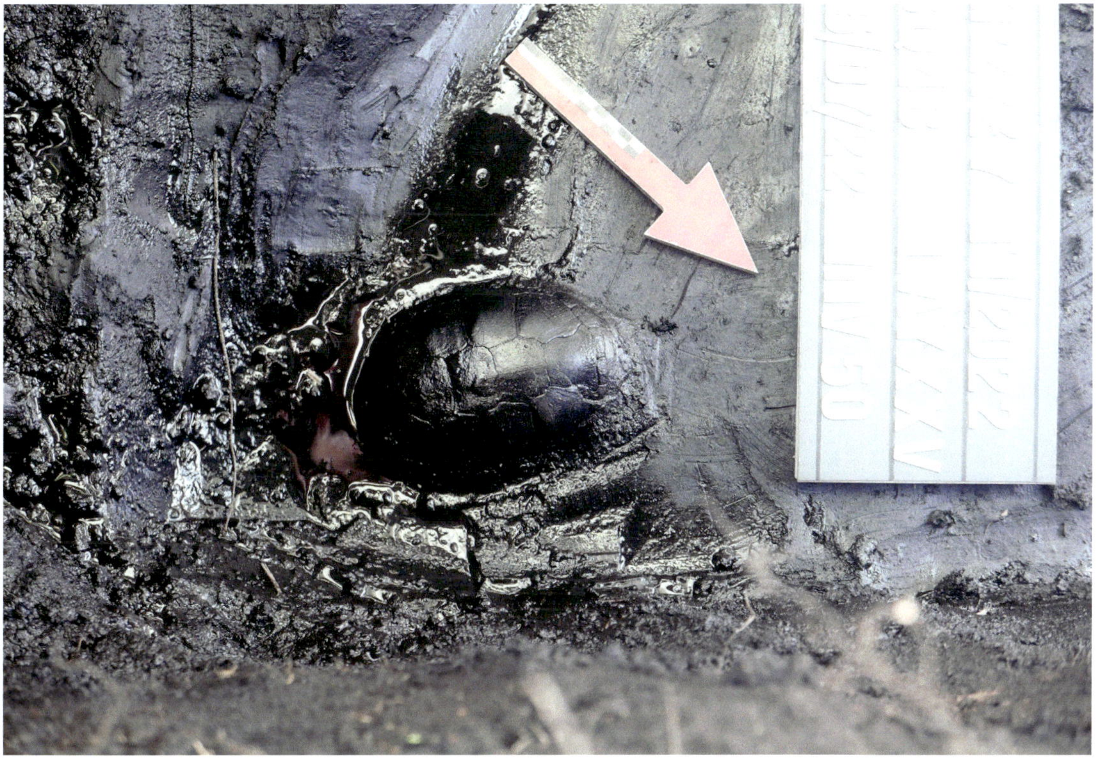

Figure 15. Krzyż Wielkopolski. Carapace of European pond turtle (*Emys orbicularis*) in the sediments

and what would be its potential effect on isotopic values and reservoir effect. That is an open question and will be investigated in the nearest future.

Another Early Holocene site is Bolkowo 1. It is the most north-westerly location of those mentioned in this chapter, located on the sandy lake terrace, on the western side of the Odra river (Figure 1). This peat-bog site is known among other things for the collection of bows that was preserved there as well as a few decorated bone, antler and wooden objects. A collection of fish bones is linked with the feature discovered within the southern concentration, one of three distinguished on the site (Galiński 2014). These were bones of large individuals of only two species: pike (*Exos lucius*) and catfish (*Silurus glanis*), however number of bones is not specified in the publication. Beside faunal remains there are also fragments of pointed wooden sticks recorded interpreted as fishing spears. For fishing, bone points could be also used which were part of a complex set of hunting equipment as indicated by a find from Krzyż Wielkopolski.

A peat-bog site at Pobiel is located in Western Poland, on a sandy terrace of the Barycz river valley. It is known for the discovery of a human skull dated to the Boreal Period (Bagniewski 1990; Masojć 2007). From a chronological point of view it extends from the Boreal to Atlantic periods. In the course of excavations, remains of three fish species were discovered, namely pike (*Esox lucius*), tench (*Tinca tinca*) and ide (*Leuciscus idus*). It is not completely clear if that fish remains a related to Boreal period as there are evident traces from the Neolithic as well (Diakowski 2011).

## Middle Holocene

There are two sites related to the Atlantic and Subboreal period that delivered fish remains: Dąbki and Chwalim. From a cultural perspective they are attributed to the younger Mesolithic.

Dąbki 9/10 is located in the Middle Pomerania within the coastal area of the Baltic Sea. The site is located on the island of Dąbki Lake which today is filled with biogenic sediments. The occupation is dated between ca. 7.2 and 5.5 kyrs BP. On the island an aggregation of peatbog sites were excavated of which two (Dąbki 9/10 and Dąbki 9A) delivered numerous organic materials preserved in gyttja and peat (Kabaciński *et al.* 2015). At both sites fish remains were found. Of special interest from the perspective of fishing is site Dąbki 9/10 where an area that served for fish processing was identified. Excavation of the shore zone and adjacent shallow area of the lake delivered over a million fish bones of which only a small part was analyzed (Zabilska-Kunek *et al.* 2015b). Nineteen different fish species were recorded within a sample of over 26 thousand fish bones (Figure 16). The assemblage is dominated by freshwater fish. The most numerous are different species belonging to the *Cyprinidae* family (over 76%). Three migratory species were identified - vimba, eel and salmon.

The amount of fish remains suggests they were processed on a massive scale. That is confirmed by the presence of the remains of wooden fences in the shallow shore zone of the lake (Figure 17). That fences were most probably used for driving fish during spawning season to the shallow water where they were caught. Examples of fishing equipment were recorded in the peatbog (Kabaciński, Terberger 2015), primarily leisters and antler harpoons (Figure 18-20). Perhaps the pine/spruce boat and paddles found in the shore zone of the lake were also used for fishing (Figure 21).

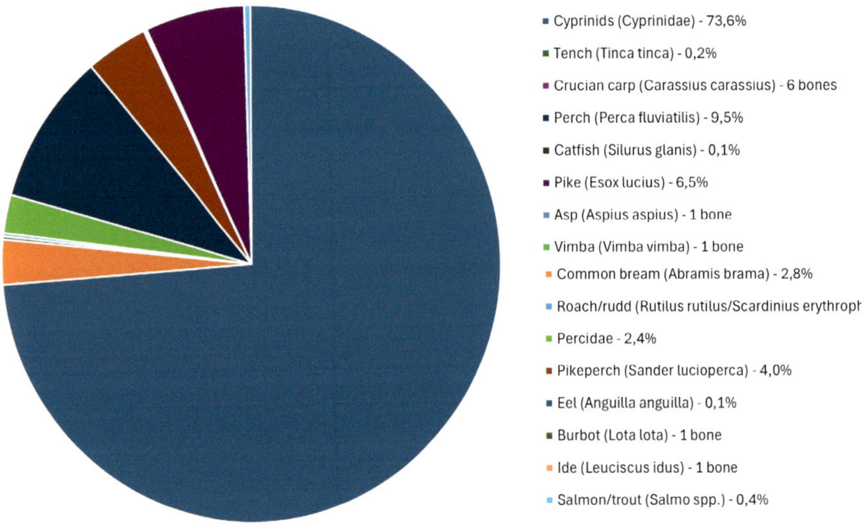


Figure 16. Dąbki. Structure of fish remains

Figure 17. Dąbki. Row of wooden poles inserted into the bottom of the shore zone of the lake

► Figure 18. Dąbki. Wooden leister.

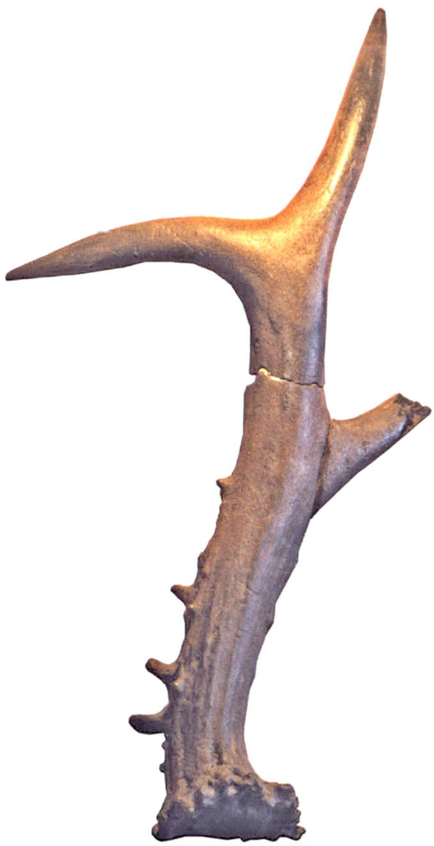

Figure 19. Dąbki. Bone point - a prong of a leister

► Figure 20. Dąbki. Harpoon made of roe-deer antler (photo E. David)

▲ Figure 21. Dąbki. Remains of a boat made of pine/spruce bark found in the shore zone (photo A. Czekaj-Zastawny)

Fish were most probably dried and/or smoked on the shore. They were also used as a common everyday food. That is reflected in thick food crusts on the walls of the pottery vessels produced by Mesolithic groups inhabiting the site (Figure 22). Analysis of these crusts and soot revealed the presence of aquatic fats and fish macroremains (Courel *et al.* 2020; Robson *et al.* 2022; Dolbunova *et al.* 2023; Lucquin *et al.* 2023). Certainly the acquiring, processing and consumption of fish, along with intensive hunting, was one of the main activities of the Mesolithic inhabitants of Dąbki Island.

The second site where fish remains were preserved and excavated is Chwalim. The site is located on the northern sandy terrace of the Warsaw-Berlin ice marginal stream valley that is now completely filled with peat and gyttja. Three main settlement phases were identified on the site: Late Palaeolithic (Sviderian), Early Mesolithic (Duvensee culture) and final Mesolithic, dated to the Subboreal period (Kobusiewicz, Kabaciński 1992; Kabaciński 2016). The two Mesolithic layers (designated Lower Layer and Upper Layer) contained faunal remains. The Lower layer was radiocarbon dated to ca. 10.9

Figure 22. Dąbki. Local Mesolithic pottery fragment with food crust

Figure 23. Chwalim. Structure of fish remains

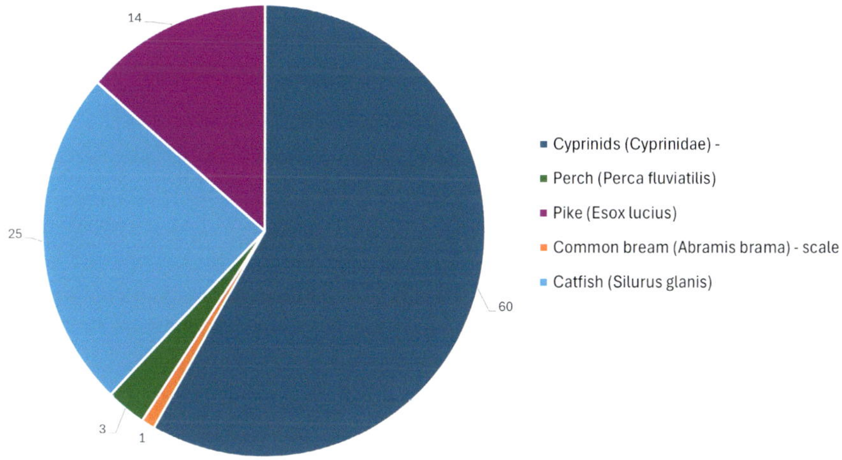


kyrs BP which makes this site the oldest Mesolithic occupation in Poland discovered so far.

Fish remains were present only in the youngest phase, dated to ca. 5.5-4.8 kyrs BP. Within a little more than 100 bones five fish taxa were distinguished (Gautier, 1993; Figure 23).

## Discussion

Those in northwestern Poland are not the only lowland sites where fish remains and other evidence of fishing have been detected. There are also a few sites located east of the Vistula valley. Site 1 at Dudka is the only one where possible fish remains from the end of the Late Glacial were discovered (Gumiński 1995; Makowiecki 2003). Miłuki 4, Mszano, Tłokowo and Szczepanki are Mesolithic sites (Marciniak 2001; Makowiecki 2003, Sulgostowska 2006; Gumiński 2011) and bring additional evidence for fishing equipment, like paddles, slotted harpoons and hooks. Altogether such sites in northern Poland are not numerous, and what they all have in common is a connection with biogenic sediments filling fossil lake basins, river valleys or paleochannels.

The number of Late Palaeolithic and Mesolithic sites in the northern Lowlands reaches several thousand. Unfortunately, the surface geological structure is dominated by fluvioglacial sandy-gravelly-clayish sediments which, due to their acidic character, quickly dissolve all the organic matter deposited on archaeological sites. As a result, most sites contain exclusively lithic assemblages. Therefore the only chance to acquire bone, antler or wooden artefacts is to excavate peat-bog sites where preservation conditions are beneficial for the survival of organic material. This requires a different methodology, difficult logistics and expenses incomparable to excavations of sandy sites.

Fish remains have been discovered at Late Palaeolithic, Early and Late Mesolithic sites. The fishing strategies in all these periods seem to be opportunistic, and people acquired all the fish species that were available in the environment. Obviously the range of fish taxa changed over time and with climatic amelioration. And global changes allowed at certain moments the appearance of migratory species in unexpected environments, as indicated by the very early presence of eel in Krzyż. What differentiates these periods are methods of fishing. During Late Paleolithic and Early Mesolithic times fishing seems to be based on the direct catching of fish with the help of hunting equipment like harpoons or spears. Only in the Boreal period does the evidence for utilization of containers, like plant pleats from Krzyż, suggest change. A radical, strategic change in fishing techniques is observed in the Late Mesolithic. The evidence from Dąbki proves the vast scale of fishing and important technological change, i.e. the appearance of fences helping to control fish and making the process of fishing very effective. It doesn't mean that methods developed earlier were abandoned. But they were not productive enough for large-scale fish catching. Such evidence is already known from other areas of Northern Europe, like northern Germany and Scandinavia. However it is unique for Polish territory.

Obviously the picture may change with new evidence, but that would require fieldwork on new peatbog sites and the continuation of archaeological excavations on sites already known. That is the only way to further develop research on fishing technology and the reliable placement of fishing within the framework of subsistence strategies applied by hunter-gatherer and fisher societies of the Central European Lowland.

## Acknowledgements

The research reported in this paper was possible due to financial support of several institutions. The author would like to express his gratitude to County of Krzyż and the Institute of Archaeology and Ethnology PAS for financing the research on Krzyż site. Research in Dąbki was possible due to National Science Centre, Poland, Grant n°2017/27/B/HS3/00478.

## References:

Bagniewski, Z. 1990. Obozowisko mezolityczne z doliny Baryczy Pobiel 10, woj. leszczyńskie. *Studia Archeologiczne* 19. Warszawa, Wrocław: Państwowe Wydawnictwo Naukowe.

Bratlund, B. 1996. Hunting Strategies in the Late Glacial of Northen Europe. A Survey of the Faunal Evidence. *Journal of World Prehistory* 10, 1-48.

Chłodnicki, M., Kabaciński, J. 1997. Mirkowice - another settlement of Hamburgian Culture at the Polish Plain. *Przegląd Archeologiczny* 45, p.5-23.

Courel, B., Robson, H.K., Lucquin, A., Dolbunova, E., Oras, E., Adamczak, K., Andersen, S. H., Astrup, P.M., Charniauski M., Czekaj-Zastawny, A., Ezepenko, I., Hartz S., Kabaciński J., Kotula A., Kukawka, S., Loze, I., Mazurkevich, A., Piezonka, H., Piličiauskas, G., Talbot, H. M., Tkachou, A., Tkachova, M., Wawrusiewicz, A., Meadows, J., Craig, O.E., Heron, C.P. 2020. Organic residue analysis shows different regional motivations for the adoption of pottery by European hunter-gatherers. *Royal Society Open Science*; https://royalsocietypublishing.org/doi/10.1098/rsos.192016

Diakowski, M. 2011. Bone and antler artefacts from Pobiel 10, Lower Silesia, Poland. Are they really Mesolithic? In J. Baron and B. Kufel-Diakowska (eds), *Written in Bones. Studies on technological and social contexts of past faunal skeletal remains*, Wrocław, p. 93-116.

Dolbunova, E., Lucquin, A., McLaughlin, T.R., Bondetti, M., Courel, B., Oras, E., Piezonka, H., Robson, H. K., Talbot, H., Adamczak, K., Andreev, K., Asheichyk, V., Charniauski, M., Czekaj-Zastawny, A., Ezepenko, I., Grechkina, T., Gunnarssone, A., Gusentsova, T.M., Haskevych, D., Ivanischeva, M., Kabaciński, J., Karmanov, V., Kosorukova, N., Kostyleva, E., Kriiska, A., Kukawka, S., Lozovskaya, O., Mazurkevich, A., Nedomolkina, N., Piličiauskas, G., Sinitsyna, G., Skorobogatov, A., Smolyaninov, R.V., Surkov, A., Tkachov, O., Tkachova, M., Tsybrij, A., Tsybrij, V., Vybornov, A. A., Wawrusiewicz, A., Yudin ,A. I., Meadow, J., Heron , C., Craig, O.E. 2023. The transmission of pottery technology among prehistoric European hunter-gatherers, *Nature Human Behavior* 7, p.171-183; https://doi.org/10.1038/s41562-022-01491-8

Drucker, D.G., Rosendahl, W., Wim Van Neer, W. Mara-Julia Weber, M.-J., Görner, I., Bocherens, H. 2016. Environment and subsistence in north-western Europe during the Younger Dryas: An isotopic study of the human of Rhünda (Germany), *Journal of Archaeological Science: Reports* 6, p.690-699.

Galiński, T. 2014. Obozowiska łowieckie ze schyłku preborealu w Bolkowie na Pomorzu Zachodnim. *Archeologia Polski* LIX, p.79-120.

Gautier, A. 1993. The faunal remains. In Kobusiewicz M., Kabaciński J. (eds) *Chwalim. Subboreal hunter-gatherers of the Polish Plain*. Poznań.

Gumiński, W. 1995. Environment, Economy and Habitation During the Mesolithic at Dudka, Great Masurian Lakeland, NE-Poland, *Przegląd Archeologiczny* 43, p.5-46.

Gumiński, W. 2011. Szczepanki, st. 8, Woj. Warmińsko-Mazurskie. Badania w latach 2009-2010. Stanowisko Torfowe Łowców-Zbieraczy z epoki kamienia, *Światowit* VIII (XLIX), p.257-261.

Housley, R.A., MacLeod, A., Armitage, S.J., Kabaciński, J., Gamble, C.F. 2014. The potential of cryptotephra and OSL dating for refining the chronology of open-air archaeological windblow sand sites: A case study of Mirkowice 33, northwestern Poland. *Quaternary Geochronology* 20, p.99-108.

Kabaciński, J. 2016a. After the Ice Age. In J. Kabaciński (ed.), *The Past Societies. Polish lands from the first evidence of human presence to the Early Middle Ages, vol. 1, 500,000 – 5,500 BC*. Warszawa, Wydawnictwo IAE PAN, p. 249-270.

Kabaciński, J. 2016b. The first hunters of the Lowland. In J. Kabaciński (ed.), *The Past Societies. Polish lands from the first evidence of human presence to the Early Middle Ages, vol. 1, 500,000 - 5,500 BC*. Warszawa, Wydawnictwo IAE PAN, p. 153-170.

Kabaciński, J. 2016c. Chwalim, stanowisko 1. In M. Kobusiewicz (ed.), *Region Wojnowo. Arkadia łowców-zbieraczy*. Poznań, Wydawnictwo IAE PAN, p. 383-425.

Kabaciński, J. 2023. *Skarby Wielkopolski wydobyte z bagien: życie codzienne łowców-zbieraczy z Krzyża Wielkopolskiego / Treasures from the bog: everyday life of hunter-gatherers from Krzyż Wielkopolski*, Poznań, Muzeum Archeologiczne w Poznaniu.

Kabaciński, J. Estimating reservoir effect at the late Glacial and Early Holocene site in Krzyż Wielkopolski (in prep.).

Kabaciński, J., Schild, R. 2005. The Hamburgian Site at Mirkowice: A Chronological Framework. *Fontes Archaeologici Posnanienses*, 41, p.15-20.

Kabaciński, J., Bratlund, B., Kubiak, L., Makowiecki, D., Schild, R., Tobolski, K. 1999. The Hamburgian settlement at Mirkowice: recent results and research perspectives. In M. Kobusiewicz, J. K. Kozłowski (eds), *Post-Pleniglacial re-colonisation of the Great European Lowland*. Kraków, p. 211-238.

Kabaciński, J., Hartz, S., Raemaekers, D., Terberger, T. (eds). 2015. *The Dąbki site in Pomerania and the neolithization of the North European Lowland (c. 5000-3000 cal. BC) (= Archaologie und Geschichte im Ostseeraum Archaeology and History of the Baltic 8)*. Rahden, Verlag Marie Leidorf GmbH.

Kabaciński, J., Henry, A., David, E., Rageot, M., Cheval, C., Winiarska-Kabacińska, M., Regert, M., Mazuy, A., Orange, F. 2023. Expedient and efficient: an Early Mesolithic composite implement from Krzyż Wielkopolski, *Antiquity*, https://doi.org/10.15184/aqy.2023.3

Kabaciński, J., Schild, R., Bratlund, B., Kubiak-Martens, K., Tobolski, K., van der Borg, K., Pazdur, A. 2002. The Lateglacial sequence at the Hamburgian site at Mirkowice: stratigraphy and geochronology. In B.V. Eriksen, B. Bratlund (eds), *Recent studies in the Final Palaeolithic of the European plain*, (Jutland Archaeological Society Publications vol. 39). Aarhus, Aarhus University Press, p. 109-116.

Kabaciński, J., Terberger, T. 2015. Features and finds of the Stone Age sites Dąbki 9 and 10. In Kabaciński J., Hartz S., Raemaekers D. and Terberger T. (eds), *The Dąbki site in Pomerania and the neolithization of the North European Lowland (c. 5000-3000 cal. BC)*, ( Archaologie und Geschichte im Ostseeraum Archaeology and History of the Baltic 8). Verlag Marie Leidorf GmbH, p. 137-155.

Kabaciński, J., Terberger, T., Jungklaus, B., Mannino, M., Posth, C., Mugaj, J. forthcoming. *The Early Holocene human skull from Krzyż Wielkopolski*, Western Poland.

Kobusiewicz, M. 1999. *Ludy łowiecko-zbierackie północno-zachodniej Polski*, Poznań.

Kobusiewicz, M., Kabaciński, J. 1992. Late Palaeolithic site at Wojnowo, Zielona Góra voivodeship. *Fontes Archaeologici Posnanienses*, 37, p.23-46.

Kobusiewicz, M., Kabaciński, J. 1993. *Chwalim. Subboreal hunter-gatherers of the Polish Plain*. Poznań.

Koch, T.J., Kabaciński, J., Henry, A., Marquebielle, B., Little, A., Stacey, R., Regert, M. 2024. Chemical analyses reveal dual functionality of Early Mesolithic birch tar at Krzyż Wielkopolski (Poland). *Journal of Archaeological Science: Reports* 57 104591.

Lucquin, A., Robson, H.K., Oras, E., Lundy, J., Moretti, G., González-Carretero, L., Dekker, J.A.A., Demirci, Ö., Dolbunova, E., McLaughlin, T.R., Piezonka, H., Talbot, H.M., Adamczak, K., Czekaj-Zastawny, A., Groß, D., Gumiński, W., Hartz, S., Kabacinski, J., Koivisto, S., Linge, T.E., Meyer, A.-K., Mökkönen, T., Philippsen, B., Piličiauskas, G., Visocka, V., Kriiska, A., Raemaekers, D., Meadows, J., Heron, C., Craig, O.E. 2023. The impact of farming on prehistoric culinary practices throughout Northern Europe, *PNAS*, https://doi.org/10.1073/pnas.2310138120

Makowiecki, D. 2003. *Historia ryb i rybołówstwa w holocenie na Niżu Polskim w świetle badań archeoichtiologicznych*. Poznań.

Marciniak, M. 2001. The burial ritual from the boreal period cementary in Mszano, Brodnica district, *Fontes Archaeologici Posnanienses* 39, p.95–123.

Marks, L. 2012. Timing of the Late Vistulian (Weichselian) glacial phases in Poland, *Quaternary Science Reviews* 44, p.81-88.

Masojć, M. 2007. The Mesolithic in Lower Silesia (SW Poland)– four decades of field investigation by Professor Zbigniew Bagniewski and latest discoveries. In M. Masojć, T. Płonka, B. Ginter and S. K. Kozłowski (eds), *Contributions to the Central European Stone Age*. Wrocław, p. 211-222.

Philippsen, B, Heinemeier, J. 2013. Freshwater Reservoir Effect Variability in Northern Germany. *Radiocarbon* 55(3), p.1085-1101; https://doi.org/10.1017/S0033822200048001

Posth, C., Yu, H., Ghalichi, A., Rougier, H., Crevecoeur, I., Kabaciński, J., *et al.* 2023. Palaeogenomics of Upper Palaeolithic to Neolithic European hunter-gatherers, *Nature*, https://doi.org/10.1038/s41586-023-05726-0

Robson, H. K, Lucquin, A., Admiraal, M., Dolbunova, E., Adamczak, K., Czekaj-Zastawny, A., Fitzhugh, W.W., Gumiński, W., Kabaciński, J., Kotula, A., Kukawka, S., Oras, E., Piezonka, H., Piličiauskas, G., Sørensen, S.A., Thielen, L., Wetzel, G., Meadows, J., Hartz, S., Craig, O. E. and Heron, C.P. 2022. Light Production by Ceramic Using Hunter-Gatherer-Fishers of the Circum-Baltic, *Proceedings of the Prehistoric Society* 88, p. 1-28

Starkel, L., Michczyńska, D.J., Krąpiec, M., Margielewski ,W., Nalepka, D., Pazdur, A. 2013. Progress in the Holocene Chrono-climatostratigraphy of Polish Territory. *Geochronometria* 40 (1), p.1-21.

Sulgostowska, Z. 2006. Mesolithic mobility and contacts on areas of the Baltic Sea watershed, the Sudety, and Carpathian Mountains, *Journal of Anthropological Archaeology* 25, p.193-203.

Terberger, T., Gramsch, B., Heinemeier, J. 2012. The underestimated fish? – Early Mesolithic human remains from Northern Germany, In M.J.L.Th. Niekus, R.N.E. Barton, M. Street, T. Terberger (eds), *A Mind Set on Flint: Studies in honour of Dick Stapert*, Barkhuis, p.343-354.

Winiarska-Kabacińska, M. 1992. Functional analysis of Flint tools from Late Palaeolithic Site at Wojnowo, Zielona Góra Voivodeship. *Fontes Archaeologici Posnanienses* 27, p.47-63.

Winiarska-Kabacińska, M., Kabaciński, J. 2016. Flint tools for bone and antler adzes production at the Early Mesolithic site Krzyż Wielkopolski 7 (Western Poland). *Quaternary International* 30; http://dx.doi.org/10.1016/j.quaint.2016.02.015.

Zabilska-Kunek, M., Makowiecki, D., Kabacinski, J. 2015a. Mesolithic fishery in the Polish Lowland. Fish remains from the Site 7 at Krzyż Wielkopolski, Poland. *Environmental Archaeology* 21 (4), p. 317-324. doi.org/10.1179/1749631415Y.0000000015

Zabilska-Kunek, M., Makowiecki, D., Robson, H. 2015b. New archaeoichthyological data from settlement at Dąbki. In J. Kabaciński, S. Hartz, D. Raemaekers, T. Terberger (eds), *The Dąbki site in Pomerania and the neolithization of the North European Lowland (c. 5000-3000 cal. BC)* Archaologie und Geschichte im Ostseeraum Archaeology and History of the Baltic 8. Rahden, Verlag Marie Leidorf GmbH, p. 87-112.

# The turn to sedentary life at the edge of Southeast and Central Europe

Eszter Bánffy


## Abstract

*One of the two major routes of the spread of farming in Europe led across the central Balkan Peninsula, over the Carpathian basin, and further along the Danube valley towards Western Central Europe. Rapid advances and halts alternated until the descendants of the first Balkan farmers reached the southern Carpathian basin.*

*The paper attempts to draft the utterly high diversity of ways of the Neolithic transition and the different ways early Neolithic societies chose to follow. It focuses on farming groups spreading along the Central Balkans and then further to the Danube region, to concentrate on changes in the early 6th millennium cal BC when they reached the Carpathian basin from the south. I give an account of what we know and what we still do not know about their encounters with local foraging groups and how they changed each other's lifeways (and probably each other's cognition). The outcome is clear: the formation of the earliest Central European Neolithic called the Linearbandkeramik (LBK), keeps many features of the sedentary and food-producing lifeways of the Anatolian-Aegean type, but also, with significant re-structuring regarding the original lifestyle including settlement structure, architecture, economy.*

*The paper presents new archaeological results, compared to similarly recent bioarchaeological studies, both on the local and regional levels, highlighting congruent and contradictive elements.*


*Keywords: First farmers, North Balkans, Carpathian basin, 6th millennium cal BC, Starčevo groups, Linearbandkeraik (LBK) groups, archaeological and bioarchaeological results*


## Résumé

*L'une des deux principales routes de l'expansion de l'agriculture en Europe traversait le centre de la péninsule balkanique, le bassin des Carpates et plus loin le long de la vallée du Danube vers l'Europe occidentale centrale. Des avancées rapides et des arrêts se sont alternés jusqu'à ce que les descendants des premiers agriculteurs des Balkans atteignent le sud du bassin des Carpates.*

*L'article tente de décrire la grande diversité des voies de la transition néolithique et les différentes voies que les premières sociétés néolithiques ont choisi de suivre. Il se concentre sur les groupes d'agriculteurs répartis le long des Balkans centraux, puis plus loin dans la région du Danube, pour se concentrer sur les changements au début du 6e millénaire av. J.-C., lorsqu'ils ont atteint le bassin des Carpates par le sud. Je rends compte de ce que nous savons et de ce que nous ne savons toujours pas de leurs rencontres avec les groupes de chasseurs cueilleurs locaux et de la façon dont ils ont changé le mode de vie des uns et des autres (et probablement la connaissance de l'autre). Le résultat est clair : la formation du premier néolithique d'Europe centrale appelé Rubané (Linearbandkeramik, LBK), conserve de nombreuses caractéristiques des modes de vie sédentaires et de production alimentaire de type anatolien-égéen, mais aussi révèle une restructuration significative du mode de vie d'origine, y compris la structure de la colonisation, l'architecture et l'économie.*

*L'article présente de nouveaux résultats archéologiques, comparés à des études bioarchéologiques récentes, tant au niveau local que régional, en mettant en évidence des éléments congruents et contradictoires.*

*Mots-clés : Premiers agriculteurs, Balkans du Nord, bassin des Carpates, 6e millénaire av. J.-C., groupes de Starčevo, groupes Rubanés (LBK), résultats archéologiques et bioarchéologiques*

## Introduction

Through the study of past adaptive behaviour, it is often possible to detect the resilience of ancient societies as well as their coping capacity at local and regional levels. Archaeologists are skilled at reading the landscape, interpreting evidence, and using it to tell stories about the past, about how humans changed their environment and adapted or failed to adapt to environmental and climatic conditions, moreover, social crises and challenges over millennia. Both successful adaptations with creative solutions and failures with dead-ends can help with guidance to modern behaviour. The turn to food production and a sedentary lifestyle can seen as a wide range of stories that belong to both successful and unsuccessful adaptation strategies.

The research history on the European Neolithic transition, based on archaeological sources, usually either consists of individual case studies (a bottom-up approach) or tries to find a generalising explanation for the whole historic process, taking in a sometimes close to uniform transformation. Although the result is known: the irreversible and full food production with sedentary societies (Robb 2013), it is now the responsibility of prehistorians to create the appropriate narrative and language for the diversity of the Neolithic transition and to show that integrative and often minor, local stories can highlight the great variety of possible scenarios. This thinking needs to be integrative and needs to combine all traditional archaeological data with the recent molecular biological methods, including all available paleo-environmental information.

These introductory thoughts point at the aim of this paper: it focuses on the beginnings of the Neolithic in a key area of Europe that witnessed a situation of an ecological and social crisis and proved to "invent" a resilient and successful new cultural formation as well as lifeways. I shall focus on the northern part of the Balkans and the Carpathian basin which is the frontier zone between southeast to central Europe.

One of the major routes taken by the first farmers migrating from Anatolia, the path over Thessaly northwards led along the Vardar and Morava River valleys. In absolute terms, this is the end of the 7th and the onset of the 6th millennium cal BC, in other words, the time of the transition and the first few centuries of the food-productive, sedentary file in southeast Europe. More northwards and only a few centuries later, in the mid-6th millennium cal BC, a new formation was born that proved to be extremely successful in the western part of the Carpathian basin: the Linearbandkeramik (LBK) groups that rapidly spread from the Paris basin to Ukraine, and their descendants determined sedentary life for over two millennia.

After decades of discussing whether the migration or the adaption describes the Neolithic transition best, the "DNA revolution" kicked the door and yielded facts for the spread of real people, not just ideas and innovations. Yet, as it has become clear, neither the thesis of a mechanical 'wave of advance' (Ammermann, Cavalli-Sforza 1984) nor a clear-cut dichotomy (as suggested by many authors) between hunter-gatherer and farmer existence can be supported. The distribution of farming lifestyle must have been a long process, with probably many failed attempts (Bánffy, Whittle 2024). Molecular bioarchaeology has an increasingly key role in archaeological interpretation: above all, archaeogenetic studies, but also those of stable isotopes and oral microbiomes are brilliant tools that give us novel, earlier hidden insights. Information on biological ancestry, of which the Neolithic population groups barely may have been aware and so, this remained independent of their self-identification, both on individual and group levels. Yet, genomic composition, Sr, N, or O stable isotope results, revealing much about lifetime mobility or diet, are objective facts. These – sometimes more directly, in quite a latent way – have also an influence on the cultural and social development of communities. Thus, it is worth comparing this picture with our archaeological data on material culture, finds, landscape choice, settlement pattern, and importantly, contact and exchange networks. This latter phenomenon is extremely interesting when compared with the "hidden objective facts" i.e. bioarchaeological patterns. Archaeogenetic analyses teach us, archaeologists, to see the Neolithic transition as an utterly compound series of events or rather as a long-lasting process, constantly on the move, constantly becoming re-structured, fluid (Frieman, Hofmann 2019; Furholt 2018), thus resembling our contemporary social changes in several aspects. These processes diverge from the static cultural-historical theories of the 20th century. It is but the archaeologists who ought to try to reconcile all together, towards a novel interpretation of this pivotal historical process.

In this small chapter, I draft some characteristics of the Neolithic transition that affected vast regions of Europe. An array of publications shows how the first farmers reached Southeast Europe both in the Eastern Balkan peninsula and in the Aegean from Anatolia: this latter area served as a starting point for the farming groups to spread north into the Morava basin in the Central Balkans and then further north, to the Danube region (Figure 1). This is where I shall start, soon to enter the Carpathian basin

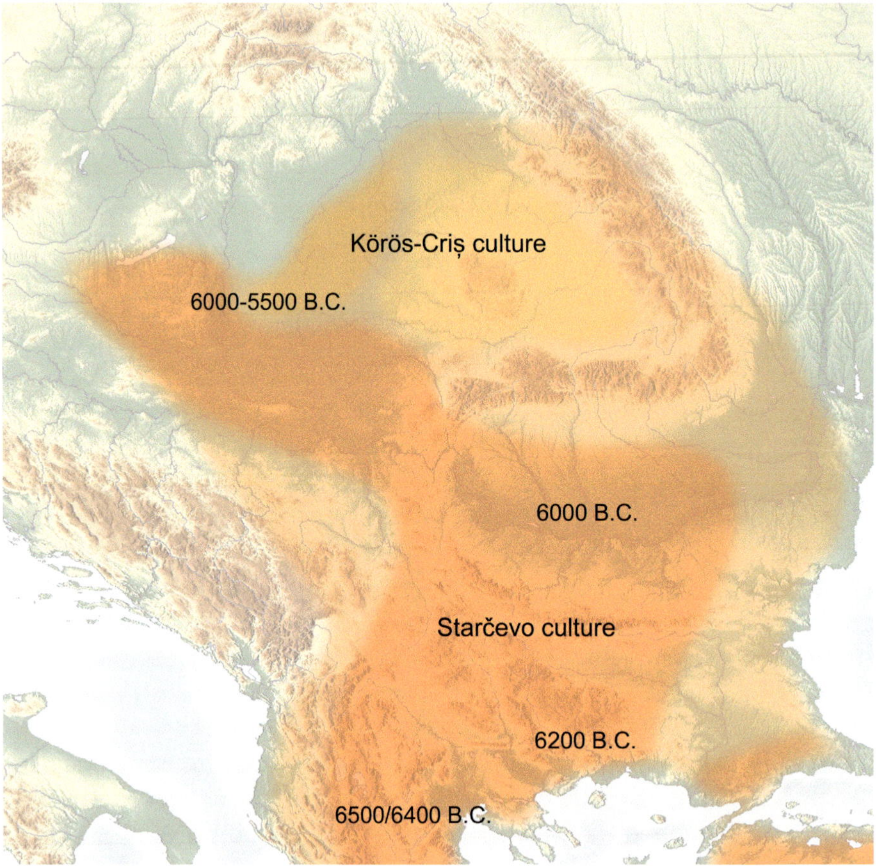


Figure 1. Early Neolithic in the Northern Balkans and the Carpathian basin

from the south and investigate the changes that happened there. The outcome is the formation of the earliest Central European Neolithic, with many bottlenecks regarding the original range of domesticates and with some changes e.g. in architecture or the ritual customs – meanwhile, while keeping many features of the sedentary and food-producing life ways of the Anatolian-Aegean type.

## Hunter-gatherers vs. first farmers in the Central and Northern Balkans ?

The first short case study is from Southeast Europe, where the somewhat sporadic Mesolithic presence cannot be ascribed to gaps in research. It seems that there may have been some "niches" with more concentrated settlement, apart from the Aegean, there are concentrations in the Trieste Karstic regions with many caves, a similar landscape in Montenegro, and certainly, the most researched and well-known region, the Iron Gates at the Danube Gorges both along the Serbian and Romanian banks. There seems to

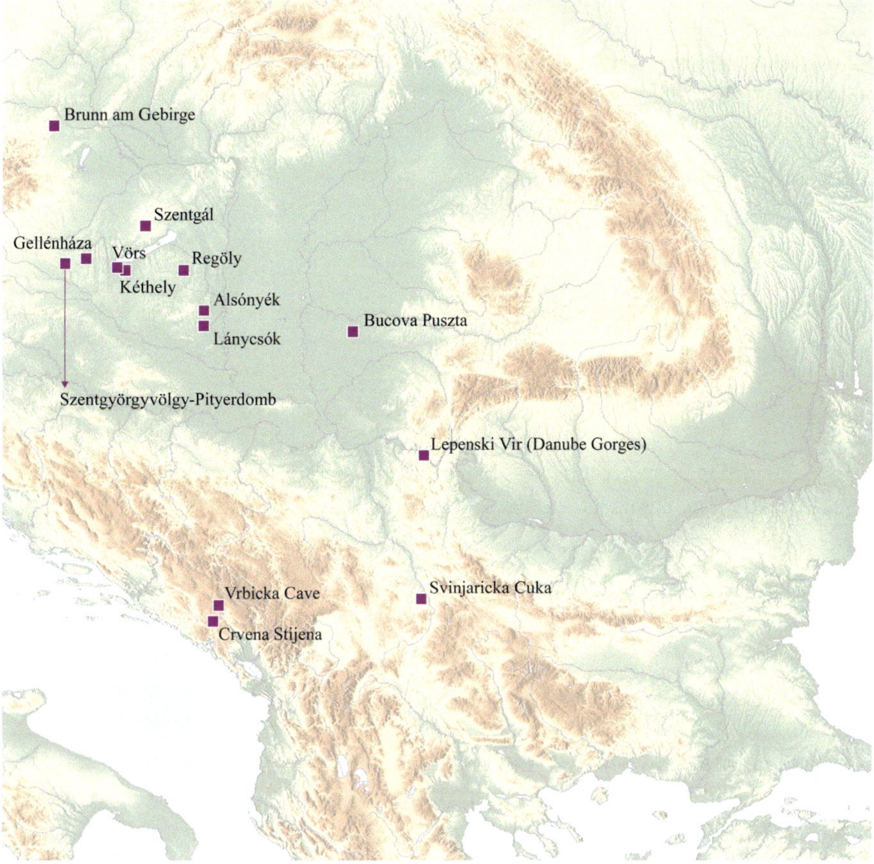


Figure 2. Early Neolithic sites named in the text: Vrbicka Cave, Crvena Stijena, Svinjarička Cuka; Lepenski Vir (Danube Gorges); Bucova Puszta;Lánycsók; Alsónyék; Regöly; Kéthely; Vörs; Gellénháza; Pityerdomb; Szentgál; Brunn am Gebirge

be a scarcely or not-at-all occupied region that became one of the centres of the first farmers upon their arrival.

From all these settlement concentrations, recent genetic and stable isotope analyses allow a surprising inference: namely, that the difference between the stereotypes of "mobile hunters and foragers" vs „sedentary farmers" becomes blurred. At the Vrbička cave and Crvena Stijena but also from the lowland Kula site, it becomes apparent that diachronic changes in food resource exploitation are determined by the character of the landscape offering food resources, rather than the nature of the site being "Mesolithic" or "Chalcolithic". For example Kula lies in an open landscape that proved to be more suitable for animal husbandry and continued to be in use (Zivaljevic *et al.* 2021). By comparing the assemblages from Kula to those from settlements in its vicinity established during the Early Neolithic, it becomes apparent that the aquatic resources kept on being exploited further on in the Early Neolithic, most likely due to its long-term importance as a fishing spot.

To cite T. Douglas Price on the Danube Gorges: „There is an increasing body of evidence to argue that the last hunters were more sedentary and the first farmers in prehistoric Europe were more mobile than has generally been acknowledged. ...Data including archaeological remains, strontium isotope analysis of human tooth enamel and seasonality studies of fauna document more sedentary hunters and more mobile farmers (Price *et al.* 2021, p.579). Similarly, at Danube Gorges sites the diet remains largely based on the consumption of aquatic resources both before and after the Mesolithic–Neolithic transition, probably because of favourable environmental conditions for such resources, but also because of dietary practices inherited from earlier Mesolithic communities. This pattern has been also suggested for other Neolithic groups settled further west in Central and Western Europe (Borić, Price 2013). (Figure 2)

From a dietary perspective, it seems that ecological conditions, local traditions, and economic innovations interacted in various ways to shape the complex and multi-faceted phenomenon of European Neolithisation. In *Ottoni et al. 2021*, while tracking aDNA found in archaeological dental calculus (mineralized plaque), it appeared that the introduction of farming in Southern Europe did not alter significantly the oral microbiomes of local forager groups. A Near Eastern lineage of this bacterial commensal dispersed with Neolithic farmers and replaced the variant present in the local foragers only after the Neolithic, so major taxonomic shifts in human oral microbiome composition did not occur at the transition or at the time of the first farmers.

The botanical analysis by *Marinova et al. 2013* came to the same conclusion: It appears that closely the same 'set' of taxa was consistently in use through the Late Mesolithic and Early Neolithic, suggesting unchanged availability of the (local) resources, as well as continuity of the 'gathering aspect' of subsistence strategy over more than 1,000 years.

## First farmers in the Central and Northern Balkans – fully sedentary and food-producing ?

Along the Vardar-Morava route, in the heartland of the Central Balkans lies Svinjarička Čuka, a multi-level occupation of the Starčevo culture, the main three phases are dated between 6100 and 5400 (Horejs *et al.* 2019). It lies in a slightly hilly area because some of the lower-lying alluvial areas were probably covered by water or remained marshy until the later Neolithic (Naumov 2020). The inhabitants of Svinjarička Čuka lived in massively built rectangular wattle-and-daub buildings. They used a large variety of domesticated plants and animals from the very beginning (Filipović in Horejs et al 2022). Despite the "full Neolithic package" and the firm house-based communities as it appears, the people cannot be considered to have a fully sedentary lifestyle. According to a recent investigation on ecology, the site appears to be a basis for seasonal pastoralism (Bulatović in Horejs *et al.* 2022). The results are not yet final since the work is ongoing, but it seems that the site allows a so far underestimated insight into the "migrating" farmers: early farmers in the Balkans might rather be characterised by frequent mobility and meanwhile, with a high variety of residual and subsistence strategies.

Although approaching the southern Carpathian basin we expect a full wave of intruding first farmers and introducing the full Neolithic, there are Körös sites in the Serbian Banat like Bucova Puszta that show a different picture. At this site, we find rather adaptive nutrition strategies for the riverine environment: an overwhelmingly „Mesolithic" aquatic diet. A skeleton of a child who was more of a fishing diet was also discovered at Bukova Puszta in 5600 BCE (this date is, notably, not an early date close to the transition, but one of the latest Körös dates). The excavator poses the question if these are the first farmers adapting to local circumstances or adaptive hunter-gatherers keeping some domesticates but basically sticking with their old traditions. According to the possible answer, the rich and fully Körös material culture along with the features like ovens speak for the first case: adapting Körös people (Krauß *et al.* 2018).

The data are scanty, but some encounters, probably also more intensive contact have some probability in the Balkans. The shortly mentioned case studies opened a new avenue to see the "wave of advance" in a much more varied, rather mobile than migrating and flexible farming population, who could reconcile the achievements they brought from the south over many generations, and were still able to be open for adapting to local circumstances.

## Arrival and halt in the southern Carpathian basin – the Central European Balkan Agro-Ecological Barrier (CEBAEB)

Regarding the whole of Europe, the Carpathian basin seemed to be an empty space in the late Mesolithic for a long time of research history. So, it is worth taking a closer look at the time of late hunter-gatherers and the arrival of the first farmers, both in terms of their archaeological materiality and the genetic results. As it becomes clear, this region is key in understanding the Neolithic transition, especially that of Central and Western Europe: this is the last region with direct Balkan migrant groups (this connects it with Southeastern Europe), and meanwhile, the first region with growing local contribution as well as genetic influx (which further grows towards the north and makes a basis for the establishment of the Central European Neolithic).

The Carpathian basin is divided into two major, geological and climate zones on each side of the Central European Balkan Agro-Ecological Barrier (CEBAEB) that was identified, also with tectonic difference deep below, two decades ago, (Sümegi, Kertész 2001). Southward it is warmer and dryer, the north-western part has a more balanced Atlantic climate and vegetation. However, using the word "barrier" was not fortunate in the first publication,

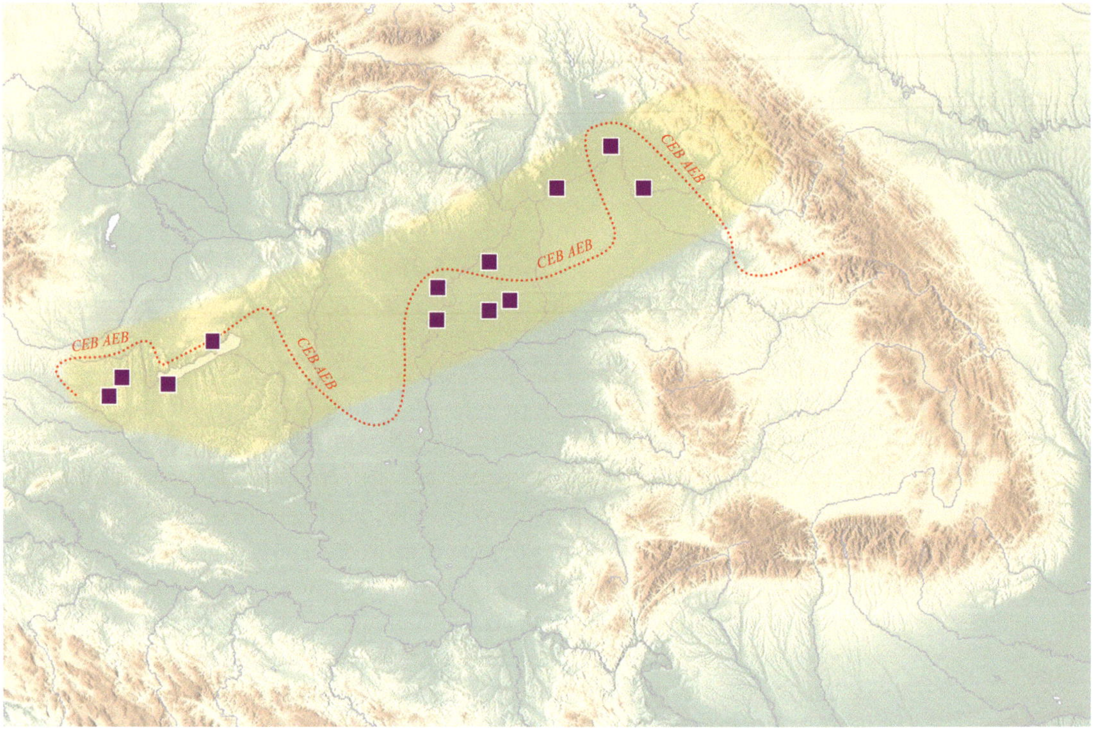


Figure 3. The Early Neolithic in the Central Carpathian basin, the CEBAEB, and the northern, marginal Starčevo distribution area

since, instead of dividing the two areas, it proved to be more of a contact area, by creating a longer-term permeable frontier zone for exchange between groups on both sides. This phenomenon becomes pivotal in light of the more and more decelerating spread of first farmers in the first half of the 6th millennium cal BC, before their eventual full halt along the CEBAEB (Bánffy, Sümegi 2012).

Taking a glance at the maps of the early Neolithic, the first half, and the Middle Neolithic i.e. the second half of the 6th millennium cal BC, it becomes clear why the Carpathian basin, north, and south of the CEBAEB are of pivotal importance from the point of view of the formation of the Central European Neolithic. On the zone in the south marked in red is the south-eastern newcomers' distribution area. This, however, splits into two main branches in the frontier zone: In the east and central basin, it is called Körös (or, in Romanian, Criş). The Körös branch rather develops locally in the following centuries. In the west, in Transdanubia, the spreading farmers belong to the Starčevo branch, and its north-western periphery, marked in yellow, is what played a crucial role in the formation of the LBK and so, in the first farmers of vast areas in Europe (Figure 3).

This difference is reflected in the early 6th millennium history: there are regions where the spread appears to be both intensive and fast: such as the intrusion of Körös people toward the northerly lying mountains with obsidian and other important lithic sources (Domboróczki 2010; Bánffy 2006). Other areas show more detectable traces of the presence of local foraging groups: such as the niche in the central part of modern Hungary, the eastern wetland region, and Southern Transdanubia with the Balaton waterlogged region (Gál *et al.* 2005; Eichmann *et al.* 2010, Bánffy *et al.* 2007, Bánffy 2004). The reality is however a much more complicated picture, with some territorial overlap in the Central and Northern areas, which, however, does not necessarily mean a full synchrony in time. It again appears to be none of a simple scenario, a „wave of advance". It rather looks like a finely woven carpet: the closer we get to it, the more complicated the texture becomes.

In the eastern regions, the Körös group stayed rather steady, thriving until the mid-6th millennium. In the western of the Carpathian basin, the Starčevo distribution influenced the European Neolithic history. At its latest phase, in the 56th and 55th centuries cal BC, this group of first farmers became key to the rapid distribution of sedentary and food-producing life northward and westward. The marginal area of the Starčevo distribution around Lake Balaton marks the last migrating groups of Balkan farmers; thus, it becomes the frontier zone which proves to be the cradle of the cultural unit, the LBK that spreads from the Paris basin to Poland and Ukraine in continental Central, Western, and Eastern Europe. In the process of the formation, two components can be identified that partook in the LBK formation: migrant farming and the local forager groups. Archaeologically seen, the Starčevo input to this formation process is clear, but data on the presence of the local groups have remained scanty until recent times.

## The component formed by late foragers – still scanty but increasing evidence

As mentioned above, partly due to research gaps, the Carpathian basin was thought of been mostly depopulated in the early Holocene, before the Neolithic, apart from a few old excavations (Vértes 1965). Although some new results refute this stage in the central basin (Kertész 1996), the Transdanubian state has remained scanty. Based on lithic scatters, a few intensively inhabited areas could be identified here, too. Such is the Balaton Upland, around the Szentgál red radiolarite sources, and another region with dense Mesolithic traces has been found in south-eastern Transdanubia. The niche around the lithic sources is meaningful because it has been shown that the local control over this raw material and the long-distance network preceded the onset of the Neolithic: red radiolarite finds from the Balaton Upland are tracked in Moravia (Southern Czechia) (Mateiciucová 2008). The settlement concentration south of Lake Balaton might also be important if contact with the Starčevo pioneers can be shown in the future since the two areas overlap.

To this latter niche belongs the Kapos-Koppány valley, between Lake Balaton and the Danube. Here, a significant excavation took place at Regöly, which yielded a round hut and more than a thousand chipped stone tools, partly coming from the Szentgál sources (Eichmann *et al.* 2010; Marton *et al.* 2021). To increase the potential direct traces of encounters, this overlapping region will be the target of our upcoming research. For the time being, the indirect traces make up the majority, but these nonetheless are high enough in number and importance, to be part of the considerations about the encounters and contacts between locals and newcomers in the Early Neolithic.

## The first farmers from the Balkans in Transdanubia: the Starčevo groups

The farming groups from the northern Balkans crossed the Rivers Drava and the Danube, slowly spreading northwards in the Western part of the Carpathian basin that is called Transdanubia. At the time of the first synthesis on the Starčevo presence in this area (Kalicz 1990), 11 sites could be involved. Today more than 30 sites are known (Kalicz 2011); however, there is only one that was thoroughly excavated and evaluated including large international projects (Bánffy *et al.* 2010, Oross *et al.* 2016). The earliest, Starčevo occupation (5800-5600 cal BC) at the long-lived mega-site Alsónyék (5800-4400 cal BC) represents a much larger and more intensively used Early Neolithic settlement than the sum of previously known sites in Transdanubia. At Alsónyék, some 500 excavated features could be assigned to the Starčevo culture, most of them were pits of various shapes and sizes, fully covered with fragments of pottery and other clay objects. Numerous subterranean ovens were dug into the pit walls, and many kilns for firing pottery were found outside of the pit complexes. In total, the number of finds of the Starčevo phase reaches 70 thousand. Moreover, an immense amount of burnt daub was found and measured: the diagnostic pieces showed details of walls, doors, and plastering of gable roofs. The thorough analysis of the daub made it certain that the first farmers at Alsónyék lived in houses with upright walls – thus, it can be taken for granted that the pit complexes brought to light did not serve dwelling purposes (Oross *et al.* 2016, Bánffy, Höhler-Brockmann 2020). One symptom of this is the exceptionally high number of Starčevo burials at Alsónyék, with more than 25 having been identified (Köhler 2015, Szécsényi-Nagy *et al.* in press).

The extreme intensity of the first farmers' settlement decreased massively, both in terms of size and frequency when they entered the forested and hilly landscape northwards of the CEBAEB. They had to face more precipitation, cold, and snowy winters. Consequently, the mobility of the Starčevo farmers slowed down when they reached a liminal zone in between the riverine flooded lands and the forested hills; until their final halt at the marshy Balaton region. Starčevo settlements became small, and poor, consisting of a few garbage pits and their pottery became scarce and of lower quality (e.g. the sites of Gellénháza and Vörs: Simon 1996; Kalicz *et al.* 1998).

## Encounters between foragers and farmers – coping with innovative methods

The observable deceleration must have been a situation close to a crisis for first farmers. Meanwhile, it facilitated them to contact locals more intensively. Many signs hint at the Starčevo people learning from local groups in the adaptation to the earlier unknown circumstances, but also vice versa. One excavated site reflects a Starčevo settlement on a wetland island (Vörs: Kalicz *et al.* 1998), a venue that is entirely unusual for Balkan farmers, but frequent among foragers, and fishers in the marshy lacustrine area. Another firm signal of their encounters is the rich chipped stone material used by Starčevo people. In Southern Transdanubia, its raw material comes from north of Lake Balaton: a region, that they never occupied, which was controlled by local Mesolithic groups (Biró 2005; Mateiciucová 2004, 2008). On the question, of what may have been given by the first farmers in exchange for the precious red radiolarite, some finds may help answer.

Figure 4. Above: The Lánycsók figural depiction and its coarse imitation from Kéthely. Below: clay figurine from Alsónyék

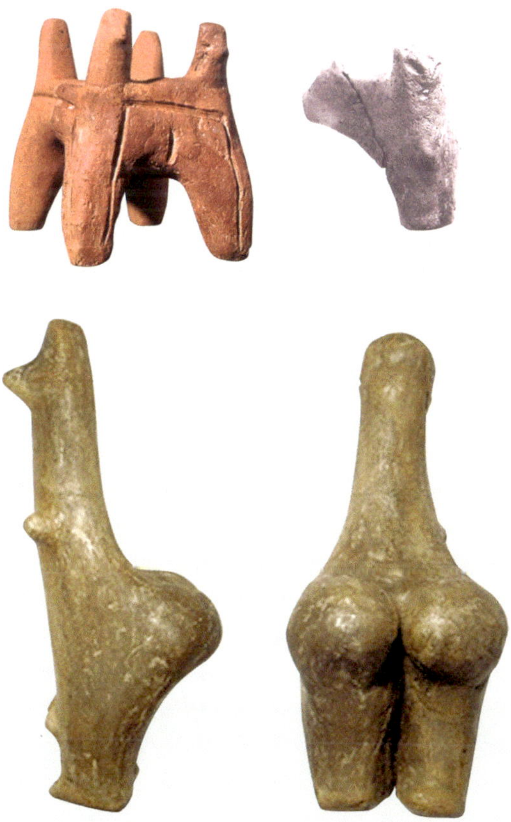

The mutual farmer-forager impact becomes also visible by the appearance of copies of the late Starčevo vessels and ritual objects, with a concentration of the northern liminal zones, the Lake Balaton region. These finds occur in much lower, clumsier quality, apparently formed with the intention of imitating the original objects. The Lánycsók altarpiece made by Starčevo farmers (Kalicz 1990) is a highlight among the early Neolithic rectangular ritual objects, with four heads and in this case also female characteristics. This may have been the pattern for the coarsely fired, low-quality similar object from Kéthely that was found as a fragment: the shape, the dimensions strive to imitate the Lánycsók typed clay objects. Most probably as a special hint of the desired Neolithic subsistence, the eye of the head was shaped by an imprint of a cereal grain (Figure 4, above). Similarly, at the formative LBK site of Pityerdomb fragments of some finely levigated anthropomorphic vessels were found. These leg fragments resemble to some further coeval objects from the Balaton region, yet these latter are of much lower quality.

## Bioarchaeological data speak for contacts between locals and newcomers

Since the first overarching publications about the Neolithisation and the following few generations in the Carpathian basin (Szécsényi-Nagy *et al.* 2014; 2015; Marchi *et al.* 2021), the sharp contrast between H-G and the newly arrived first farming groups has been facts. In the south Transdanubian early Neolithic Starčevo samples in the 58th-56th centuries cal BC, local Mesolithic ancestry barely existed. Yet, the two groups exchanged goods and probably also information, without mating at the very beginning. Nevertheless, this marital separation undergoes changes both in temporal and spatial terms: in later generations and in northerly lying regions the scale of local ancestry becomes increasingly apparent. We can see the increase between LBK populations in the 54-52th centuries: the Mesolithic U2 and U5a haplotypes reached 15 % in North Transdanubia (Szécsényi-Nagy *et al.* in press). In adjacent easternmost Austria, three individuals were investigated in the formative LBK phase of the Brunn site near Vienna, one proved to be mostly of Anatolian origin, and two had mixed Anatolian and hunter-gatherer ancestry (Marchi *et al.* 2021). Thus, it seems that the exchange and contact network preceded marriages, but the genetic contacts happened, with a few generations' delay.

The higher ratio of mobility in the western, Transdanubian part is also traceable based on Sr isotope analyses tracking mobility within personal lifetimes (Depaermentier *et al.* 2020). Whilst the first farmers were clearly moving in the Carpathian basin in both regions from the south, the early LBK groups only moved from the Transdanubia, towards modern Austria, Moravia, and Germany.

## A creative response in a crisis: the birth of the LBK

It has been taken as a fact based on archaeological data that Transdanubia and the northern frontier zone of the Starčevo culture must have played an important role in the formation of the LBK and thus also in the Central European sedentary lifestyle. Yet, the way of the formation has remained hidden for a long time. In 1995, the missing link between the Starčevo farmers and the local hunter-gatherers, who both contributed to the birth of the first Central European farming communities (the LBK), was first found in a region that is mostly suitable for fishing and only to a limited extent to agriculture.

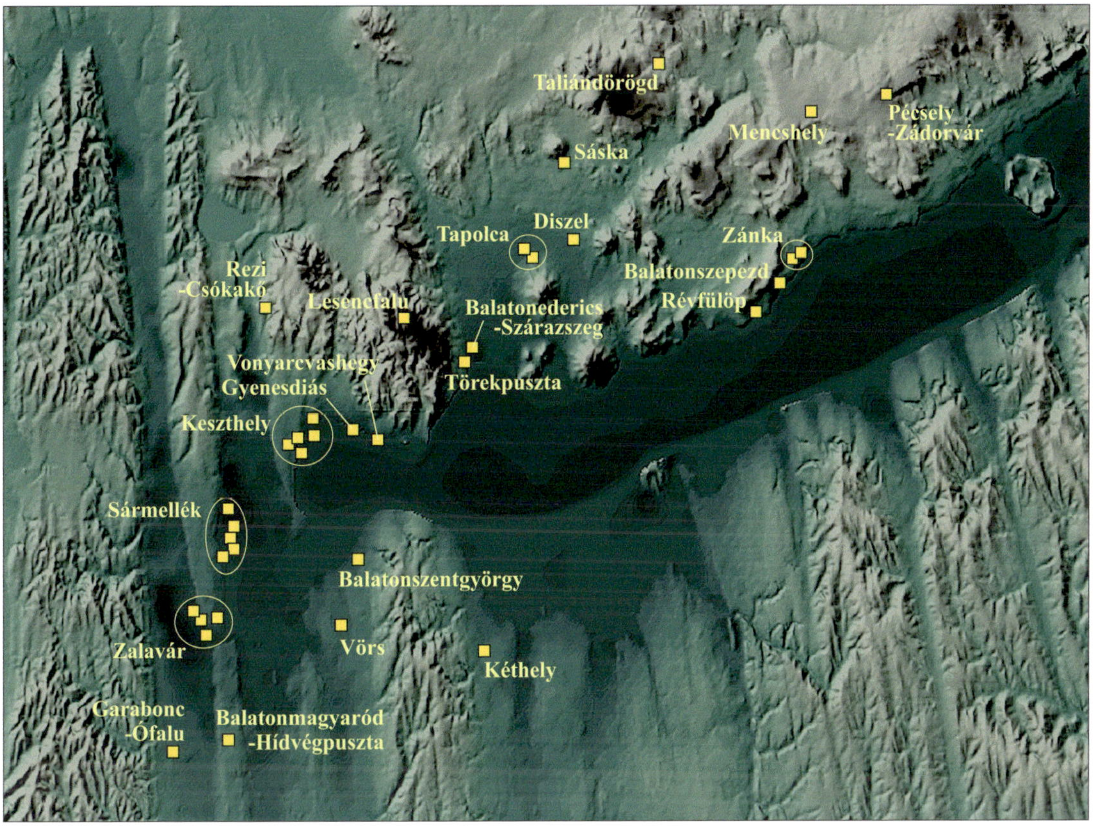


Figure 5. The satellite image of the Balaton area, with formative LBK sites at one-time lakeshores

This small, formative site fully excavated is Szentgyörgyvölgy-Pityerdomb, its occupation starting at ca. 5480 cal BC (Jakucs *et al.* 2016; Bánffy 2000, 2004). The two burnt, timber and wattle-and-daub longhouses – as shown elsewhere (Bánffy, Höhler-Brockmann 2020) – may not have been invented by LBK people, especially not westward of Transdanubia, but much more plausibly, they came into use by late Starčevo communities and thus brought with the first farmers to the Balaton region. The pottery, more than 14,000 fragments, is of real Starčevo character and techniques, but with many incised linear decorations of early LBK character (Bánffy 2004, Bánffy, Whittle 2022). The rich assemblages of chipped stone exclusively come from the red radiolarite sources in the Balaton Upland, some 200 km away from Pityerdomb and controlled by local foragers (Biró 2002, 2005; Mateiciucová 2008). The new identity of the formative LBK shows traces of an amalgamation, traces of joint innovation. This formative LBK phase, i.e. some 4-5 generations must have been piecemeal sedentary and piecemeal farming thanked to an adaptation to the wetland; the input of the local foragers in the settlement pattern, the subsistence strategies amongst non-loess soil circumstance becomes visible and traceable.

The primary place of the formation is the area around Lake Balaton and the westward (and perhaps northwest ward) of the lake. A sudden rise in the water level in the early 6th millennium BC may have inundated Mesolithic lakeshore settlements, whereas the satellite image sheds light on the 6th millennium cal BC, depicting the extension of the water in dark (Figure 5). It might not be just a coincidence that the formative LBK sites (marked in yellow on the) are located exactly at the edges of the one-time lacustrine areas, suitable for fishing and fowling, but to a lesser extent for plant cultivation. This phenomenon can be ascribed to the local impacts on the formation of the LBK. In other words, the earliest LBK sites reflect a clear Mesolithic lakeshore settlement pattern. This phenomenon which involved ca. 100-120 years, can be ascribed to an adaptive response to a subsistence crisis and, until finding a creative solution. The decisive time of overcoming the crisis and causing a profound change in peopling the landscape happened when the LBK groups in Western Transdanubia discovered the loess soil, which gave them the chance to rely fully on agriculture. This invention of occupying loess areas happened around 5350 cal BC (Jakucs *et al.* 2016), and this was the time of the start of the rapid LBK spread across continental Europe.

## Conclusion

This short paper seeks to answer a few open questions on the transitions to sedentary life at the edge of southeast and central Europe: in the western Carpathian basin called Transdanubia. It becomes clear that due to the long-lasting, uneven, and compound processes - similar to several further regions of Europe - the wave of advance theory is not applicable in the Carpathian basin (Ammerman, Cavalli Sforza 1984). Some archaeological data chime together with the biomolecular results: greater mobility in the western part of the basin; and genetic contacts between foragers and farmers increasing in time and northwards. Others seem to show contradictions: apparently, there was a close exchange of goods and innovation, with sharing habitats, yet no mating is traceable at the beginning. There are some direct hints based on archaeological material speaking for the encounters between the local hunter-gatherers and the arriving first farmers, and there are more indirect hints that allow us to infer their problematic subsistence at the northern contact zone and eventually, on the creative and innovative response they were able to find.

The outcome, the LBK with its long story across continental Europe between the 54th to the 49th centuries BC is one of the most successful formations in the history of Europe. Moreover, if we include the aftermath: the entire 5th millennium post—LBK European cultural formations like the Stroked Pottery (Stichband), the Rössen in Western Central Europe or the Lengyel and the Polish Late Neolithic formations in Eastern Central Europe, even the Precucuteni phase in the eastern end - then this one and a half millennium long influence becomes truly admirable. We now know more; nevertheless, this is just the beginning of the hopefully long and fruitful story of combining different datasets about the life of early farming communities, their encounters with local groups, their avoiding each other, their exchange and networks, their clashes of lifestyles, their actions and behaviour in potential conflict situations and so forth. After thinking about simplifying models in the past fifty years, now the Zeitgeist is about zooming in and detecting the different stories of the Neolithic transition – perhaps preparing the soil to model the next phase of research?

## References

Ammermann, A.J., Cavalli-Sforza, L.L. 1984. *The neolithic transition and the genetics of population in Europe*. Princeton, NJ: Princeton University Press

Bánffy, E. 2000. The late Starčevo and the earliest Linear Pottery groups in Western Transdanubia. In "M. Budja (ed.)", *Documenta Praehistorica, 27*, p. 173-185.

Bánffy, E. 2004. *The 6th Millennium BC boundary in Western Transdanubia and its role in the Central European transition (The Szentgyörgyvölgy-Pityerdomb settlement)*. Varia Arch. Hung. 15. Budapest, Akaprint.

Bánffy, E. 2006. Eastern, Central and Western Hungary – variations of neolithization models. *Documenta Praehistorica* 33, p.125-142.

Bánffy, E., Höhler-Brockmann, H. 2020. Burnt daub talking: the formation of the LBK longhouse (a working hypothesis). *Quaternary International*, 560–561, p.179-196.

Bánffy, E., Sümegi, P. 2012. The early neolithic agro-ecological barrier in the Carpathian Basin: a zone for interaction. In P. Anreiter, E. Bánffy, L. Bartosiewicz, W. Meid, C. Metzner-Nebelsick (eds) *Archaeological, cultural and linguistic heritage: Festschrift for Erzsébet Jerem in honour of her 70th birthday, p.* 57-69. Budapest, Archaeolingua.

Bánffy, E., Whittle, A. 2022. Szentgyörgyvölgy-Pityerdomb and the formative phase of the LBK revisited:145-161. In E. Kaiser, M. Meyer, Silviane Scharl und Stefan Suhrbier (eds) *Wissensschichten. Festschrift für Wolfram Schier zu seinem 65. Geburtstag*. Marie Leihdorf, Rahden/Westf.

Bánffy, E., Whittle, A. forthcoming (2024). Steps along the road: successes, delays and failures in processes of Neolithisation. *Documenta Praehistorica* 51, p.220-237, https://doi.org/10.4312/dp.51.24

Bánffy, E., Eichmann, W. J., Marton, T. 2007. Mesolithic foragers and the spread of agriculture in Western Hungary. In Kozlowski,J. – Nowak, M. (eds) *Mesolithic-Neolithic interactions in the Balkans and in the Middle Danube Basin. Proceedings of the XV World Congress (Lisbon, 4-9 September 2006)*, Vol. 6, BAR IS 1726, Oxford, Archaeopress, p.53-82.

Bánffy, E., Marton, T., Osztás, A. 2010. Early neolithic settlement and burials at Alsónyék-Bátaszék. First report. In Kozlowski, J.K., Raczky, P.

(eds) *Neolithisation of the Carpathian Basin: Northernmost distribution of the Starcevo/Körös culture, p.* 37-51. Kraków-Budapest: PAU Kraków.
Biró, T. K. 2002. Advances in the study of early Neolithic lithic materials in Hungary. In E. Bánffy (ed.): *Prehistoric studies - in memoriam Ida Bognár-Kutzián. Antaeus* 25, p.119–168.
Biró, T.K. 2005. The lithic finds from Szentgyörgyvölgy-Pityerdomb. In E. Bánffy (ed.): *Archaeology and settlement history in the Kerka valley, S-W-Hungary. Antaeus 28*, p.217-251.
Borić, D., Price, T.D. 2013. Strontium isotopes document greater human mobility at the start of the Balkan Neolithic. *Proceedings of the National Academy of Sciences* 110 (9), p.298–303.
Depaermentier, M.L.C., Kempf, M., Bánffy, E., Alt, K.W. 2020. Tracing mobility patterns through the 6th–5th millennia BC in the Carpathian Basin with strontium and oxygen stable isotope analyses. *PLOS One* 15, 12, p.1-34.
Domboróczki, L. 2010. Neolithization in North-eastern Hungary: old theories and new perspectives. In D. Gronenborn, J. Petrasch (eds), *Die Neolithisierung Mitteleuropas - The spread of Neolithic to Central Europe.* RGZM Tagungen, Bd. 2, p.175-188. Mainz, Verlag des RGZM.
Eichmann, W.J., Kertész, R., Marton, T. 2010. Mesolithic in the LBK heartland of Transdanubia, Western Hungary. In D. Gronenborn, J. Petrasch (eds), *The Spread of the Neolithic to Central Europe. Part 1.* p. 211–233. Mainz: Verlag des Römisch-Germanischen Zentralmuseums.
Gál, E., Juhász, I., Sümegi, P. (eds) 2005. *Environmental archaeology in North-Eastern Hungary.* Varia Archaeologica Hungarica 19, Budapest: Akadémiai Kiadó.
Frieman, C.J., Hofmann, D. 2019. Present Pasts in the Archaeology of Genetics, Identity, and Migration in Europe: A Critical Essay, *World Archaeology* 51(4), p. 528–545, doi:10.1080/00438243.2019.1627907
Furholt, M. 2018. Massive Migrations ? The Impact of Recent aDNA Studies on our View of Third Millennium Europe. *European Journal of Archaeology* 21 (2), p. 159–191.
Horejs, B., Bulatović, A., Bulatović, J., Brandl, M., Burke, C., Filipović, D., Milić, B. 2019. New insights into the later stage of the Neolithization process of the central Balkans: first excavations at Svinjarička Čuka 2018. *Archaeologia Austriaca* 103, p.175–226.
Horejs, B., Bulatović, A., Bulatović, J., Brandl, M., Burke, C., Dietrich, L., Filipović, D., Milić, B. Mladenović, O., Schinnerl, N., Schroedter, T.M., Webster, L. 2022. New multi-disciplinary data from the Neolithic in Serbia. The 2019 and 2021 excavations at Svinjarička Čuka. *Archaeologia Austriaca*, 106, p. 255-328.
Jakucs, J., Bánffy, E., Oross, K., Voicsek, V., Bronk Ramsey, C., Dunbar, E., Kromer, B., Bayliss, A., Hofmann, D., Marshall, P., Whittle, A. 2016. Between the Vinča and Linearbandkeramik Worlds: The Diversity of Practices and Identities in the 54th–53th Centuries cal BC in

Southwest Hungary and Beyond. *Journal of World Prehistory* 27/3, p.267-336.

Kalicz, N. 1990. *Frühneolithische Siedlungsfunde aus Südwestungarn.* Inventaria Praehistorica Hung. Budapest, Magyar Nemzeti Múzeum.

Kalicz, N.-M., Virág, Zs., T. Biró, K. 1998. The northern periphery of the early neolithic Starcevo culture in south-western Hungary: a case study of an excavation at Lake Balaton. *Documenta Praehistorica (Poročilo...)* 25, p. 151-187.

Kalicz, N. 2011. Forschung über die Starčevo-Kulturin Südtransdanubien (Ungarn) In Z. Tomičić (ed.): *Panonski prapovijesni osviti Zbornik radova posvećenih Korneliji Minichreiter uz 65 obljetnicu života.* Institut za arheologij, Zagreb, p.6-31.

Kertész, R. 1996. The Mesolithic in the Great Hungarian Plain: A survey of evidence: In L. Tálas (ed.): *At the fringes of three worlds. Hunters-gatherers in the Middle Tisza valley,* Szolnok, Damjanich Museum Press, p.5-39.

Köhler, K. 2015. A Starčevo kultúra embertani leletei Alsónyék-Bátaszék lelőhelyről. *Anthropológiai Közlemények.* 56, p.3–26.

Krauß, R., De Cupere, B., Marinova, E. 2018. Foraging and food production strategies during the Early Neolithic in the Balkans-Carpathian area: the site of Bucova Pusta in Romanian Banat. In M. Ivanova, B. Athanassov, V. Petrova, D. Takorova, P.W. Stockhammer (eds) *Social dimensions of food in the prehistoric Balkans.* Oxford, Oxbow Books, p.157–172.

Marchi, N., Winkelbach, L., Schulz, I., Brami, M., Hofmanová, S., Blöcher, J., Rayna-Blanco, C. S., Diekmann, J., Thiéry, A., Kapopoulu, A., Link, V., Piuz, V., Kreutzer, S., Figarska, S. M., Ganiatsou, E., Pukaj, A., Karul, N., Gerritsen, F., Pechtl, J., Peters, J., Zeeb-Lanz, A., Lenneis, E., Teschler-Nicola, M., Triantaphyllou, S., Stefanovic, S., Papageorgopoulu, C., Wegmann, D., Burger, J., Excoffier, L. 2020. The mixed genetic origin of the first farmers of Europe. *BioRxiv* https://doi.org/10.1101/2020.11.23.394502

Marinova, E.M., Filipović, D., Obradović, D., Allué E.A. 2013. Wild plant resources and land use in Mesolithic and early Neolithic south-east Europe: archaeobotanical evidence from the Danube catchment of Bulgaria and Serbia. *Offa,* 69, p.467–78.

Marton, T., Kertész, R., Eichmann, W.J. 2021. The Mesolithic research of a decade: Early Holocene settlements in Transdanubia. *Hungarian Archaeology e-journal,* Summer 2021, p.1-14

Mateiciucová, I. 2004. Mesolithic traditions and the origin of the Linear Pottery culture (LBK). In A. Lukes, M. Zvelebil (eds) *LBK dialogues. Studies in the formation of the Linear Pottery culture.* BAR IS 1304. Oxford 2004, p.91-107.

Mateiciucová, I. 2008. *Talking stones: The chipped stone industry in Lower Austria and Moravia and the beginnings of the Neolithic in Central Europe (LBK), 5700-4900 BC*. Dissertationes Archaeologicae Brunenses/Pragensesque 4. Brno, Muni Press.

Naumov, G. 2020. Neolithic Wetland and Lakeside Settlements in the Balkans. In "Hafner, Albert *et al.* (eds*): Settling waterscapes in Europe: The archaeology of Neolithic and Bronze Age pile-dwellings".* Heidelberg: Propylaeum, 2020 (OSPA – Open Series in Prehistoric Archaeology, Band 1).https://doi.org/10.11588/propylaeum.714

Naumov, G. 2020. The domestication of tells. In A. Blanco-González and T.L. Kienlin (eds): *Current approaches to tells in the prehistoric Old World.* Oxbow, Oxford, p.11-124.

Oross, K., Bánffy, E., Osztás, A., Marton, T., Nyerges, É.Á., Köhler, K., Szécsényi-Nagy, A., Alt, K.W., Bronk Ramsey, C., Goslar, T., Kromer, B., Hamilton, D. 2016. The early days of Neolithic Alsónyék: the Starčevo occupation. *Bericht der Römisch-Germanischen Kommission 94*, p. 93-121.

Ottoni, C., Cheronet, O., Sparacello, O., Dori, I., Coppa, A., Antonović, D., Vujević, D., Price, T.D., Pinhasi, R., Cristiani, E. 2021. Tracking the transition to agriculture in Southern Europe through ancient DNA analysis of dental calculus. *Proceedings of the National Academy of Sciences* 118 (32) e2102116118, doi.org/10.1073/pnas.2102116118.

Price, T.D., Larsson, L., Magnell, O., Borić, D. 2021. Sedentary hunters, mobile farmers: the spread of agriculture into prehistoric Europe. In D. Borić, D. Antonović, B. Mihailović (eds), *Foraging assemblages, volume 2*, p.579–83. Belgrade and New York: Serbian Archaeological Society and the Italian Academy for Advanced Studies in America, Columbia University.

Robb, J. 2013. Material culture, landscapes of action, and emergent causation. A new model for the origins of the European Neolithic. *Current Anthropology* 54/6, p.657-683.

Simon, H.K. 1996. Ein neuer Fundort der Starčevo-Kultur bei Gellénháza (Kom. Zala, Ungarn) und seine südliche Beziehungen. In: F. Draşovean (ed.) *The Vinča culture, its role and cultural connections.* Timişoara, Editura Mirton, p.59-92.

Sümegi, P., Kertész, R. 2001. Palaeogeographic characteristics of the Carpathian Basin – an ecological trap during the Early Neolithic ? In R. Kertész, J. Makkay (eds) *From the Mesolithic to the Neolithic.* Proceedings of the International Archaeological Conference held in Szolnok 1996. Budapest, p.405-415.

Szécsényi-Nagy, A., Keerl, V., Jakucs, J., Brandt, G., Bánffy, E., Alt, K.W. 2014 Ancient DNA evidence for Homogeneous maternal gene pool in the sixth Millennium cal BC Hungary and the Central European LBK. In „A. Whittle and P. Bickle (eds) *Early farmers. The view from Archaeology and science*, p.71-93. Oxford, Oxford University Press.

Szécsényi-Nagy, A., Brandt, G., Haak, W., Keerl, V., Jakucs, J., Möller-Rieker, S., Kitti Köhler, B., Mende, G., Oross, K., Marton, T., Osztás, A., Kiss, V., Fecher, M., Pálfi, G., Molnár, E., Sebők, K., Czene, A., Paluch, T., Šlaus, M., Novak, M., Pećina-Šlaus, N., Ősz, B., Voicsek, V., Somogyi, K., Tóth, G., Kromer, B., Bánffy, E., Alt, K.W. 2015. Tracing the genetic origin of

Europe's first farmers reveals insights into their social organization. *Proc. Royal Soc. B 282*: 20150339

Szécsényi-Nagy, A., Keerl, V., Brandt, G., Haak, W., Krumm, G., Jakucs, J., Köhler, K., Oross, K., Osztás, A., Marton, T., Möller-Rieker, S., Anders, A., Barna, J.P., Bertók, G., Csengeri, P., Dockalova, M., Domboróczki, P., Horváth, F., Koós, J., Majerik, V., Mateiciucova, I., Molnár, E., Nagy, E. Gy., Ódor, J., Pálfi, Gy., Paluch, T., Raczky, P., Regenye, J., Sebők, K., Šlaus, M., Somogyi, K., Tóth, G., Vajda Kiss, O., Voicsek, V., I Zalai-Gaál, I., Mende, B.G., Bánffy, E., Alt, K.W. in press (2024). Ancient population genetics of the 6000-4000 BC period of the Carpathian Basin. In: E. Bánffy and A. Gramsch (eds): The Neolithic of the Sárköz and adjacent regions in Hungary: bioarchaeological studies. *Confinia et Horizontes 2.* Langenweißbach: Beier and Beran.

Vértes L. 1965. *Az őskőkor és az átmeneti kőkor emlékei Magyarországon.* Budapest, Akadémiai Kiadó.

Živaljević, I., Dimitrijević, V., Jovanović, J., Blagojević, T., Pendić, J., Putica, A., Uzelac, V., Bulatović, J., Spasić, M., Jončić, N., Penezić, K., Anđelić, D., Bajčeta, M., Sofija Stefanović, S. 2021. Revealing the "hidden" Pannonian and Central Balkan Mesolithic: new radiocarbon evidence from Serbia. *Quaternary International* 574, p.52-64.

# Cultural changes consequential to the formation of Neolithic way of living: The Upper Euphrates – Upper Tigris Basin

Mehmet Özdoğan

## Abstract

*Neolithic cultures of the Near East, or the beginning of a new way of living based on food production and living in permanent villages, have always been high on the agenda of archaeological literature, being detailed, defined, discussed and particularly scrutinised in laying the foundations of later complex stately formations. There was almost a consensus that early Neolithic communities lived under harsh conditions, striving to survive on grains of wild cereals. As there was no expectation of complex social structuring, in earlier years Neolithic research was focused on the most significant achievements of these early communities, the cultivation of cereals and domestication of animals, paving the way for global trends and changing natural habitats of various plants and animals. It was also understood that the Neolithic way of life was not homogenous throughout the Near East and differed considerably by region. However, despite the differences in their social structuring, these communities were fully aware of others, sharing knowledge and commodities. In this respect, intensified research during the last three decades on the Early Neolithic cultures of the Upper Euphrates and Upper Tigris basins has revealed a different picture than elsewhere, featuring highly complex social structuring necessitating the redefinition of what is implied by the term Neolithic. Among the ground-breaking discoveries the most outstanding are the structured organisation of the settlements, well-defined cult buildings, sophisticated reliefs, sculptured depictions, and various ornamental findings of elegant artistry and craftsmanship. This chapter will present a conspectus on significant outcomes such as innovation in architectural practices, social competitiveness, and social stratification.*

*Keywords: Early Neolithic, Upper Euphrates-Tigris Basin, Çayönü, Social Structuring, Symbolism, Cult Buildings*

## Résumé

*Les cultures néolithiques du Proche-Orient, où le début d'un nouveau mode de vie basé sur la production alimentaire et la vie dans des villages permanents, ont toujours été une priorité de la littérature archéologique détaillée, définie, discutée et particulièrement examinée dans la mise en place des fondations de formations majestueuses complexes ultérieures. Il y avait presque un consensus sur le fait que les premières communautés néolithiques vivaient dans des conditions difficiles, s'efforçant de survivre avec des grains de céréales sauvages. Comme il n'y avait pas d'attente de structuration sociale complexe, la recherche néolithique s'est concentrée sur les réalisations les plus importantes de ces premières communautés, la culture des céréales et la domestication des animaux, ouvrant la voie aux tendances mondiales et à la modification des habitats naturels de diverses plantes et animaux. Il était également entendu que le mode de vie néolithique n'était pas homogène dans tout le Proche-Orient et différait considérablement selon les régions. Cependant, malgré les différences dans leur structuration sociale, ils étaient pleinement conscients des autres, partageant des connaissances et des marchandises. À cet égard, l'intensification des recherches au cours des trois dernières décennies sur les cultures néolithiques anciennes des bassins du Haut-Euphrate et du Tigre supérieur a révélé une image différente des autres, caractérisée par une structuration sociale très complexe nécessitant de redéfinir ce que le terme néolithique implique. Parmi les récupérations révolutionnaires, les plus remarquables sont l'organisation structurée des colonies, les bâtiments de culte bien définis, les reliefs sophistiqués, les représentations sculptées et diverses découvertes ornementales d'un art et d'un savoir-faire élégants. L'article présentera un aperçu des résultats significatifs tels que l'innovation dans les pratiques architecturales, la compétitivité sociale et la stratification sociale.*

*Mots-clés : Néolithique ancien, bassin supérieur de l'Euphrate et du Tigre, Çayönü, structuration sociale, symbolisme, édifices cultuels*

## Preamble - an overview of changing trends

In earlier years, defining the processes that led to the globalization of a new way of living based on food production, or in more general terms, specifying the emergence and dispersal of Neolithic cultures, was far easier and less controversial than it is at present. Simplistic single-track queries of the past were mainly concerned with looking at the presence or absence of farming practices, thus overlooking the modalities of communal organization and the social settings of the cultural era. The potency of migrations in the globalization process of Neolithic cultures was beyond the scope of enquiries. Through time, as the pace of research increased, ample new evidence on the emergence and dispersal of Neolithic culture became available, but being geographically unevenly distributed, paved the way to biased interpretations. Still later, changing trends in interpreting archaeological evidence, particularly with the biases derived from theoretical approaches, developing supra-regional perspectives became further complicated. Nonetheless, in line with the frame of this chapter, we shall limit the problem to the setup of cultural changes that took place in the course of Neolithic formation, to those that are consequential to the social setting of the cultural eras to follow.

Before going into the particularities of the formative stages of the Neolithic, we consider presenting a conspectus of what has been implied by the term "Neolithic" through time, being fully aware that there is an extensive list of literature on that matter, with a corresponding diversity of approaches (Bar-Yosef 1998; Braidwood and Braidwood 1953; Cauvin 2007; Greene 1999; Harris 2003; Mellaart 1987; Perlès 2007; Ulaş *et al.* 2024; Thomas 2015; Trigger 1989; Verhoeven 2011; Wright 1971). Still, what will be narrated below should be considered as reminiscences generalizing the dominant trends on the processes of neolithization of the last quarter of the 20th century. While acknowledging that even the fiercest advocates of these assumptions have long given up on them, some had such substantial repercussions in our look at the Neolithic that recalling them will help clarify the biases that run up to the present.

Even though, at present, the Near East stands at the focal point of discussions on the emergence and development of Neolithic culture, it is of interest to note that the term "Neolithic" had emerged as a techno-chronological term in the European prehistoric sequence denoting the employment of new technology in the shaping of stone tools, abrading replacing flaking and came to stand as a chronological denominator. As early as 1884, A. Candolle had initiated a discussion concerning the genetic implications and consequences of plant and animal domestication, and R. Pumpelly devised an environmental model for the beginning of early farming communities. However, the transmutation of the term Neolithic to imply a way of living began in 1915 when E. Smith suggested that to name a culture as "Neolithic", the presence of farming should be taken as the primary criterion (Krauß 2023, Trigger 1989, Wright 1971). Smith's approach has been highly consequential, perhaps far more than he could ever consider, manifesting the necessary contribution of a broad spectrum of natural scientists, and laying the basis for "theoretical archaeology" as an alternative to "field archaeology".

During those years, as was the case for most biological and social sciences, archaeology was firmly under the affection of diffusionist ideas. While some were attributing "diffusion" to the movement of certain ethnic groups, almost simultaneously others formulated an alternative diffusionist model based on environmental determinism, considering the origin and diffusion of cultural or technological achievements to specific environmental conditions. Nevertheless, both approaches took it for granted that all cultural and technological achievements must have a *koine*. One of the earliest and most effective formulations of diffusionist archaeology was by V.G. Childe, arguing that the basic features of our present civilization, including food plants and domestic animals, first developed in Western Asia and then spread to Europe and Central Asia by diffusion of peoples as a colonial movement. Childe's approach incorporated evolutionary, environmental and Marxist perspectives, resulting in a common acceptance of his theories. The concept of a "nuclear zone" has continued to exist to the present, with some modifications through scholars such as E. Huntington and later by R.J. Braidwood, J. Cauvin, and O. Bar-Yosef (Bar- Yosef 2017; Braidwood 1960; Braidwood and Howe 1960; Fuller *et al.* 2011; Gebel 2002, 2004; Watkins 1998). The most significant modification by R.J. Braidwood introduced a new concept, "natural habitat", as a nuclear zone, narrowing the geographic limits of incipient farming to the piedmonts along the mountain ranges of the Fertile Crescent.[1] Braidwood had argued that domestication could only be materialized in the natural habitat zone of primary domesticates, which was geographically limited to the "hilly flanks" of the mountains.

Until the early 1950s, most of the debate on the beginnings of the Neolithic period was being carried on a theoretical basis; Braidwood's Jarmo Project should be considered pioneering fieldwork incorporating, as well as stimulating, several natural scientists, revealing for the first time, undeniable archaeological evidence of incipient farming villages. The success of the Jarmo Project provoked interest in how domestication and sedentary life began: numerous expeditions took to the field both on the Eastern and Western arms of the Fertile Crescent to gather further evidence. Also, during those years, there were other astounding developments, Kenyon adding a time depth by defining the Pre-Pottery stage and Mellaart working at Çatalhöyük recovering finds that were incompatible with contemporary accepted denotations of the Neolithic (Braidwood 1957; Kenyon 1959; Mellaart 1961).

The late 1960s and 70s were the flourishing years of "New Archaeology", with a challenge to test various hypotheses on the field, which had something of a negative impact, as most took to the field just to test a particular aspect of the problem, mainly working in small test pit-like trenches. Carrying out excavations in limited areas, needless to say, instead of helping to portray the socio-cultural setting of the Neolithic cultures, narrowed what is implied by the term "Neolithic" to curtained-off details, among them cultivation and domestication. Thus, the modalities we know as essentials of early Neolithic – architectural design, settlement organization, craft specialization, rituals, etc – were almost all overlooked. Through the 1970s and 1980s, more expeditions took to the field, surveying and excavating; however, they were concentrated in certain parts of the Fertile Crescent, presenting a highly uneven geographic distribution. Focusing on certain regions, while omitting others, led to new but biased diffusionist theories.

During those years, with the inflow of new data from the suddenly escalated research projects, discussions were focused on elaborating stratigraphic sequences and defining the composition of relevant assemblages now exposed in various parts of the Near East. There was no concern either for the beginnings or on the development of Neolithic culture in Europe; Gordon Childe's colonization model, which suggested that Neolithic farmers came from the sea from the Eastern Mediterranean to land at Dardanelles, establishing a colony bridge-head at Troas and then colonizing Europe (Childe 1957, 1964) had almost been unanimously accepted. There also was a consensus among almost all archaeologists of the time that the movement of Near Eastern farmers took place at a considerably

1 H. Breasted first used the term Fertile Crescent in an archaeological perspective to describe the less arid parts of the Near East. The Fertile Crescent begins with the Zagros range along the Iraqi-Persian border in the southeast, continues north along the East Taurus range and turns south in the west following the Amanos, Lebanon and Carmel mountains.

late stage of neolithization, after the end of the Pre-Pottery Neolithic and that the movement was through maritime connections by following the coastline. It was also suggested that the expansion of Neolithic cultures overland into the Anatolian highlands took place even later, as late as the beginning of the Early Bronze Age (Özdoğan 1997). It was argued that the Neolithic communities of the Near East were not equipped to cope with the severe climatic conditions of the Anatolian peninsula (Lloyd 1956). This model, which put forward direct colonization from the northern Levant to the North Aegean, bypassing the Anatolian peninsula, was sustained until the late 1960s without much debate. Nevertheless, to archaeologists working in the Near East, the neolithization of Europe was beyond their concern.

By the late 1950s and 1960s, several Neolithic sites in Central and Southeast Anatolia had been suddenly and almost unexpectedly discovered, necessitating overturning commentaries on the idea of delayed overland expansion. Among the discoveries of those years, Çatalhöyük, Hacılar, Can Hasan, Süberde and Aşıklı in Central Anatolia by Mellaart, French, Todd, Solecki should be noted, together with the Southeast Anatolian survey of Çambel and Braidwood that located over 20 Neolithic sites, Çayönü, Göbeklitepe, Biris Mezarlığı among them (Çambel and Braidwood 1980; Mellaart 1961). The discovery of Neolithic sites deep in the Anatolian highlands had two consequences. Firstly, the maritime expansion route, as suggested by Child, was dropped and almost became forgotten until revived by Catherine Perlès (Perlès 2003). The other consequence was a stimulus to archaeologists working in the Balkans to correlate or associate Thracian assemblages with those of Anatolia. In this respect, the painted pottery tradition of Hacılar, strikingly reminiscent of early Balkan Neolithic painted pottery, had been the primary stimulus in reconstructing long-distance connectivities (Nikolov 1987).

Despite the excitement triggered among archaeologists working in Southeast Europe by the discoveries in the western parts of Anatolia, by the late 1970s, seemingly quite suddenly, Childeian diffusionist models were replaced with anti-diffusionist trends; even mentioning migrations became an embarrassment. Drawing a cultural fault line between Anatolia and Southeast Europe ended the suggestion of any cultural impact from Anatolia to the Balkans. It gave way to parallel independent development models taking place in Europe. Nevertheless, there were a few who dared to defend their stand on Anatolian connections (Garasanin 1981; Theocharis 1973). Likewise, a parallel Aceramic horizon in the Balkans was projected by Milojčić (Milojčić 1949). Controversies among those placing the origin of European civilization in the Near East and those arguing for autonomous developments in Southeast Europe lasted up to the early years of the 21st century. Then, unexpectedly, the anti-diffusionist paradigm ended almost overnight. Based on paleolinguistics and the outcomes of aDNA studies, the new model propagated multiple waves of endemic movements from

Anatolia into Europe, with migrant Anatolian farmers almost totally replacing endemic Mesolithic communities (Haak *et al.* 2010; Renfrew 2002; Rivolat *et al.* 2020; Whittle *et al.* 2022).

Independent of all ongoing debates either in the Near East or Southeast Europe, the increased pace of research in Central Anatolia, particularly at Çatalhöyük, had been revealing rather flamboyant findings previously unattested in other regions. Even if these findings met considerable excitement, they were almost repressed in the realm of Near Eastern archaeology.[2] The Neolithic, particularly of the Central Anatolian plateau, was seen as marginal to the intense theoretical discussions taking place on the modalities of primary neolithization, which had its focus on the Southern Levant; the Neolithic of Anatolia was defined as "*neolithique secondaire*" with the implication that it was a consequence of the happenings in the southern Levant (Bar-Yosef, Meadow 1995; Cauvin 1988).

Rescue excavations along the Upper Euphrates dam reservoirs, firstly in upper Syria and then from the 1970s on in Southeast Turkey, began drawing a different picture of the Neolithic era. The picture from the findings at ongoing excavations at Göbeklitepe and at Karahantepe had already been apparent at Çayönü as early as 1964; however, those were so controversial to our conceptual vision of the Neolithic way of living, and given that Çayönü during those years was the sole excavated site in the region, even the excavators were hesitant in announcing their findings (Özdoğan, Özdoğan 1990). It was only after the excavations at Nevalı Çori that we felt confident enough to concede that the picture dawn at Çayönü was factual (Hauptmann, Özdoğan 2007). Also of significance, through these recent findings, there is now a consensus on the contemporaneity of the beginning of the Neolithic culture of Anatolia with that of the Southern Levant.

## *Reconsidering the core area of primary neolithization*

Returning to what has been noted above related to discussions on the "nuclear zone", the expansion of Neolithic research over almost the whole of the Near East has made it possible to reconsider queries in locating incipient stages of Neolithic formation through a new perspective. In the early years, processes leading to cultivation and domestication were the focus; however, it has now become evident that the main driving force in defining cultural identities was the diversity of their social structuring or the modalities of living. In this respect, it now became possible to define

2 Works covering Near Eastern Neolithic cultures inevitably included the emerging Neolithic cultures of Anatolia, however, they are mostly descriptive (Mellaart 1975; Singh 1974).

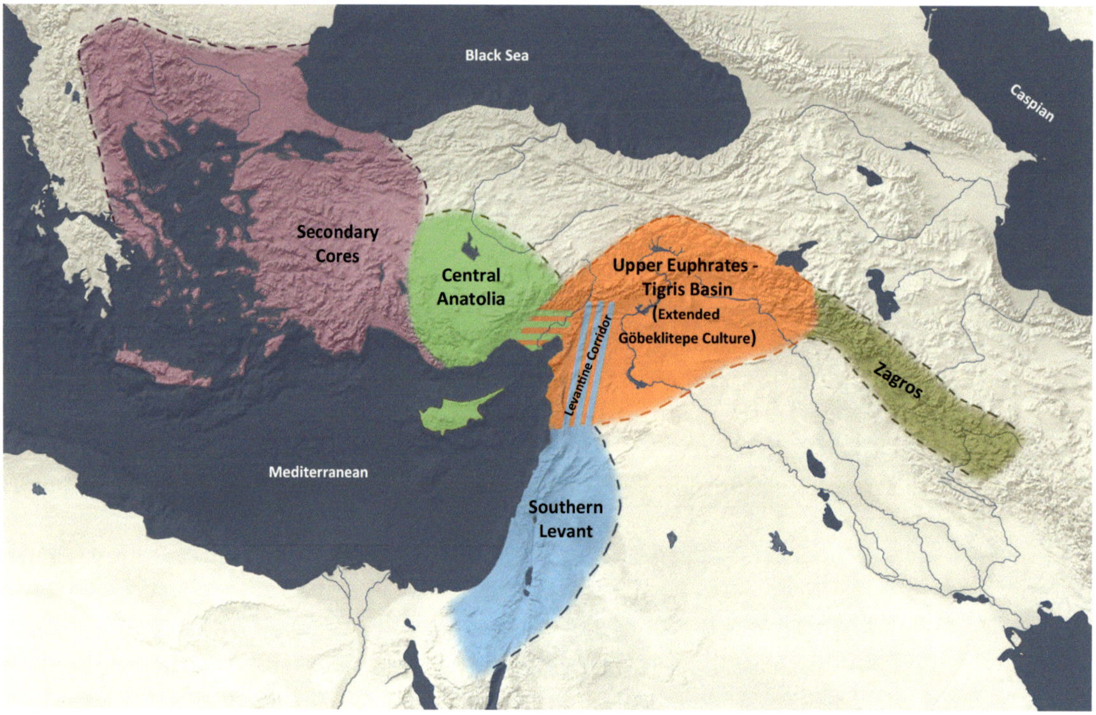


Figure 1. Generalized areal coverage of core areas of primary and secondary neolithization

zones, at least for different Neolithic formations (Özdoğan 2023); in brief, they feature as follows (Figure 1):

Zone 1 – The Southern Levant. There is an unbroken continuum from the Upper Palaeolithic to the end of the Pottery Neolithic, thus making it possible to follow the emergence and development of socio-economic components of Neolithic culture. Even though there are occasional markers of ritualistic or exclusive finds, such as the face masks, the overall picture of the region's social structure may be defined as much less complex than those of the north.

Zone 2 - The Upper Euphrates-Upper Tigris basin, covering northern Syria, Iraq and the chain of alluvial plains along the northern foothills of the East Taurus range, occasionally referred to as the Northern Levant or Upper Mesopotamia. In almost all the region, the later stages of the Upper Palaeolithic are either totally absent or poorly represented. Thus, the proto-Neolithic appears almost simultaneously throughout the region without recognisable predecessors; from its earliest stage, the Neolithic culture of this region features a highly competitive, innovative, complex social structure with clear indicators of social stratification. There is a marked decline in the impetus of socio-economic dynamism by the later stages of PPNB, triggering endemic movements leaving the region by the early Pottery Neolithic era.

Zone 3 - Central Anatolia covering the south-eastern parts of the central Anatolian basin. Even though there were some Mesolithic communities in the region prior to the onset of the Neolithic era, they do not seem to be the clear antecedents of Neolithic culture. The social structure is seemingly complex but more horizontal than zone 2.

Zone 4 - Zagros Region. The Neolithic culture is clearly a descendant of local Upper Palaeolithic and Mesolithic cultures; the overall picture of the region's social structure is far simpler and more egalitarian than the others.

The Neolithic cultures of these four distinct regions developed more or less in the defined zones all through the Pre-Pottery stage, though they were fully aware of each other, exchanging knowledge, and sharing commodities with no strict boundary lines in between. The intermontane plains running along the tectonic fault line from Palestine in the South to Southeast Turkey, the so-called Levantine Corridor, has been a prime interaction channel between Zones 1 and 2. Likewise, the cultural assemblages of Zones 1, 2, and 3 merged at the present deltaic plain of Çukurova, Classical Cilicia, the actual gateway of Zones 2 and 3 to the Mediterranean.

In this chapter, we shall be focusing solely on Zone 2, the region where recent excavations have revealed ground-breaking results (Karul 2020). Even though the study of the Neolithic cultures of this region started considerably later than those of Zones 1 and 4, the number of excavated

Figure 2. Core Area 2, The Upper Euphrates – Upper Tigris region; excavated Early Neolithic Sites

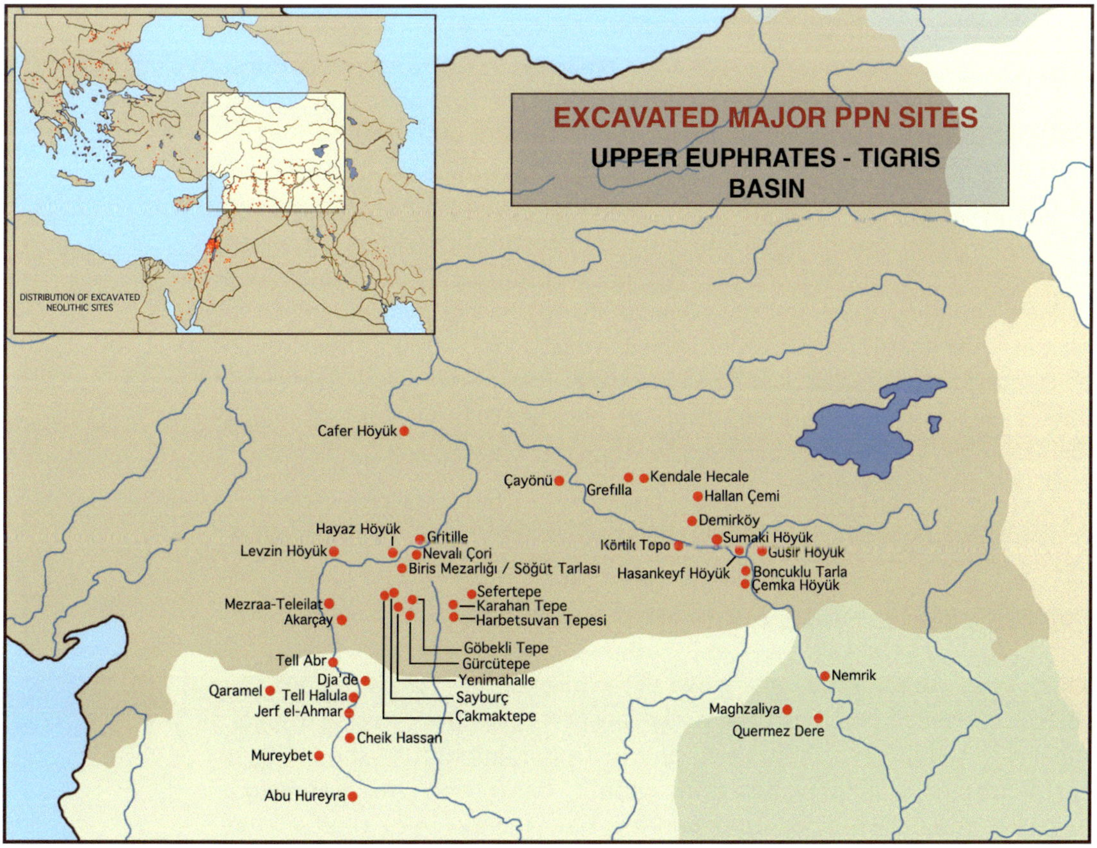

Early Neolithic sites has now exceeded 30, and they are still ongoing in nine locations (Figure 2). It is mainly the outcomes of these excavations that have necessitated a change in our way of looking at the socio-cultural setting of Neolithic communities and redefining what is meant by the term "Neolithic Revolution".

### *Redefining the "Neolithic revolution"*

As briefly noted above, conventional perceptions of the Neolithic had been based on Gordon Childe's subsistence economy-based postulations, being primarily focused on the modalities of food production and the processes of cultivation and domestication, drawing a picture of a simple egalitarian society with no expectancy of social complexity or technological innovativeness. Within this framework, earlier excavations were primarily carried out to recover faunal and botanical remains; there was no expectation of complex architectural remains, so excavations took place in limited exposures. It is mainly due to the onset of rescue projects working in broad exposures that the "unexpected" became apparent. What has been revealed by ongoing research in the core areas of primary neolithization is far more complex than a change in subsistence pattern, making us now address this early formative era with terms such as stratified society, craft specialization, monumental architecture, art, long-distance exchange of commodities and raw materials, or dominance of clerical elites, all cultural attributes that were previously conceived as the markers of later societies. Likewise, among consequential socioeconomic practices shaped during the formative stages of primary neolithization, land ownership, inheritance, division of labour, social organization, processing and preparing food, and developing new technologies involving architectural practices are worth noting as the primary modalities of the new way life, laying the foundations of later complex social systems. What now appears as a consequence of primary neolithization is so comprehensive and multi-faceted that it will be impossible to present a perspective here. Thus, here, we shall restrict ourselves to presenting a selection of entities that we take as being formative to the socioeconomic systems of later stages (Özdoğan 2022).

## A Conspectus of Modalities Generated by the New Way of Living

### *Innovativeness as reflected in architectural practices*

Traditional communities are generally conservative, firmly holding to their accustomed practices and rarely accepting novelties. In this respect, the Early Neolithic communities of the Upper Euphrates-Upper Tigris basin present a notably different picture, being open to innovation, experimenting with, and implementing new technologies that are far

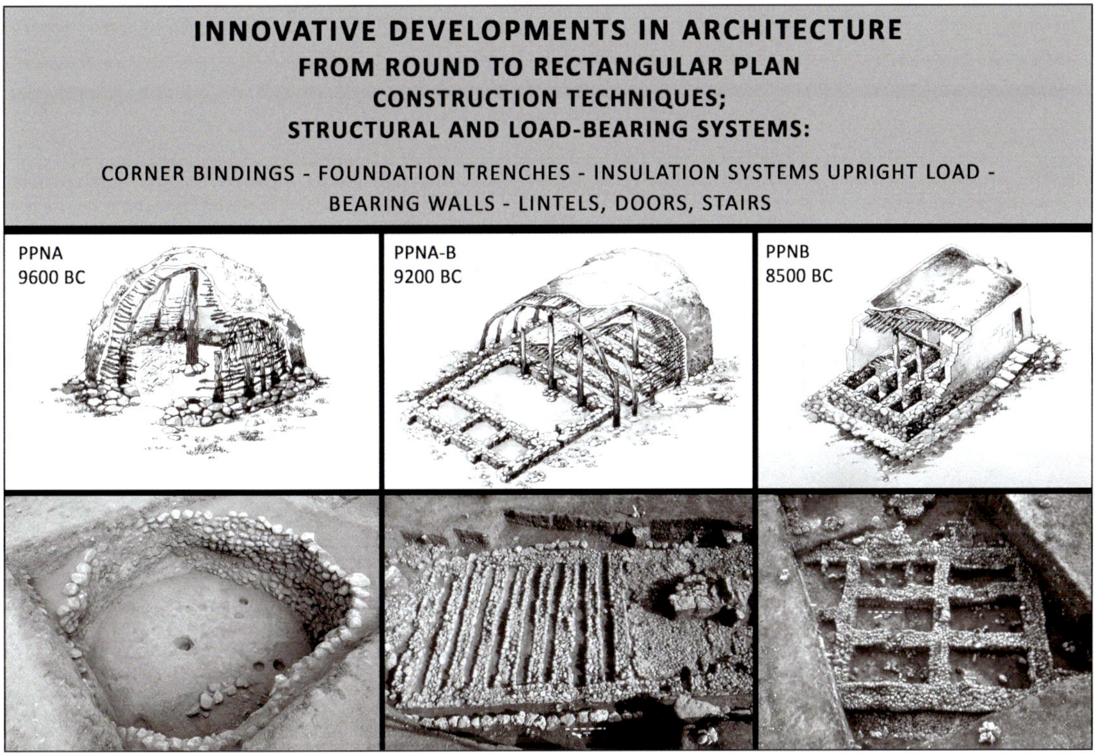


Figure 3. Innovative changes in architecture; the development from round to rectangular as evidenced at Çayönü

ahead of their time. Among their significant achievements, most notable are shaping small implements of native copper, not by cold hammering, but by heat treating; burning lime to make terrazzo floors; processing gypsum to shape artefacts; testing and experimenting with all sorts of plants and raw materials; in effect trying to have effective control over their environment. It seems more than evident that innovativeness or the search for novelties must be the result of competitiveness among artisans within and between settlements. The fact that such novelties are shared all over the Neolithic world of its time is highly suggestive that "knowledge" and "skill" were considered as "value" and sharing them as "prestige". This innovativeness and the technologies developed are best reflected in architectural practices (Özdoğan 2009, 2018b).

From the earliest stage on, throughout the Pre-Pottery Neolithic period, there has been progressive development in the design of space and the construction techniques of buildings. At the earliest stage of the Pre-Pottery Neolithic, structures were round or ovoid in plan, some with semi-sunken floorings. Even though the plan design of Early Neolithic structures looks similar to Mesolithic or Epipalaeolithic ones, they are much more solid than conventional hut-like dwellings of the earlier stages but still lack foundations and load-bearing systems. The growing complexity of the new way of living inevitably necessitated functionally differentiated larger living spaces (Bıçakçı 2003; Özdoğan 1999) (Figure 3). As evidenced at some

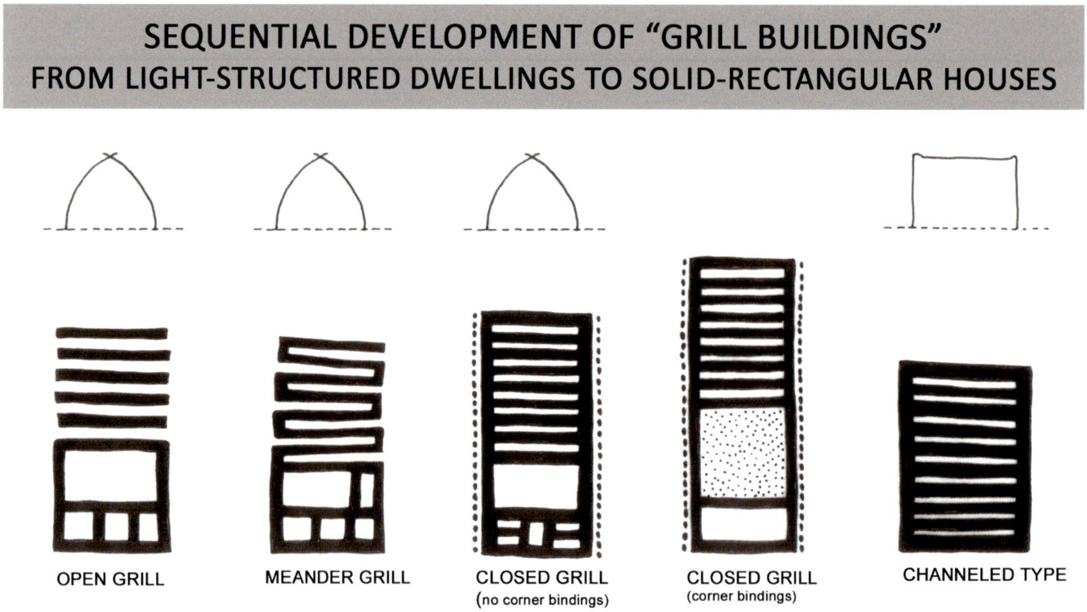


Figure 4. Development of grill-plan buildings, from loosely laid stone foundations to structured constructions, as evidenced at Çayönü

sites, such as Jerf el-Ahmar, there were attempts to subdivide circular areas of the construction into distinct functional units, seemingly leading to severe roofing problems. From then on, Neolithic communities developed constructional techniques through experimental trial and error and with apparent innovativeness, changing structural details to accord with the new way of living (Özdoğan 2010a).

The need for more extensive and functionally differentiated living space was solved by evolving rectangular base plans such as those of the "grill-type" buildings of Çayönü (Sicker-Akman 2007). Initially, despite the rectangular design of the plan, there were still no corner bindings and load-bearing walls, the structure being lightly roofed in the same mode as round dwellings. The rectangular ground plan incorporated multiple divisions, a courtyard with a fireplace and small storage facilities. The construction system of the building continued to improve throughout the PPN, again by trial and error. Firstly, the structure attained the shape of a true rectangle with bound corners, developing load-bearing walls with dug-in foundations now rising to support the roofing appeared at the transition from PPNA to PPNB (Figure 4). By the early stages of the PPNB, buildings had prepared floorings with built-in drainage insulation systems, entrances defined by door sockets, lintels and even cellar-like basements. Interestingly, all these innovations and new technologies were shared throughout the region relatively quickly. The transition from a round plan to rectangular stands as the most critical and consequential, reflected similarly in domestic structures and sanctuaries (Goring-Morris and Belfer-Cohen 2008; Watkins 2004).

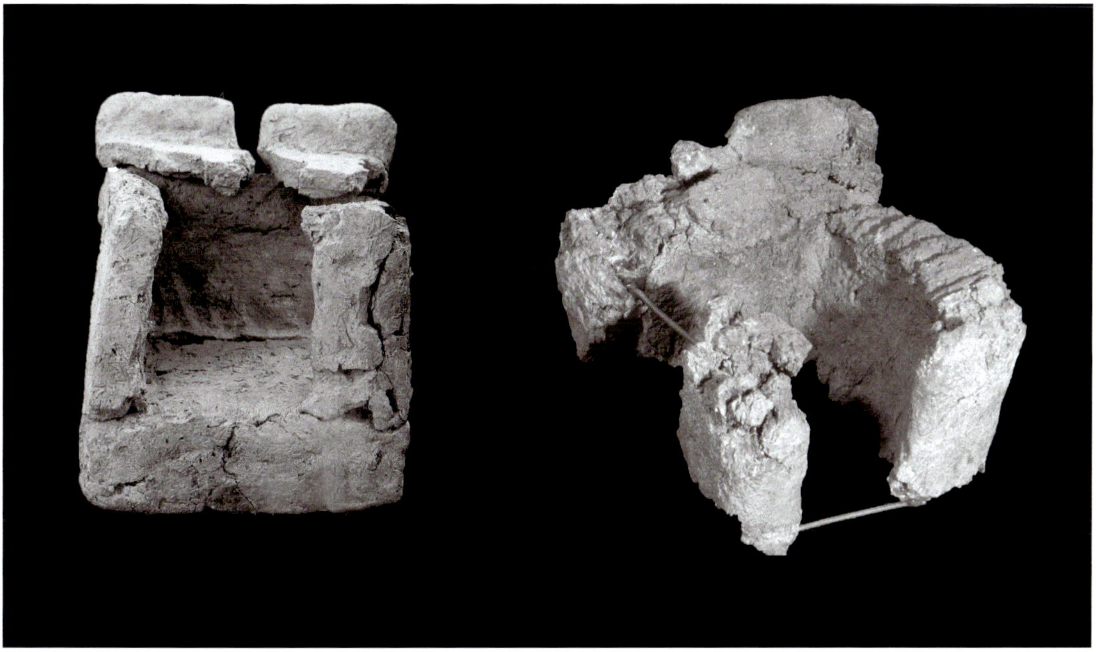

Figure 5. Two clay models of PPNB houses recovered on the floor of a big cell-plan building by the plaza, Çayönü

Accordingly, by the later stages of PPNB, multi-storey buildings with mudbrick walls on stone basements, stone stairways, terraces, and flat roofs to be used as living spaces began appearing almost all over the region. Clay model houses have best exemplified further details of PPN buildings; one recovered in a cell-plan house of middle PPNB at Çayönü was depicted with a parapeted roof (Figure 5), while another portrays a multi-roomed complex structure (Bıçakcı 1995). Some house depictions on Late Neolithic Halaf pottery show multi-storey buildings with balconies and gabled roofs (Tekin 2020). It is justifiable to maintain that the fundamentals of Near Eastern traditional architecture were already in place by the end of the PPNB (Kuijt 2000).

## *Campsites becoming settlements*

Year-round settled permanent settlements had much earlier beginnings than the onset of Neolithic culture, particularly in regions where communities could live by fishing year-round, but none developed even primaeval attestations of social complexity. On the other hand, PPN settlements of the Upper Euphrates-Upper Tigris basin displayed a social ambience from their earliest stages onward. This seems to be more than the nature of social interaction among the inhabitants of these communities, the modalities featuring in village life to come in the true sense of its meaning. Towards the final stages of the Pottery Neolithic, at the time when the Neolithic culture had begun to spread and several newly founded habitation sites were mushrooming all over Southeast Europe, those founded and settled by migrant farmers differed from the settlements of acculturated local communities, the former reflecting the social memory of village life, the others that of campsites, though possessing all components of the Neolithic package and practising cultivation (Özdoğan 2024). Thus, justifiably, the social patterning and complexity of "living together as a community" is one of the most patent markers of the Near Eastern Neolithic.

## *The "hut" becomes a "house"*

Simple hut-like shelters, round or ovoid in plan with a covering of very light material and no indication of load-bearing systems, have been present in different parts of the world since Palaeolithic times; they were mainly designed just to sleep in with no expectation neither of long-term usage nor of being a matter of birthright. On the other hand, the dwellings of the basal layers of earliest Neolithic or Proto-Neolithic settlements of the Upper Euphrates -Tigris basins, though also being round or ovoid in plan, were different from their contemporaries either in the Southern Levant or Zagros regions, being too structural to be considered as simple hut-like dwellings. On the contrary, they were made to be of multifunctional usage to last for generations; accordingly, we feel justified in considering the constructions of the earliest PPNA as primal houses, already becoming functionally differentiated. Recent excavations at the earliest Neolithic sites in the Upper Euphrates-Upper Tigris basins display functionally differentiated plan-type structures, the most apparent being the distinction between cult buildings, workshops and houses to live in. The latter, through time, attain new social values that characterize them as "homes", spaces to be inherited. The presence of typologically and functionally differentiated structures at the earliest horizon of Neolithic settlements implies that functional differentiation must have been attested even earlier. What also became apparent is differentiation marked by social status among homes or buildings to live in, and of other functions, first noted at the PPNB Cell-Buildings phase of Çayönü. Almost all cell buildings to live in were of similar plan design; however, those aligned by the side of the Plaza, the prestige area of the settlement where cult-building are also located, were markedly larger and better built than those of similar plan-type in the domestic quarters. Further towards the westernmost end of the site, where there are several workshops, the cell buildings were even smaller and poorly constructed (Özdoğan 2018b; Özdoğan and Özdoğan 1990). Thus, we can safely attest that social stratification had already been manifest in the architecture and layout of settlement organization and also that the campsites of earlier stages, and now through the PPN, attained social structuring,

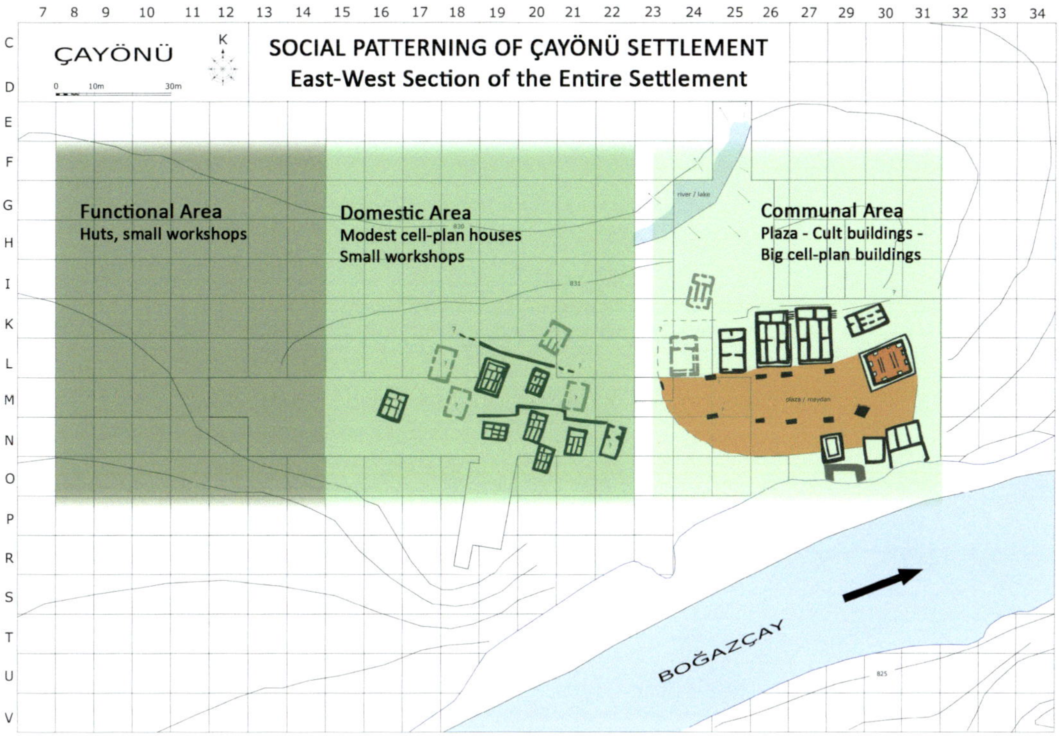


Figure 6. Social patterning of Çayönü settlement

## *Designing settlements with high-status areas and zones of special function*

One of the criteria that feature Neolithic settlements from others is the deliberate designing of space, almost as if the constructions had been set out according to a pre-planned scheme, which at first became apparent at Çayönü. The fact that Çayönü is as yet the only PPN site excavated from one end in the East to the other in the West through a section of over 220 m made it possible to detect several hitherto unnoticed practices concerning the organization of the settlement (Figure 6). There was an apparent picture of a "planned settlement" design, at least during the PPNB stage at Çayönü (Özdoğan 2018b). The easternmost end of the site was reserved for special buildings, among them the terrazzo, skull, bench and flagstone buildings. The space immediately to the west end of this area was reserved for a large plaza with an alignment of standing stones set into its flooring. The plaza's northern side was marked by a low terrace wall, over which there was an alignment of prestigious houses from which came more elaborate finds. The area west of the plaza has clusters of domestic buildings and courtyards used as domestic spaces (Figure 7); at the westernmost end of the settlement, there are small hut-like structures, evidently workshops and for other unspecified functions. Even if not that well evident, pre-planned designing of the settlement was also observed in

Figure 7. PPNB horizon, cell-plan buildings within the domestic area of Çayönü

PPNA-B transitional levels of Çayönü, particularly in the Grill sub-phase. Except for a few odd cases, all grill buildings are oriented in parallel in the same direction, leaving an open space of about 5-6 meters in between. Grill buildings have a five-stage development, running as open, meandering, closed, and channelled grills. On each renovation, the ground level of the previous grill was buried, and a new one, with a renewed plan type, built over it, with a slight change in orientation. A close look at the sequence of grill-plan buildings reveals some interesting facts: firstly, they were repeatedly built on the exact same location, precisely over the previous one, indicating that some sort of "land ownership" had already been developed (Figure 8). Secondly, in every rebuilding phase, the orientation of all grill buildings changes simultaneously, implying that there must have been an authoritative "decision-making" mechanism to direct the demolition and construction of a new one as specified. The extent of the excavated area allowed the detection of such procedures at Çayönü. Nevertheless, on a limited scale, it is possible to observe the same practice at other PPN sites, such as at Nevalı Çori, where the cult building, as at Çayönü, is located away from the domestic area; and at Göbeklitepe with its massive terrace wall setting apart the major cult building from the habitation areas. Accordingly, deliberate designing of space also stands as one of the markers of PPN settlements.

Figure 8. Three rebuildings of grill-plan building superimposed at the exact location. During rebuilding, care was given not to disturb or use the stones of the earlier construction, Çayönü PPNA-PPNB transition

## *Stratified social structures*

As noted previously, terms such as inequality and social stratification are conventionally applied to communities at the stage of state formation and could be seen as somewhat discordant with regard to early cultures. Justifying archaeological evidence as the marker of social setup is subject to contentious debate, particularly in prehistory. Here, within the scope of this chapter, we can narrow our definition to the presence of a group of people considered superior to or more prestigious than others; thus, it implies a structure based on inequality, living in a way different from others and having prestigious artefacts that others cannot even consider owning. In a community, if there are elegant, prestigious objects in abundance but not evenly distributed, inevitably, it connotes that the owner is in competition with other elites. Such competitiveness leads to innovativeness, clearly marked among PPN assemblages. Validating each one of these indicators as a marker of social inequality is disputable; thus, the archaeological record has to be taken as a whole and tested against other indicators (Özdoğan 2018b; Price, Feinman 1995).

Nevertheless, indicators conveying difference from others in the archaeological record are most visible after death in burial practices. In this respect, burials of the Pre-Pottery era present an exceptionally comprehensive record, particularly with the diversity of practices observable within the same architectural layer, ranging from burials with showy and varied gifts to those without any, and to those buried with tool kits; equally while some were buried under house floors others were in special buildings like that of the so-called Skull Building at Çayönü (Erdal 2015; Kodaş *et al.* 2022; Özbek 1988; Özkaya, Sıddiq 2024). Likewise, others are placed in mudbrick boxes, like containers, on a platform or a wall. It is also clear that some skeletons were taken out on certain occasions and painted or plastered over, with some having multiple layers applied. It is also evident that some skulls were collected and stored together (Figure 9). We can continue to provide examples of diversity, but what they imply is a difficult question to answer; however, it is clear that

Figure 9. Skulls and some long bones collected from earlier burials and stored in a cell of the latest phase of the Skull Building, Çayönü.

not everyone was treated similarly (Goring-Morris, Belfer-Cohen 2014; Kodaş 2015).

As briefly noted above, occasionally, it has been possible to discern that some houses were more prestigious than others. This was most clearly apparent in the Cell-House layer of Çayönü, with houses aligned along the stone terrace bordering the plaza being considerably bigger and better built than those in the domestic areas of the site (Özdoğan 2018b). The marked difference among houses was not only in their appearance and size; all of the buildings that, by their look, can be categorized as being prestigious were buried, like the cult buildings, by being infilled, leaving particular objects, seemingly as burial gifts. We also consider the innovativeness and competitiveness apparent in prestige objects as an indicator of an elite class. Of course, in the context of the Pre-Pottery Neolithic, the term elite would stand for being different or distinguished and not necessarily magisterial.

## *Buildings of special function*

In the last decade or so, we have become accustomed to finding "special buildings" in every excavated Pre-Pottery Neolithic site in the Upper

Euphrates-Upper Tigris region; however, what they were used for is still one of the ongoing hot debates of Neolithic archaeology. The fact that these special buildings are notably different from homes, sharing several common traits such as standing stones and the presence of non utilitarian materials, inevitably stirred a discussion on their function (Banning 2011). Even though their non-domestic character has been evident since the discovery of the first such structures, up to the discovery first of those at Göbeklitepe, soon to be followed by others in the same region, they were noncommittally featured as "special buildings". The extensive presence of human and animal depictions, either in relief or sculpted, and the total absence of domestic artefacts within those structures had already prompted their association with cultic purposes (Schmidt 1998a, 2006; Stordeur *et al.* 2000; Zeder 2011). Still, several colleagues preferred addressing them as "communal buildings" to be impartial. As archaeology students, we had grown up confident that buildings specifically for cult practices occurred much later than the Neolithic. Thus, we are fully aware that it has been rather arduous for most of our colleagues to concede the presence of special cult buildings at a time as early as the Pre-Pottery Neolithic. However, for some years, the number of ritualistic objects and practices within those buildings has grown to such a degree as to leave no room for any other function than cultic purposes, necessitating their reconsideration from an unbiased perspective (Schmidt 2006; Whitehouse *et al.* 2014).

The initial signs of "special construction" had been evidenced in 1952 at Jericho by the discovery of the tower, and then the recovery of the flagstone building during the Çayönü 1964 season, the latter with buttressed revetment wall, polished stone flooring, benches along the walls and large standing stones that display all the features of the special buildings to be exposed in later years. Notably, along with those exposed at Çayönü, these special structures at sites including Nevalı Çori, Göbeklitepe, Sayburç and Karahantepe have been revealing such clear indicators of symbolism and altar-like features, as to remove almost all doubt on their function related to cultic practices. The characteristic features of the cult buildings exposed in any part of the Upper Euphrates-Upper Tigris core area are so much alike, clearly built according to a standard plan-type devised for a specific function different from the living spaces of domestic houses (Kurapkat 2009, 2012). The general plan-type of these structures is similar in both the Euphrates and Tigris basins: almost all are constructed in pits, visible from outside only by the tip of their roofing, or cut into a slope. Thus, their walls are not free-standing but are revetment walls. They all have impermeable flooring, either of polished stone or terrazzo, benches along the walls, and standing stones in the centre or along the walls, or both. The standing stones of the Euphrates region are better shaped and primarily decorated in relief, while those of the Tigris basin are coarser, mostly plain or painted. Some have altars set into benches.

Figure 10. Recently excavated major cult building having two annexed compartments: Karahantepe (courtesy of Necmi Karul)

Special buildings in the early stages, through the PPNA, are larger, better made and round, while PPNB ones are rectangular and smaller. By all accounts, we feel fully justified in calling them sanctuaries or pristine temples.

Despite what has been noted above on special communal buildings being for cultic purposes, the actual picture is somewhat more complicated. The recent discovery of a large cult building at Karahantepe, identical to those at Göbeklitepe, with a number of annexed special function chambers, one with carved phallus statues and a delicate drainage system running through various compounds, testifies to the shortcomings of simplistic assessments (Figure 10) (Karul 2023). Following what became apparent at Karahantepe, reviewing earlier discoveries revealed that some special buildings, previously considered single spaces, are compound structures. In this respect, at Çayönü, the well-defined channel of the Bench Building draining into the Flagstone Building over its back wall is most evident. Likewise, the Skull Building has an annexe attached to the west side of its courtyard. At the time we were working at Çayönü, we had never considered these as of any significance. What is now becoming apparent for the PPN of the region is so controversial to our accustomed understanding of "Neolithic" that with every new excavation, we are almost forced to look back and once more rethink its implications.

## *Humanisation of buildings*

One of the most striking practices of the early Neolithic cultures of the region is burying buildings of special importance at a particular stage of their lifespan by infilling. The custom of burying buildings by filling them in with soil was first noted by Mellaart in 1962 for Çatalhöyük and then by French in 1963 for Can Hasan. Responding to the excellent state of preservation of the buildings we have been excavating at Çayönü, testing Mellaart and French's interpretation sounded worth considering. In this respect, careful examination of the structures at Çayönü began revealing remarkable details, such as that all doorways of cell buildings by the plaza were hastily blocked by filled-in stones and that prestigious objects such as house models were placed on the floors before the building was abandoned. Standing stones were intentionally broken and laid on the floors in other cases. All our observations indicated that at a particular stage, even though the building as a construction was intact and robust, it was abandoned and filled in to make a new one on top, however, without using the stones of the earlier one. All our observations revealed that special buildings were buried by infilling, occasionally leaving burial gifts not to be touched again. In this respect, the work involved in burying the building was far more burdensome than its construction. The entire process was so similar to the burial customs of celebrities that we have termed it the "humanisation of buildings" (Özdoğan 2018a).

After a final assessment of the evidence, we published the outcome of our work, featuring the intentional burying of special buildings of the PPN somewhat hesitantly, as even the thought of burying a building sounded rather odd; thus, we commented "*...deductions on the cult practices of the Neolithic period are highly speculative...at least suggest something "out of normal" was taking place*" (Özdoğan, Özdoğan 1998, p.592). We had our first support from the late Klaus Schmidt, who included Göbeklitepe in the scheme by noting, "*As the buildings were filled exactly in the way Mehmet Özdoğan's brilliant article outlined*" (Schmidt 1998b, p.1). In line with Schmidt's comment, as further structures were exposed at Göbeklitepe, not only did the processes of intentional filling become indisputably apparent but was further elaborated by another practice, that of embedding or buildings designed to nest inside one another. With the expansion of excavated areas at Göbeklitepe, it became clear that smaller copies of the buildings were inserted within them, preserving the wall of the larger encircling one, though infilling it. At first, it was thought that the concentric rings of walls were contemporary, providing a corridor running around the central space of the cult building. However, as all of these are dug-out structures, their outer walls are not freestanding but revetment walls. It finally became clear that on nesting the new smaller buildings, some of the standing stones of the larger ones were broken and laid in the corridor-like areas before infilling; the same practice had also been carried out also at the plaza, which was renewed at least five times (Figure 11). There are some triple nested cases, particularly in larger buildings. Eventually, they were all filled in up to the top.

Figure 11. A renewal phase of the plaza with a buried standing stone, Çayönü PPNB

Based on the evidence from Göbeklitepe, we were also able to detect similar nesting processes at Çayönü, particularly at the Terrazzo Building. As further sites are excavated in the region, a growing amount of supporting evidence on the infilling of special buildings became available, mainly from Karahantepe, Grefilla and others (Karul 2021). The only opposition came from the renewed Göbeklitepe team after the loss of Schmidt, arguing that Göbeklitepe buildings were not intentionally filled in but filled in by slope wash (Kinzel *et al.* 2020).

## *The dualistic spiritual world of the Neolithic*

Our perception of Neolithic symbolism has conventionally been associated with the concept of a "mother goddess" and then with that of edible animals, hunted or domesticated. The discovery of flamboyant steatopygous female statuettes and anthropomorphic vessels, firstly at Hacılar, followed by those at Çatalhöyük, came as further support for the concept of a mother goddess; likewise, the appliqué horns and various depictions of aurochs were taken as symbolising power. Before excavations along the Upper Euphrates basin, almost all figurative symbols, mainly from western Anatolia, the Aegean and Southeast Europe, except for epicene depictions, were of females, further consolidating the concept of a mother goddess cult. The animal figures that had been recovered were either artistically depicted as wall paintings or skilfully made statues of animals of power such as the panther or aurochs. The crude female figurines that were recovered in the domestic quarters of Çayönü, the only Pre-Pottery site under excavation in the eastern parts of Anatolia before the commencement of rescue excavations by the 1980s, not only further entrenched the concept of a female deity but associated it with the beginning of neolithization. Nevertheless, though less profound, phallic symbolism was also noted. In this context, the sculptured human figures discovered at Nevalı Çori were *a priori* taken to be females, though neither had any clear sex indicators.

The picture began changing with the recovery of hundreds of figurative depictions in cultic buildings. In this respect, the total absence of female symbolism at sites of Göbeklitepe culture was a surprise; among hundreds of human depictions, there is only one female figure, the only figure in the horizontal position. All others, human or animal, with depicted sexual indicators were male, with erect phalli; moreover, some sculptured figures were depicted holding their phalli, and phallus figures were of all sizes, either sculpted of stone or clay (Özdoğan 2001). Likewise, there was a vast plethora of animal depictions depicting neither hunted species nor potential domesticates; on the contrary, they displayed an extreme variety of all sorts of creatures, from insects to birds to reptiles to predators, depicted singly or in groups but as they appear in the nature (Peters and Schmidt 2004). Contrary to all established views, none of the depicted creatures had anything with hunting spells but featured a naturalistic setting, almost reminiscent of a shamanistic appeal (Benz and Bauer 2015). Besides those carved or sculpted within the compounds of cult buildings, the sculpted predators outside of them were depicted in threatening positions.

While the animal depictions from the Cult building had the shamanistic touch, findings within the domestic quarters have drawn a different picture of symbolism, much like the conventional one portraying solely edible or domesticated animals, displaying once more the symbolic dualism between

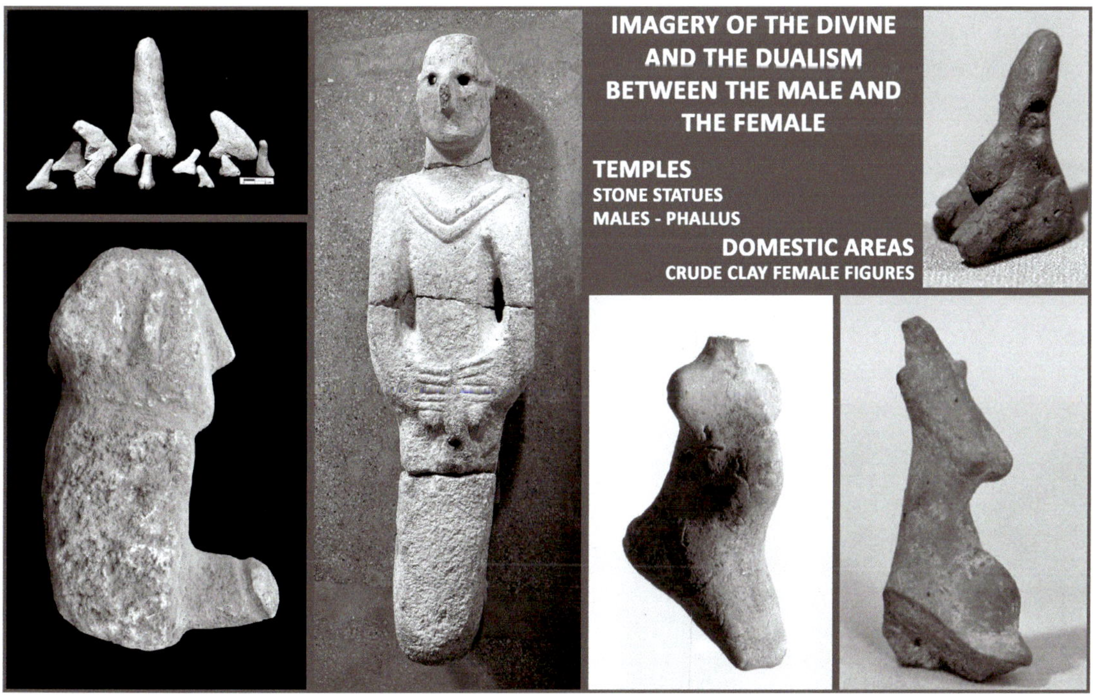


Figure 12. Dualism in the symbolism through PPNA and B.

the domestic quarters and cult buildings. From domestic areas mainly crudely shaped simple female figures of clay have been recovered, mostly in pregnancy, as well as small figurines of "edible animals", those hunted or in the process of domestication (Figure 12). It is worth noting that the symbolic depictions that occur in regions of secondary neolithization, such as western parts of Anatolia, the Aegean and Southeast Europe, are also the female deity and imagery of edible animals, suggesting that the transfer of Neolithic culture was by migrant farmers, a movement of simple people (Özdoğan 2023, 2024).

### *Elitist competition, sophisticated status objects*

Objects of fine quality, conveniently designated 'status objects', occur in almost all prehistoric sites in modest amounts and usually of customary shapes and designs. In the case of the Upper Euphrates-Upper Tigris region, however, almost every excavated Pre-Pottery Neolithic site has revealed vast amounts of objects that are too elaborate to be of an unpretentious community, presenting great variety, high levels of craftsmanship and the artistic touch of exceptional refinement. An unbiased appraisal of the exquisite taste of these ornamental objects suggests they were made not only by skilled artisans but, more significantly, by those with artistic talents. In strong contrast to traditional conservatism, the findings from these Neolithic communities display such apparent artistic innovativeness and competitiveness that they can no longer be portrayed under conventional terms. In this respect, the stone cup repertoire of Körtiktepe best exemplifies the creativeness and artistic talents. Among the hundreds of decorated stone vessels recovered at the Early PPN site of Körtiktepe, motifs duplicating each other were almost absent, presenting a picture as if artisans were competing. The same phenomenon can be extended to the extremely rich assemblages recovered at almost every Neolithic site excavated in the region; among these, most phenomenal are the stone plaques decorated with abstract human depictions or those with coloured stone inlays. Because, as archaeology students, we had grown up learning that artistic creativity was the concern of later communities, in earlier years, with the first discoveries of elaborate ornaments, we were somewhat reluctant to announce the findings; however, now it seems more than evident that there must have been an elite competitiveness leading to careful selection not only of skilled craftsmen but also those of artistic talents. It seems justifiable to extend this presumption to competition among settlements.

## Some Concluding Remarks – What Did Not Move in the Neolithic Dispersal?

Our intention in writing this paper was to demonstrate that the Neolithic culture that emerged and developed in the Upper Euphrates-Upper Tigris basin was far more complex than to be considered merely as a change in subsistence patterns by cultivation of cereals and domestication of animals; that it actually set a new way of living, reformatting social patterns. It was also intended to substantiate the dualistic setup of the era, as marked by the differences between the finds from domestic and special buildings, the former featuring the symbolism of edible animals and female figures (and less profound finds) in contrast to the male-dominant phallic symbolism, shamanistic depictions and exquisite finds of the latter. It also seemed evident that while utilitarian artefacts were mass-produced, other craftsmen with artistic talents must have produced the more elaborate finds. Our comments on the social structuring of early Neolithic communities, particularly the dualistic setup of the community, clearly relate to the time of the Neolithic dispersal, which took place by the end of the Pre-Pottery Neolithic era when certain groups migrated from the core areas to peripheries. Even a simple look at what went with the migrating farmers and what did not move but remained in the homeland, as will be summarized below, shows that this was a movement of simple farmers and not of the decision-makers, whomever they were.

The "Neolithic package" that was transferred to newly settled regions had all the associated primary components: cultivated plants, domesticated animals, the knowledge of agricultural practices and the know-how of processing agricultural products. It is also clear that builders and specialists in manufacturing utilitarian tools, such as horn and bone tools, grinding stones, pestles, sickles, hoes, axes, adzes and other necessities, also joined the movement. These and some other primary components of the Neolithic Package went everywhere the migratory groups went; on the other hand, a small and a somewhat random selection of master craftsmen of non-utilitarian objects also joined some of the migrating bands, as evidenced by the uneven presence of certain artefacts, such as festooned bone tools, bone spoons, grooved stones and a few others. However, the absence of pressure-flaked arrow points suggests that those experts remained in the homeland as did several other non-utilitarian craft–specialists. Thus, it seems justifiable to consider Neolithic dispersal as the movement of simple farmers joined by some craftsmen (Özdoğan 2010b; 2024).

The symbolism that went with the migrating groups is solely the female figure, the male deity and phallic symbolism remaining back at the homeland; in newly settled regions in western Anatolia and the Aegean, symbolic representations of the female deity grew to take the look of steatopygia, justifiably being characterized as a "mother goddess" and fertility symbol. Likewise, the migrating farmers took the imagery only of edible animals, leaving behind the other shamanistic figurations. The only exception of a non-edible animal depicted in the newly settled regions is *bos primigenius*, the wild European bull, signifying power. It is also worth remembering that nowhere in the newly settled regions is there a building specifically constructed for cultic practices. In those regions, any building, homes included, could be used for cultic practices during its lifespan. No "special" buildings were built from the outset according to a standard plan to function solely for cultic practices.

In summary, Neolithic culture was carried from the core to other regions by migrating farmers with some craftsmen joining them. They took with them, besides the social memory of village life, primary components of the Neolithic package, including cultivated plants, mainly cereals, lentils, legumes, domesticated animals, sheep, goats, cattle and pigs; some architectural practices; utilitarian technologies such as groundstones; and female symbolism. These groups moving into different parts of Eurasia bringing with them the knowledge of food production quickly adapted to their new habitats, producing a diversity of different "neolithics" ranging from pastoral nomadism to small farmsteads to low-level farming coupled with hunting and fishing. On the other hand, life in the original homeland continued with a stratified social setup, cult buildings of special plan-type, sophisticated non -utilitarian prestige items, male deities, phallic cult and the symbolism of non-edible animals, soon to develop into bureaucracy-based state formations (Özdoğan 2024).

## References

Banning, E.B. 2011. So Fair a House: Göbekli Tepe and the Identification of Temples in the Pre-Pottery Neolithic of the Near East. *Current Anthropology* 52(5), p.619-660.

Bar-Yosef, O. 1998. Agricultural Origins: Caught Between Hypotheses and a Lack of Hard Evidence. *The Review of Archaeology* 19(2), p.58-64.

Bar-Yosef, O. 2017. Multiple Origins of Agriculture in Eurasia and Africa, in M. Tibayrenc and F. J. Ayala (eds) *On Human Nature: Biology, Psychology, Ethics, Politics, and Religion*, p.297-331. London: Elsevier.

Bar-Yosef, O., Meadow R. 1995. The Origins of Agriculture in the Near East, in D. Price and A.B. Gebauer (eds) *Last Hunters, First Farmers: New Perspectives on the Prehistoric Transition to Agriculture,* p.39-94. Houston: School of American Research Press.

Benz, M., Bauer J. 2015. On Scorpions, Birds and Snakes - Evidence for Shamanism in Northern Mesopotamia during the Early Holocene. *Journal of Ritual Studies* 29 (2), p.1-24.

Bıçakçı, E., 1995. Çayönü House Models and a Reconstruction Attemp for the Cell-plan Buildings, in *Readings in Prehistory Studies, Presented to Halet Çambel,* p.101-125, İstanbul, Graphis Yayınları.

Bıçakçı, E., 2003. Observations on the Early Pre-Pottery Neolithic Architecture in the Near East: 1. New Building Materials and Construction Techniques, in M. Özdoğan, H. Hauptmann, N. Başgelen (eds) *Studies Presented to Ufuk Esin: From Village to Cities. Early Villages in the Near East, vol.2*, p.385-413, İstanbul, Archaeology and Art Publications.

Braidwood, R.J. 1957. Jericho and its Setting in Near Eastern History, *Antiquity* XXXI, p.73-81.

Braidwood, R.J. 1960. Levels in Prehistory: a Model for the Consideration of the Evidence, in S. Tax (ed.) *Evolution After Darwin, The Evolution of Man,* p.143-151. Chicago,University of Chicago Press.

Braidwood, R.J., Howe B. 1960. *Prehistoric Investigations in Iraqi Kurdistan.* Chicago, Studies in Ancient Oriental Civilization.

Braidwood, R.J., Braidwood L. 1953. The Earliest Village Communities of Southwestern Asia, *Journal of World History* I (2), p.278-310.

Cauvin, J. 1988. La Néolithisation de la Turquie du Sud-est dans son contexte Proche-Oriental. *Anatolica* XV, p.69-80.

Cauvin, J. 2007. *The Birth of the Gods and the Origins of Agriculture,* Cambridge, Cambridge University Press.

Childe, G. 1957. *A New Light on the Most Ancient Near East* (1957 edition). London, Evergreen Books.

Childe, G. 1964. *The Dawn of European Civilization.* New York, Vintage Books.

Çambel, H.Ç., Braidwood R.J. 1980. The Joint İstanbul – Chicago Universities Prehistoric Research in Southeastern Anatolia. İstanbul, İstanbul Edebiyat Fakültesi Basımevi.

Erdal, Y.S., 2015. Bone or Flesh: Defleshing and Post-Depositional Treatments at Körtik Tepe (Southeastern Anatolia, PPNA Period). *European Journal of Archaeology* 18(1), p. 4-32.

Fuller, D.Q., Willcox G., Allaby R.G 2011. Cultivation and domestication had multiple origins: arguments against the core area hypothesis for the origins of agriculture in the Near East. *World Archaeology* 43(4), p.628-652.

Garasanin, M. 1981. Considération sur les rapports du Sud-est Européen et de l'Anatolie aux époques Néolithiques et Enéolithiques. *Archaeologia Iugoslavica* XX-XXI, p.7-12.

Gebel, H.G.K. 2002. The Neolithic of the Near East. An essay on a "Polycentric Evolution" and other current research problems, in A. Hausleiter, S. Kerner, B. Müller-Neuhof (eds) *Material Culture and mental Spheres (Internationales Symposium für Hans J. Nissen Berlin, 23-24 Juni 2000)* (Alter Orient und Altes Testament Band 293), p.313-324. Münster, Ugarit-Verlag.

Gebel, H.G., 2004. There Was No Center: The Polycentric Evolution of the Near Eastern Neolithic. *Neo-Lithics* 1/04, p. 28-32.

Goring-Morris, A.N., Belfer-Cohen A., 2008. A Roof Over One's Head: Developments in Near Eastern Residential Architecture Across the Epipalaeolithic-Neolithic Transition, in J.P. Bocquet-Appel, O. Bar-Yosef (eds) *The Neolithic Demographic Transition and Its Consequences,* p.239-286. United Kingdom, Springer.

Goring-Morris, A.N. and Belfer-Cohen, A. 2014. Different Strokes for Different Folks: Near Eastern Neolithic Mortuary Practices in Perspective, in I. Hodder (ed.) *Religion at Work in a Neolithic Society -Vital Matters*: 35-57. New York: Cambridge University Press.

Greene, K. 1999. V. Gordon Childe and the vocabulary of revolutionary change. *Antiquity* 73 (279), p.97-109.

Haak, W., Balanovsky, O., Sanchez, J.J., Koshel, S., Zaporozhchenko, V., Adler, C.J., Der Sarkissian, C.S.I., Brandt, G., Schwarz, C., Nicklisch, N., Dresely, V., Fritsch, B., Balanovska, E., Villems, R., Meller, H., Alt, K.W., Cooper, A. 2010. Ancient DNA from European Early Neolithic Farmers Reveals Their Near Eastern Affinities. *PloS Biology* 8 (11), p.1-16.

Harris, D.R., 2003. Paradigms and Transitions: Reflections on the Study of the Origins and Spread of Agriculture, in A.J. Ammerman, P. Biagi (eds) *The Widening Harvest. The Neolithic Transition in Europe: Looking Back, Looking Forward*. p.43-58, Massachusetts, Archaeological Institute of America.

Hauptmann, H., Özdoğan M., 2007. Die Neolithische Revolution in Anatolien, in C. Lichter (ed.) *Vor 12.000 Jahren in Anatolien. Die ältesten Monumente der Menschheit*, p.26-36. Karlsruhe, Badisches Landesmuseum.

Karul N. 2020. The beginning of the Neolithic in southeast Anatolia: Upper Tigris Basin. *Documenta Praehistorica* XLVII, p.76-95.

Karul, N. 2021. Buried Buildings at Pre-Pottery Neolithic Karahantepe. *Türk Arkeoloji ve Etnografya Dergisi* 82, p.21-31.

Karul, N., 2023. The Complex of Special/Communal Structures at Karahantepe, in Institute of Archaeology at the Chinese Academy of Social Science *et al.* (eds), *5th Shanghai Archaeology Forum: Archaeology of Climate Change & Social Sustainability. Awarded Projects (15-17 December 2023, Shanghai, China)*, p.39-51. Shanghai.

Kenyon, K. M. 1959. Some Observations on the Beginnings of Settlement in the Near East. *Journal of the Royal Anthropological Institute* 89.1, p.35-43.

Kinzel, M., Clare L., Sönmez D., 2020. Built on Rock - Towards a Reconstruction of the "Neolithic" Topography of Göbekli Tepe, *Istanbuler Mitteilungen* 70, p.9-45.

Kodas, E. 2015. Le Bâtiment DE de Çayönü: un bâtiment au coffrage? *Neo-Lithics* 2, p.42-52.

Kodaş, E., Yelözer, S., Çiftçi, Y., Baysal E.L. 2022. Symbolism in action: Techno-typology, function, and human-artefact dynamics in figured/non-figured bone plaques from Pre-Pottery Neolithic Boncuklu Tarla, Turkey. *Journal of Anthropological Archaeology* 65, p.1-14.

Krauß, R. 2023. *Dynamics of Neolihisation in South-Eastern Europe. The Beginnings of Agriculture, Husbandry and Sedentary Life*. Vienna, Austrian Academy of Sciences Press.

Kuijt, I. 2000. People and Space in Early Agricultural Villages: Exploring Daily Lives, Community Size, and Architecture in the Late Pre-Pottery Neolithic. *Journal of Anthropological Archaeology* 19, p.75-100.

Kurapkat, D. 2009. Das Wissen der neolithischen Bauleute. Zu den epistemischen Fundamenten der kleinasiatischen Bautechnik, in M. Bachmann (ed.), *Bautechnik im antiken und vorantiken Kleinasien (Internationale Konferenz 13.-16. Juni 2007 in Istanbul)* (BYZAS 9), p. 65-80. İstanbul, Ege Yayınları.

Kurapkat, D. 2012. A Roof under One's Feet: Early Neolithic Roof Constructions at Göbekli Tepe, Southeastern Turkey, in R. Carvais, A. Guillerme, V. Negre and J. Sakarovitch (eds) *Nuts & Bolts of Construction History: Culture, Technology and Society Vol.3,* p.157-165. Paris, Picard.

Lloyd, S. 1956. *Early Anatolia*. London, Penguin.

Mellaart, J. 1961. Early Cultures of the South Anatolian Plateau. *Anatolian Studies* 11, p.159-184.

Mellaart, J. 1975. *The Neolithic of the Near East*. London, Thames and Hudson.

Mellaart, J. 1987. Common Sense vs Old Fashioned Theory in the Interpretation of the Cultural Development of the Ancient Near East, in L. Manzanilla (ed.) *Studies in the Neolithic and Urban Revolutions,* p.261-269. Oxford, British Archaeological Reports International Series 349.

Milojčić, V., 1949. *Chronologie der Jüngeren Steinzeit Mittel- und Südosteuropas.* Berlin, Verlag Gebr. Mann.

Nikolov, V., 1987. Beiträge zu den Beziehungen zwischen Vorderasien und Südosteuropa aufgrund der frühneolithischen bemalten Keramik aus dem Zentralbalkan. *Acta Praehistorica et Archaeologica* 19, p.7–18.

Özbek, M. 1988. Culte des crânes humains à Çayönü. *Anatolica* XV, p.127-137.

Özdoğan, M. 1997. The Beginning of Neolithic Economies in Southeastern Europe: An Anatolian Perspective. *Journal of European Archaeology* 5/2, p.1-33.

Özdoğan, M. 1999. The Transition from Sedentary Hunter-Gathers to Agricultural Villages in Anatolia. Some Considerations, in A. Dinçol (ed.) *Settlement and Housing in Anatolia Through Ages,* p.311-319. İstanbul, Ege Yayınları.

Özdoğan, M. 2001. The Neolithic Deity. Male or Female, in R.M. Boehmer, J. Maran (eds) *Lux Orientis. Festschrift für Harald Hauptmann,* p.313-318. Rahden, Verlag Marie Leidorf.

Özdoğan, M. 2009. The Contribution of Anatolian Architecture to World Architecture in the Light of New Data, in F. Yurttaş (ed.) *From the Past to the Future: Materials and Architecture in Anatolia (Symposium UIA 2005 XXIInd World Architecture Congress, 4-5 July 2005, ITU),* p.155-172. İstanbul, UCTEA Chamber of Architects of Turkey Istanbul Metropolitan Branch.

Özdoğan, M. 2010a. The Transition from Round-Plan to Rectangular, in D. Gheorghiu (ed.) *Neolithic and Chalcolithic Architecture in Eurasia. Techniques and Spatial Organisation,* p.29-34. Oxford, British Archaeological Reports International Series 2097.

Özdoğan, M. 2010b. Westward Expansion of the Neolithic Way of Life: Sorting the Neolithic Package into Distinct Packages, in P. Matthiae, F. Pinnock, L. Nigro and N. Marchetti (eds) *Near Eastern Archaeology in the Past, Present and Future. Heritage and Identity* (Proceedings of the 6th ICAANE: Vol 1), p.883-897. Wiesbaden, Harrassowitz Verlag.

Özdoğan, M. 2018a. Humanization of Buildings. The Neolithic Ritual of Burying the Sacred. *Origini* XLI/ 2018-1, p.7-24.

Özdoğan, M. 2018b. Defining the Presence of an Elite Social Class in Prehistory. *Anatolian Metal* VIII (*der Anschnitt* 39), p.29-42.

Özdoğan, M. 2022. Reconsidering the Early Neolithic of Anatolia. Recent recoveries, some excerpts and generalities. *L'Anthropologie* 126/3, p. 1-20.

Özdoğan, M. 2023. Establishment of the Neolithic Way of Living in Northwest Turkey, in E.V. Yarovoy (ed.) *Archaeological Sites of Eurasia from the Neolithic to the Middle Ages (Dedicated to the 80th Anniversary of Ion Pyslaru),* p.68-91. Moscow, Multiprint LLC.

Özdoğan, M. 2024. Emergence and Dispersal of Neolithic Lifeways: From Core to Peripheries, in T. Richter, H. Darabi (eds) *The Epipalaeolithic and Neolithic in the Eastern Fertile Crescent. Revisiting the Hilly Flanks,* p.35-56. London and New York, Routledge.

Özdoğan, M. and A. Özdoğan 1990. Çayönü A Conspectus of Recent Work, in O. Aurenche, M.C. Cauvin (eds) *Préhistoire de Levant II*, p.387-396. Lyon, Maison de l'Orient.

Özdoğan, M., Özdoğan A. 1998. Buildings of Cult and the Cult of Buildings, in G. Arsebük, M. Mellink, W. Schirmer (eds) *Light on Top of the Black Hill Studies Presented to Halet Çambel*, p.581-601. İstanbul, Ege Yayınları.

Özkaya, V., Siddiq A.B. 2024. Körtiktepe in the Origin and Development of the Neolithic in Upper Mesopotamia, in T. Richter and H. Darabi (eds) *The Epipalaeolithic and Neolithic in the Eastern Fertile Crescent: Revisiting the Hilly Flanks",* p.138-167. London and New York, Routledge.

Perlès, C. 2003. An Alternate (and Old-Fashioned) View of Neolithisation in Greece. *Documenta Praehistorica* XXX, p.99-113.

Perlès, C. 2007. Pourquoi le Néolithique? Analyse des théories, évolution des perspectives, in J.P. Poulain (ed.) *L'Homme, le mangeur, l'animal, qui nourrit l'autre ?*, p.16-29. Paris, OCHA, Les Cahiers de l'Ocha n°12.

Peters J., Schmidt K. 2004. Animals in the Symbolic World of Pre-pottery Neolithic Göbekli Tepe, Southeastern Turkey: A Preliminary Assessment. *Anthropozoologica* 39, p.179–218.

Price, T.D., Feinman G. (eds.) 1995. *Social Inequality at the Origins of Agriculture.* New York, Plenum Press.

Renfrew, C. 2002. 'The Emerging Synthesis': the Archaeogenetics of Farming/ Language Dispersals and other Spread Zones, in "P. Bellwood, C. Renfrew (eds) *Examining the farming/language dispersal hypothesis",* p.3-16. Cambridge, McDonald Institute for Archaeological Research.

Rivolat, M., Jeong, C., Schiffels, S., Küçükkalıpçı, I. *et al.* 2020. Ancient genome-wide DNA from France highlights the complexity of interactions between Mesolithic hunter-gatherers and Neolithic farmers. *Science Advances* 6, p.1-16

Schmidt, K. 1998a. Frühneolithische Tempel Ein Forschungsbericht zum Präkeramischen Neolithikum Obermesopotamiens. *Mitteilungen der Deutschen Orient-Gesellschaft zu Berlin* 130, p.17-49.

Schmidt, K. 1998b. Beyond Daily Bread: Evidence of Early Neolithic Ritual from Göbekli Tepe. *Neo-Lithics* 2/98, p.1-5.

Schmidt, K. 2006. *Sie bauten die ersten Tempel. Das rätselhafte Heiligtum der Steinzeitjäger*. München, C.H. Beck oHG.
Sicker-Akman, M., 2007. Çayönü Tepesi. Untersuchungen zu den sogenannten Grillplanbauten der akeramisch-neolithischen Subphase 2 (Materialien zu Bauforschung und Baugeschichte 22). Karlsruhe, Institut für Baugeschichte der Universität Karlsruhe.
Singh, P. 1974. Neolithic Cultures of Western Asia. London, Seminar Press.
Stordeur, D., Brenet, M., Der Aprahamian, G., Roux, J.C. 2000. Les bâtiments communautaires de Jerf el Ahmar et Mureybet horizon PPNA (Syrie). *Paléorient* 26(1), p.29-44.
Tekin, H. 2020. An overview of potsherds with building and tree depictions recovered in Domuztepe, in F. Balossi-Restelli, A. Cardarelli, G.M. di Nocera, L. Manzanilla, L. Mori, G. Palumbi, H. Pittman (eds) *Pathways Through Arslantepe. Essays in Honour of Marcella Frangipane,* p.679-685, Roma, Sapienza Università di Roma and Edizioni Sette Città.
Theocharis, D. 1973. *Neolithic Greece*. Athena, National Bank of Greece.
Thomas, J. 2015. What Do We Mean by 'Neolithic Societies"? in C. Fowler, J. Harding, D. Hoffman (eds) *The Oxford Handbook of Neolithic Europe*", p.1073-1092. Oxford, Oxford University Press.
Trigger, B.G. 1989. *A History of Archaeological Thought*. Cambridge, Cambridge University Press.
Ulaş, B., Abbo, S., Gopher, A. 2024. Drawing Diffusion Patterns of Neolithic Agriculture in Anatolia. *Review of Palaeobotany and Palynology* 322, p.1-25.
Verhoeven, M. 2011. The Birth of a Concept and the Origins of the Neolithic: A History of Prehistoric Farmers in the Near East. *Paléorient* 37(1), p.75-87.
Watkins, T. 1998. Centres and Peripheries: The Beginnings of Sedentary Communities in N Mesopotamia, in "M. Lebeau (ed.) *About Subartu. Studies Devoted to Upper Mesopotamia Vol. 1: Landscape, Archaeology, Settlement* (Subartu IV.1)", p.1-11. Turnhout, Brepols Publishers
Watkins, T. 2004. Building houses, framing concepts, constructing worlds. *Paléorient* 30 (1), p.5-23.
Whittle, A., Pollard, J., Greaney, S. (eds.) 2022. *Ancient DNA and the European Neolithic: Relations and Descent* (Neolithic Studies Group Seminar Papers 19). Oxford and Philadelphia, Oxbow Books
Whitehouse, H., Mazzucato C., Hodder I., Atkinson Q.D. 2014. Modes of religiosity and the evolution of social complexity at Çatalhöyük, in I. Hodder (ed.) *Religion at Work in a Neolithic Society: Vital Matters,* p.134 155. Cambridge, Cambridge University Press.
Wright, G. 1971. Origins of Food Production in Southwestern Asia: A Survey of Ideas. *Current Anthropology* 12 (4-5), p.447-478.
Zeder, M.A., 2011. Religion and the Revolution: The Legacy of Jacques Cauvin. *Paléorient* 37(1), p.39-60.

# The Rajajil Cultures. Socio-economic and cultural evolution interacting with climate oscillations in Northwestern Arabia (5th – early 4th millennium BCE)

Hans Georg K. Gebel


## Abstract

*Archaeohydrological research in northwest Arabia's 5th millennium BCE megalithic pastoral-sepulchral landscapes encountered mobile well-trough and dam-based shepherd cultures sustained by the moisture episodes of Arabia's Mid-Holocene. The Early and Late Rajajil Cultures are best understood through the key sites Qulban Beni Murra, Rajajil and Rasif; this contribution's updated synthesis presents them in terms of their social structures, cognitive spheres (ritual, deathlore, habitus constitution), hydraulic competency and, and in terms of their potential as a co-promoter of Arabia's earliest oasis socio-economies (proto-oases), which finally established the sustainable sedentarisation of the Arabian Peninsula by shaded horticulture. Based on our increasing northwest Arabian evidence, this contribution also contains an updated set of its research hypotheses (Version 4), or a model of how this general sociohydraulic trajectory from mobile herding to sedentary horticulture on the Arabian Peninsula was expressed regionally through the Rajajil Cultures. In this context, the research's epistemological and heuristic challenges regarding the cultures' poor material expression and restricted archaeobiological preservation are discussed.*



## Résumé

*La recherche archéo-hydrologique dans les paysages mégalithiques pastoralo-funéraire du nord-ouest de l'Arabie au 5e millénaire avant notre ère a mis en évidence des cultures de bergers mobiles à puits et à barrages qui se sont maintenues pendant les épisodes d'humidité du milieu de l'Holocène d'Arabie. Les cultures Rajajil précoce et tardive sont mieux décrites par les sites clés Qulban Beni Murra, Rajajil et Rasif ; La synthèse actualisée de cette contribution les présente en termes de structures sociales, de sphères cognitives (rituel, folklore, constitution de l'habitus), de compétence hydraulique, et en termes de leur potentiel à être un co-promoteur des premières oasis socio-économiques d'Arabie (proto-oasis), qui ont finalement établi la sédentarisation durable de la péninsule arabique par l'horticulture ombragée. Sur la base de nos preuves croissantes dans le nord-ouest de l'Arabie, cette contribution contient également l'ensemble actualisé de ses hypothèses de recherche (version 4), ou un modèle, sur la façon dont cette trajectoire socio-hydraulique générale de du pastoralisme à l'horticulture sédentaire sur la péninsule arabique s'est exprimée régionalement à travers les cultures Rajajil. Dans ce contexte, les défis épistémologiques et heuristiques de la recherche sont discutés face à la faible expression matérielle des cultures et à une préservation archéo-biologique restreinte.*

## Introduction

This contribution illustrates an introductory remark by François Djindjian at the first AIPP annual meeting in Paris, May 2023, for the proceedings of which this update on the Rajajil Cultures is presented, seeing 'savannahs as engines of human evolution'. Our two trans-disciplinary projects[1] have followed this understanding over the past two decades in northwestern Arabia.

Our fieldwork identified, dated, and described the hitherto unknown anonymous standing stone cultures in northwestern Arabia between 4600 and 3800 BCE, the Rajajil Cultures, for the first time. They represent part of a group of similar cultures in the Mid-Holocene Saharo-Arabian Green Belt, steppes or grasslands stretching from Mauretania in the west via Northern Arabia to the Oman Peninsula and Yemen; they were first studied in greater detail in the an-Naqab Region (Avner 2002). Our regional study follows the continuously updated central project thesis that Araba's oasis lifeways also developed from mobile pastoral well cultures of the Late 'Chalcolithic' at hydrologically favoured places after the 4200 BCE drought, at spots not yet occupied by proto-oases (cf. below) already practising open land horticulture (the Tayma Paradigm; cf. Hausleiter 2017). It shows how social and economic life and related water management and land use adapted to vanishing steppes and lakes and lowering water tables after 4200/4000 BCE: The findings support the projects' continuously updated working hypotheses (yet three amended theses sets published in Gebel 2013, 2016, 2017a: Versions v1-v3) that extensive megalithic[2] watering and ritual/sepulchral aggregation centres, or nexus sites, of mobile shepherds witnessed a higher degree of permanent occupation in their later phases, provided they were in hydrologically favoured locations. Catchments like Rajajil joined proto-oasis lifeways from at least (expected) 4200 BCE. The cultural continuity attested in burial practices and rituals during the partial regional transformation from mobile pastoralism to intensified early sedentary horticulturalism in northwestern Arabia shows that social and cognitive dispositions remained while subsistence modes split and became more interdependent.

Rajajil gave its name to these cultural phenomena in northwestern Arabia, which probably lasted from *c.* 4600 – 3800 BCE. These phenomena

1 These are 1) the Eastern Jafr Archaeological Project (RJJ) having had six field seasons between 2001-2014 of surveys and excavations in Jordan's southeastern Badia (in Wadis Sahab al-Asmar and Sahab al-Abyad and Jabal `Ainab regions), (co-) directed by H.G.K. Gebel (continuing as the Eastern Jafr Joint Archaeohydrological Project, EJJAHP, from 2022, co-directed by K. Wellbrock and H. Hayajneh), and 2) the Saudi–German Rajajil/Standing Stones Joint Archaeological Project (RJJ) having had five field seasons between 2010-2016 of surveys and excavation in Rajajil, Rasif and the Sakakah/al-Jouf region (directed by H.G.K. Gebel).

2 Sites express 'megalithically' to the extent banked bedrock was available at the location; the use of smaller ashlars at, e.g., Rasif, is also the result of less dimensional layered bedrock. Sites without such banks do not use ashlars.

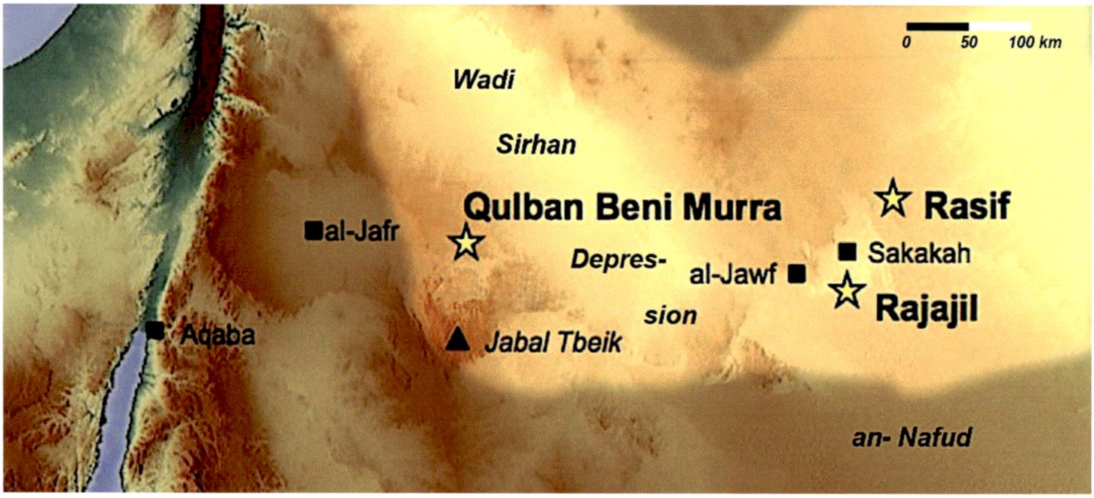


Figure 1. Location of the Rajajil Cultures' key sites: Rajajil, Rasif and Qulban Beni Murra in northwestern Arabia and the assumed extent of Rajajil Cultures (highlighted). (graph/ cartography: Voss/Gebel, RJJ).

gave rise to megalithic sepulchral landscapes with well-operated watering places. The bearers of the cultures were long-distance mobile shepherds whose migration routes were adapted to the steppes' progressively reducing grasslands and dwindling water resources resulting from constant climate deterioration.

Almost 35 sites can be attributed securely to the Early and Late Rajajil Cultures. Here, we discuss the findings of the three key sites,[3] covering all features of the Rajajil Cultures known so far from other sites.

The definition of the Rajajil Cultures (Table 1) and the related theses set (Version 4, cf. the last section of this contribution) are updated here, presenting a better understanding of the oasis trajectory (oasisation)[4]; these updates represent a significant inducement for this contribution.

How does one deal - in an epistemologically and heuristically proper way - in prehistoric research with a new culture that had a minimal material inventory, left behind deflated horizontal stratigraphies with hardly any preserved sedimentary environments (lack of archaeobiological remains) and

3 All the following information is not specifically referenced; it can be found in our previous publications: Gebel 2013, 2016, 2017a; Gebel and Mahasneh 2009, 2012, 2013; Gebel and Wellbrock 2019; Gebel *et al.* 2011; Wellbrock *et al.* 2017; Zielhofer *et al.* 2018. The goals of our research are also guided by other research results, for example, the archaeohydrological research at Tayma conducted by M. Grottker and K. Wellbrock (Wellbrock*et al.*2011, 2012, 2017, 2018), or the palaeoenvironmental research carried out by Dinies and others (Dinies 2019; Dinies *et al.* 2015, 2016; Engel *et al.* 2012; Neugebauer *et al.* 2022). References to these publications are only made in this contribution's text when specific information is referred to.

4 Our term 'proto-oases' refers to oases that developed in Arabia's water-favoured locations over at least two thousand years before the establishment of the Arabian oases based on shade gardening from the Early Bronze Age onwards. Their formation scenarios appear to be regionally and temporally strongly staggered, probably resulting from regionally effective climatic oscillations and their hydraulic (hydrotechnological) management. We anticipate an early phase of oasisation, the proto-oases up to 4200 BCE and a late proto-oasis phase before the actual establishment of the oases with a shadow economy and domesticated dates; oasis site developments need not have gone through all of these phases.

behaved 'anonymously' and 'conservatively' (ie was non-innovative) over its duration? The lack of datable material, in particular, forces us to work and think within the extended and different dimensions and frameworks allowed by multi- and transdisciplinary engagement.

How can the otherwise striking megalithic evidence of the sepulchral and hydraulic landscape sites of the 5th and early 4th millennium BCE in northwestern Arabia's Greater Wadi Sirhan Depression be used to reconstruct potentially water-deficit cultures and their climate interdependence, while yet unknown explanations and categories are needed to advance their research and make results testable?

Thus, this article also addresses the humanities and transdisciplinary frameworks and their epistemological and heuristic approaches. The rapidly expanding and fast-moving archaeological and climate-historical research of Arabia in recent years requires constantly adapting their overall understanding and concepts to individual results - and vice versa. The continuous updating of the theses developed on the Rajajil Cultures (i.e., the constant review and improvement of their concepts based on new results) and the (re)evaluation of individual results (i.e., the continuous evaluation of the individual results with reference to the concepts) are subject to the humanities requirement of transparency and testability of results.

Box 1 presents the current version of the Rajajil Cultures' Narrative (Version 2), which serves as an updatable and testable summary for any new findings and public outreach (museums and tourism). Table 1 is the current summary of the main partly hypothetical characteristics of the Rajajil Cultures.

## Rajajil Culture research transdisciplinary aggregate

Unlike the natural sciences, the humanities have more limited possibilities for making their results transparent and testable. The problem mentioned above is how to use findings from 'anonymous non-innovative' cultures that are difficult to date to reconstruct cultural processes in climatically and environmentally unstable environments, requiring special epistemic and heuristic safeguards. From the beginning of the project, we have chosen the path of a set of theses that can be constantly updated with new findings and that fulfils two basic requirements: the improvement of the conclusions must be made comprehensible and transparent, and theses must always be testable, and their validity must always be confirmed or adapted to new findings.

From a heuristic point of view, theses must be based on focused and multi/ transdisciplinary questions, which are subjected to an analysis that leads to amendable knowledge and gives this analytical action a comprehensible structure. This procedure is advisable in limited knowledge fields for which valid statements must be sought. These statements turn the research object into a working and always testable system. It describes an analytical procedure

### *Box 1 The current Rajajil Cultures' Narrative (v2).*

The Rajajil Cultures are represented by extensive megalithic landscape occupations in the 5th and early 4th millennia BCE (elsewhere called the 'Chalcolithic') of the Greater Wadi Sirhan Depression (SE Jordan and northern Saudi Arabia). Usage for burial grounds, watering flocks, and social exchange characterise their sites' function. The major sites interacted with other such hubs of the Rajajil Cultures as nexuses in the long-distance migration routes of mobile shepherds ('palaeo-bedouins'). Shepherds gathered here to negotiate their social affairs, exchange goods and animals, and bury the deceased in the mostly megalithic and collective grave buildings of their extended families. These are characterised by lined up stone ashlars facing the rising sun. With increasingly drier conditions after 4200 BCE (the Late Rajajil Culture), more mobile pastoralists became sedentary at still hydrologically favoured locations such as Rajajil, becoming 'proto-oasis' horticulturalists now also using their well/trough/canal technologies for open-field irrigation. As a consequence, ritual megalithic structures of the Early Rajajil Culture may have been converted into domestic ones in the Late Rajajil Culture. The extensive pastoral/proto-oasis well cultures adapted to constantly deteriorating but oscillating climate and environmental conditions, witnessing temporary improvements. However, the region had a moister climate than today, still sustaining remnants of grasslands, lakes, wetlands and higher aquifers during the 5th Millennium BCE.

The hubs or nexus sites in the greater Wadi Sirhan interaction sphere represent just one of many such standing stone cultures flourishing in the steppe 'green belt' between the Maghreb and Sinai in the west and the lands of the eastern Arabian Peninsula.

The graves' lines of ashlars (in Rajajil up to 4,5m in height) represent successful or outstanding ancestors (e.g. clan chiefs) who once led earlier generations, and were extracted from the sites' tabular sandstone bedrock. The Rajajil Cultures may have practiced astral belief systems. Socially, they were most likely tribally organised (cone-shaped chiefdoms), representing a special form of habitus society (confined relational social structures with members <dividuals> 'owned' by their peer group, flourishing through fierce, internally effective and informal behavioural, ritual and symbolic regimes without medial assistance).

The Rajajil Cultures contributed to the 4th millennium BCE development of Arabia's greatest economic and cultural achievements, the oasis lifeways using shadow horticulture. It allowed larger populations a sustainable permanent settled life in arid environments.

in which statements about a system are made with limited knowledge of the system with the help of hypothetical conclusions.

In epistemic terms, our set of theses represents an authority that facilitates, controls, and refines its thought processes. This paves the path for our epistemological action to understand the still largely unknown Rajajil Cultures.

An essential ingredient of our heuristic-epistemic path is the understanding that only a transdisciplinary approach (i.e., the joint development and answering of all questions by all disciplines involved) can approximately reach prehistoric realities; this is a particular form of multidisciplinary approach, which in our case must include archaeology, archaeohydrology (including applied archaeohydrology) and all palaeoenvironmental and life sciences.

Astonishingly, arid land archaeology has not yet employed archaeohydrological approaches (a sciences-guided archaeology of water use, in a similar manner to archaeozoology or archaeobotany; and contrary to hydroarchaeology, an archaeology-guided understanding of water use), meaning discounting specialists of hydrology, water engineering and water-related life sciences as team members. At best, hydroarchaeological work is carried out by archaeological projects trying to cover hydrological and water engineering research.

Among others, our research has shown that.

1) Arid land archaeology means dealing with specific sorts of hydraulic (hydrotechnical) cultures and traditions, and that
2) the missing archaeohydrological expertise is responsible for limited and or even false/misleading frameworks and results in the study of Arabia‘s Mid-Holocene cultural and environmental trajectories,
3) resulting in our projects’ advocacy for establishing a transdisciplinary archaeohydrology ‘controlling’ archaeological research in arid lands.
4) As part of a holistic approach, arid land archaeology must include the cultural expression of human (and animal) water ethology, water cognition/psychology, water anthropology, and water commodification, making life sciences partners in studying hydraulic cultures.
5) Recent development (mineral prospecting, building, agriculture, etc.) greatly threatens landscape cultures/sites. Local Cultural Resources Managements must understand that (pre-)historic landscapes – and not sites only – must also become subject to safeguarding/protection.
6) Insights from this (pre-)historical research revealed the ethical obligations for sustainable use of precipitation in deserts through the documentation and rehabilitation of ancient sustainable water management systems for present-day sustainable water harvesting and related use/development in water-deficit regions by a new discipline, applied archaeohydrology.

The Rajajil Cultures belong to the hydraulic cultures in the classical cultural-historical sense: their development, spread, cognition, and productivity directly result from water availability and hydraulic management. The

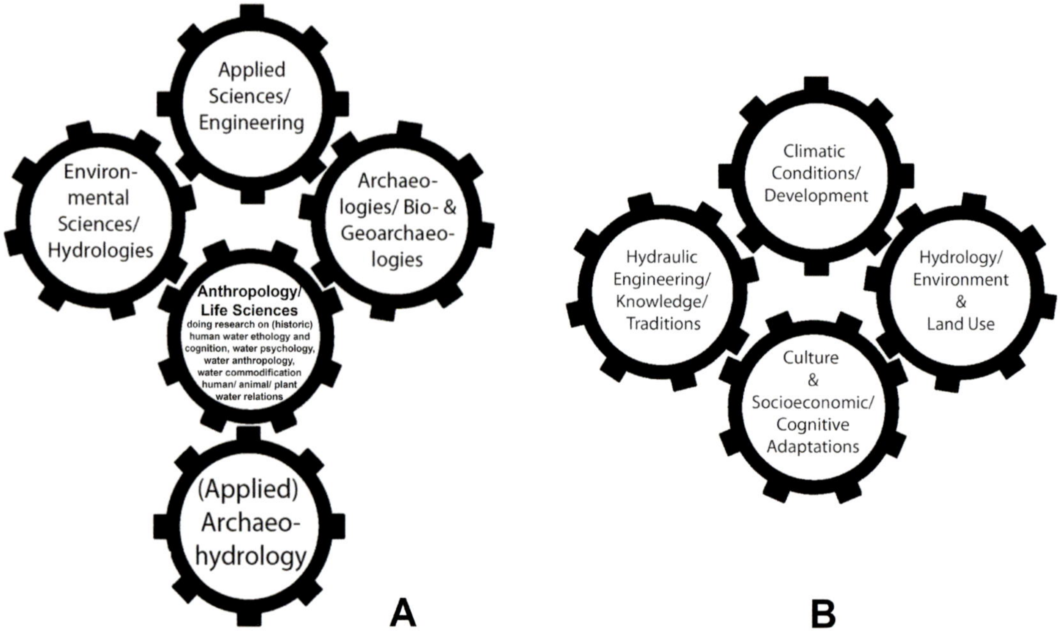


A) disciplinary fields of the holistic archaeo-hydrological research aggregate;
B) major subjects of the transdisciplinary research agenda

Figure 2. Research frameworks used for the Rajajil Cultures (graphs: Gebel, RJJ/EJP)

'oasisation' of former steppe areas, in which the Mid-Holocene Rajajil Cultures played a decisive role in northwestern Arabia, was perpetuated by permanent climate deterioration. The Rajajil Cultures probably represent the last phase of the proto-oases before the first oases with shaded horticulture began to develop in the late fourth millennium BCE (or were introduced).

Figure 2A shows the research framework and disciplinary fields of our archaeohydrological research aggregate for the Rajajil Cultures, integrating life sciences and applied archaeology. The latter translates and introduces the lessons from the past for a responsible and sustainable exploitation of rain and groundwater in arid regions. Figure 2B illustrates the significant subjects of the transdisciplinary research agenda relevant to the study of the Rajajil Cultures.

## Chronological framework[5]

The anonymous and aceramic Rajajil steppe-desert cultures are 'timeless' cultural and social expressions in their own right and far from meeting Chalcolithic cultural features and standards. Their lifeways and adaptive potentials were chiefly climate-controlled. Due to the chronological

5 All dates used in this contribution refer to calBCE, respectively calBC. The term 'Chalcolithic' is used here to assist in understanding the contemporaneity with cultures in the moderate zones, knowing that this is historically incorrect.

distribution of the fan scrapers, we assumed in earlier publications that the Rajajil Cultures may have reached into the Early Bronze Age (EB); we have now had to distance ourselves from this understanding, also promoted due to newly published absolute chronologies (e.g., Petraglia *et al.* 2020).

The relative chronological insignificance of the fan scrapers (e.g., Figure 11a-k) is probably determined by their 'pastoral-standard' (cf. below). However, they are distinguishable from the smaller Late Neolithic scrapers of the region (e.g., Figure 11k-n), made of a dark brown fine-grained and thin tabular flint, which also carries cortex but is less tough. We are still determining when the fan scrapers came into use and how they relate chronologically to the Late Neolithic scrapers, which often appear also at the sites of the Rajajil Cultures.[6]

After 2006, another relative-chronological marker for the 5th millennium became obvious despite its variability: the primary type of the D-shaped ashlar-line multi-chamber grave and cairn with interior ashlars/ashlar lines oriented towards the east; their structural variability may relate to different deathlore understanding of different tribal origins mixing at the burial aggregation sites (cf. below) or are due to internal chronological developments.

The first access to absolute chronology was provided by the radiocarbon dates obtained from the insulation material (coating of troughs) of the well/watering complex D15 in Qulban Beni Murra, attributing the structure to the 5th millennium (Gebel *et al.* 2016). Corresponding OSL dates are reported by S. al-Khasawneh *et al.* (2016) from the same contexts. Reminiscent structural features at Rajajil's neighbouring sister site, Rasif, also provided absolute chronological dating evidence for the 5th millennium BCE (Zielhofer *et al.* 2018). No radiocarbon or OSL dates are available yet for Rajajil, partly reflecting the absolute scarcity of suitable carbonised material from the site and a lasting export problem. Combined yet limited relative and absolute dates for the Rajajil Cultures all indicate the 5th BCE extending into the early 4th millennium BCE. For the related megalithic pen camp/*inselberg* sites and the megalithic multi-spaced ashlar structures with polygonal rooms found in our Badian project areas (Wadis Sahab al-Abyad and al-Asmar), we cannot exclude usage starting in the 6th millennium BCE (Late Neolithic). Features from the multi-chambered cairns on Rajajil's southern ridge (Area D) indicate that the location's cultural chronology must have ended at the beginning of the 4th millennium BCE.

6 For example, in parts of the *inselberg* settlement Wadi Sahab al Abyad 14 (Figure 6A-B) or Wadi Sahab al-Asmar 9 (Figure 11k-n). Trial excavations carried out in 1977 (Zarins 1979) at one of Rajajil's burial structures revealed unrelated pits/hearths in strata below the Chalcolithic 'pillared structures'. Are these strata possibly Late Neolithic layers whose stone tools were found on the now deflated surface of Rajajil's Area A (date confirmed by G. Rollefson in 2024: new surface collections by Muhammad Tarfawi in the site's Visitor Center)?

## Environmental and climatological frameworks

After a more extended climate deterioration at approximately 6200 BCE (the 8.2. ka BP RCC event), there was a constant and progressive aridification in northwestern Arabia over millennia. Evidence like the increasing salinity from the qa sediments of the 5th millennium BCE wetlands of Rasif (Zielhofer *et al.* 2018) or the earlier surface water harvesting systems of Qurayyah dating to 4500-3500 BCE (Lüthgens *et al.* 2023) may reflect part of this development. This general trend was characterised by numerous smaller and larger aridification slumps, of which a slump in the last quarter of the 5th millennium (4200-4000 BCE) appears evident (Staubwasser and Weiss 2006; Weninger *et al.* 2009; Bar-Mathews and Ayalon 2011; Wellbrock *et al.* 2011; Dinies *et al.* 2016; for more discussion cf. Gebel and Wellbrock 2019). More recent overview publications speak of demographic declines as 'a consequence of an abrupt drying phase after 6200 cal. yr BP' and a 'Dark Millennium from 5900 to 5300 cal. yr. BP when arid conditions precluded mobile pastoral opportunities causing the abandonment of much of the peninsula' (Palmisago *et al.* 2021) or of even two periods of 'abrupt changes in rainfall' between 6500 to 6200 and 5900-5300 BCE (Petraglia *et al.* 2020).

In light of the contradictory state-of-the-art for supra-regional climate reconstructions and a possibly more significant environmental heterogeneity in Arabia (relevant for the regional and local favoured areas; cf. e.g. the revisions presented recently by Neugebauer *et al.* (2022) casting doubt on the expected duration of the Early-Mid Holocene humid phases for northern Arabia), we possibly may once have to reconsider the accuracy of our 4200 BCE drought claim for the onset of drier conditions in northwestern Arabia. Or should approaches be revised, prioritising direct links between climate development and population dynamics identified from occupational data? Were hydrologically and rain-favoured locations the primary determinants of social organisation and land use developments, and less the large-scale climatic processes, which are hardly applicable supra-regionally anyway? Aren't site-specific or regional hydroclimatic proxies the more relevant data for reconstructing regional developments? Do our discussions have more of an epistemological-heuristic problem than a palaeoclimatological one?

To test the Rajajil Cultures hypotheses (last published state: Gebel 2017a) regarding environmental history, we must dedicate our understanding to matching smaller-scale oscillations between 5000 and 3500 BCE from different regional contexts. Unfortunately, we do not even have a continuous palaeoclimate archive for the Sakakah region, apart from the Rasif qa archive awaiting export.

When it comes to the vulnerability question, we have to assume a decoupling of population dynamics from climate development for the later phase of Rajajil Cultures: The expected increase in sedentary horticultural (proto-oases) at hydrologically favoured locations such as Rajajil is likely to have been stabilising for land use, social organisation and population development. This phenomenon would correspond to the observation by Palmisago *et al.* 2021, who found a 'decoupling of demographic and climatic trends from the Middle Holocene onwards' for the 'more complex societies' in the Middle East.

In summary, the ecosystems of the Rajajil Cultures are expected to have predominantly been climate-controlled, characterised by permanent fluctuations between more humid and arid conditions, all heading towards more arid conditions. Changing land use due to less reliable grassland and precipitation patterns constantly reshaped the environmental frameworks of societal and cognitive developments in the greater Wadi Sirhan interaction spheres. See Gebel *et al.* forthcoming for a more detailed discussion of the Rajajil Cultures' environmental and climatological frameworks.

## The Neolithic prelude: origins of northwestern Arabian pastoralism (late 8th – 6th mill. BCE)

The presence of vast steppe-lake environments inhabited by migratory herds of ungulates and the social and population dynamics in the Transjordanian Highland LPPNB megasites established sustainably mobile pastoralism, pastoral-venatorial and agro-pastoral lifeways by the last quarter of the 8th millennium BCE in northwestern Arabia, following earlier incursions into the present-day arid environments (Gebel 2019). Sites like Tell Uyaynah (Alasmari 2019) near Tabuk or Wadi Sharma 1 (Fujii 2018) in a Red Sea drainage area possibly weren't outposts but witnessed an established variant of an autochthonous northwestern Arabian Late/Final PPNB proceeding from the base of an incursive MPPNB, followed in the PN (Pottery Neolithic) by sites like al-Magar (SCTA 2011, Harrigan 2012) in southwestern Najd and lakeside Rasif near Sakakah (Figure 3; Zielhofer *et al.* 2018). All these economies must already have passed through sociohydraulic adaptations, respectively all sorts of steppe water management, preparing Tayma's early open-land oasis paradigm (Hausleiter 2017) and the networks of the Rajajilian sepulchral-hydraulic landscapes in the 5th millennium BCE long before. From the LPPNB megasite evidence, it is expected that this includes various expressions of the socially conservative habitus constitution, generated by the various developing lifeways. It should not be excluded that the RCC interval of the 7th millennium BCE, culminating in the 8.2 ka calBP Event, had already caused a retreat of mobile pastoral and (semi-) sedentary systems to more water-favoured areas, similar to what happened later by the onset of the Late Rajajil Culture.

Figure 3. Rasif. Lakeside multi-roomed domestic unit (Late Neolithic, with Yarmoukian-type pottery), modified into a two-chambered D-shaped grave in the 5th millennium BCE; from the north. (Photo: Gebel, RJJ)

## Site locations of the Rajajil Cultures

The locations of the large aggregation (nexus) sites, with core areas usually extending over more than one square kilometre, are located at the intersections of the major migration routes, provided their hydrological setting can cover the water requirements of large flocks and groups of people. The aggregation centres known to date are located in places with high groundwater levels (including perched groundwater/intermediate flows), preferably near seasonal or permanent lakes. The topography should be characterised by wadi terraces and/or ridges and gentle slopes. The D-shaped multi-chambered graves of the first Rajajil Culture were mainly arranged in rows on the shallow slopes; the stone tumuli of the round ashlar graves of the later Rajajil Culture were primarily distributed along the edges of the wadi plateaus or densely aligned on ridge summits accompanying the wadi. Pens, dwellings, and ritual buildings seem to have been built typically on shallow slopes along and between the wadis and plateaus/ridges, and they occupied separate areas from the burial fields in a given occupation period. These topographical conditions were favoured but appear not to have been exclusive features in site choices, as the case of Rasif shows.

The megalithic structures were landscape markers meant for wide visibility even when the steppe was open woodland.

The numerous wells and troughs were naturally located in the wadi bottoms (Figure 4B-C) or at the base of *inselbergs* (Figure 6), where the aquifers were more easily accessible. This is also where fluvial erosion and erosion of wadi beds is greatest, which is why many of these structures are no longer preserved on the surface or have only been partly preserved. It must be assumed that the most prosperous wells and well locations were in use both before and after the Rajajil Cultures and show corresponding structural re-organisation. The same applies to the expected agricultural fields (niche farming), which were maintained in favourable locations by wadi barriers and diverting dams on surrounding plateaus and are subject to extremely difficult preservation and dating conditions. Like the analysis of horizontal stratigraphies in the deflated sites, identifying wells in wadi gravels is the particular challenge of the surveys.

The choice of locations was most likely also influenced by the local availability of suitable labour-saving banked bedrock qualities for dimensional ashlars, provided that the centrality of the burial ground suggests this significance; the latter must be assumed for the nexus sites.

Altogether, we located 35-40 major and more minor sites of the Rajajil Cultures, a few of which have no significant expression or represent isolated graves in the landscape. The most recent discovery of a very prominent site

Figure 4. Rajajil and Qulban Beni Murra panoramic views (photos: Gebel/Bshesh, RJJ/EJP)

A) Rajajil burial field in Area A (Early Rajajil Culture) from SSW (c. 180°; designations for some of the more prominent ashlar-lined megalithic burials); B) Qulban Beni Murra Areas A and D (Early-Late Rajajil Cultures) from NNE; C) Qulban Beni Murra Areas C and B (Early-Late Rajajil Cultures) from SSE.

A) panoramic view with the site's domestic/pen areas and wadi bank; from the west; B) crescent-shaped row of standing ashlars (*c.* 18m in length) opening to the east, possibly representing a memorial for deceased group members not buried in the site's burial ground; from the east.

Figure 5. Telelat Mehfar Sabha (confluent area of Wadi Latchfa/ upper Wadi Sahab al-Asmar; Early Rajajil Culture) (photos: Gebel, EJJAHP)

was Telelat Mehfar Sabha (Figure 5A-B). In this article, we will describe the main elements of the Rajajil Cultures as they are best preserved and attested at the Qulban Beni Murra, Rasif, and Rajajil sites.

## General site descriptions

***Qulban Beni Murra*** is an extraordinary and well-preserved place to study ancestry and water as the societal and economic prime movers of the Rajajil Cultures (Gebel 2010, 2013; Gebel *et al.* 2011; Gebel and Mahasneh 2009, 2012, 2013). The remote megalithic burial and well grounds of Qulban Beni Murra cluster some 130km east-southeast of al-Jafr on the shallow banks of Wadi Sahab al-Abyad. Areas A-F of Qulban Beni Murra (Figure 4B-C) extend for some 1.5km along both wadi sides. The site's areas differ in structure types, spatial organisation, image inventories, and surface finds. The high structural variability comprises megalithic, 'pseudo-megalithic' and non-megalithic grave structures, 'horse-shoe structures', watering/well complexes (Fig. 7), domestic camp structures; ashlar mining and supply areas, water harvesting instalments such as dams and modified natural basins/gullies, and several megalithic features which seem to have had a particular function. More than 250 prominent structures populate the site. The site is aceramic throughout; fan scrapers dominate its lithic inventories.

Area A has a 130m long chain of 29 clustering circular megalithic structures, isolated megalithic circular space/room structures, and

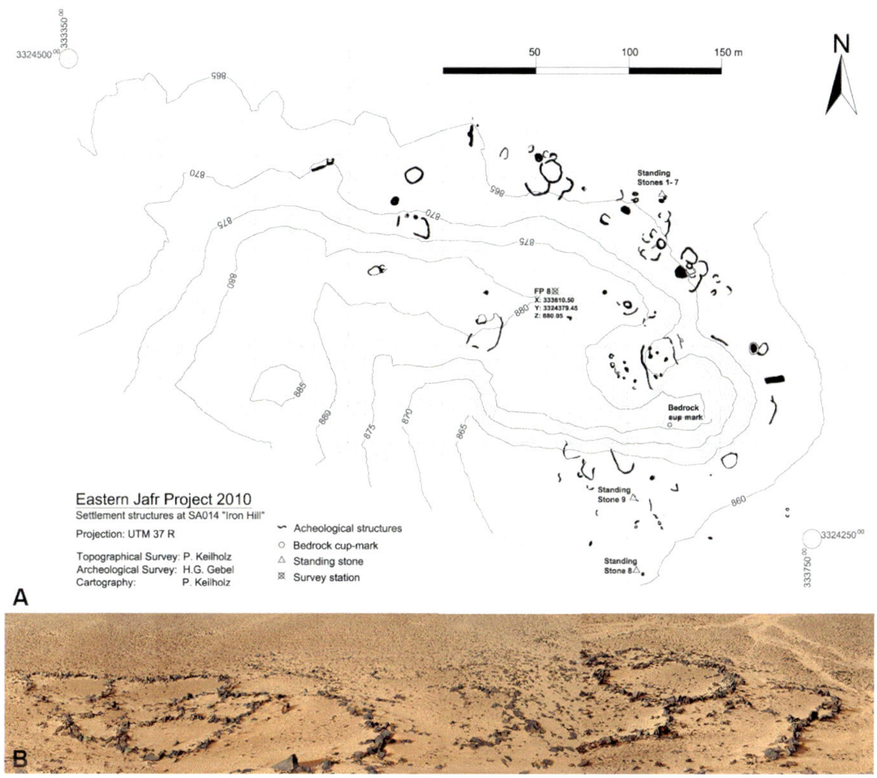


Figure 6. Wadi Sahab al-Abyad 14 (*inselberg* pen campsite; Late Neolithic - Early-Late Rajajil Cultures) A) site plan of visible structures (field records: Gebel/Keilholz/Suleiman, graph: Keilholz); B) northern side of the *inselberg* with circular/curvilinear structures (pens and huts, diameters 4 - 20m), platforms, burials with ashlars etc.; from the south (photos: Gebel, panorama mounting: Pokrandt, EJP).

megalithic cairn graves. It includes an ample space structured by an arrangement of large ashlars (ceremonial place? sanctuary?). Some structures were decorated with ibexes and four-legged animals (cheetahs?). Area B is characterised by isolated, partly huge megalithic ashlar-line chambered cairns (e.g., Figure 13) with triliths in their southeastern exterior spaces and a quarry for ashlars. Area C is characterised by a chain of isolated megalithic chambered cairns/graves with ashlars, often with annexe chambers, stone alignments, and ill-preserved 'horse-shoe structures'. Area D (wadi floor) yields at least nine larger watering/well complexes, appearing as isolated mounds with multi-'chambered' channels, rooms, and one depression (well room) each. Area E is characterised by structurally quite diversified, isolated large megalithic ashlar-line chamber cairns with or without triliths, as well as ashlar fields/quarries in its lower parts. Areas F-H represent the 'interior' margins of Qulban Beni Murra and bear isolated and small clusters of ashlar-line (chamber) cairns with/without triliths.

The ground plans of larger ashlar-line chambered cairns tend to be D-shaped (cf. also Rasif and Rajajil), resulting from successive additions of

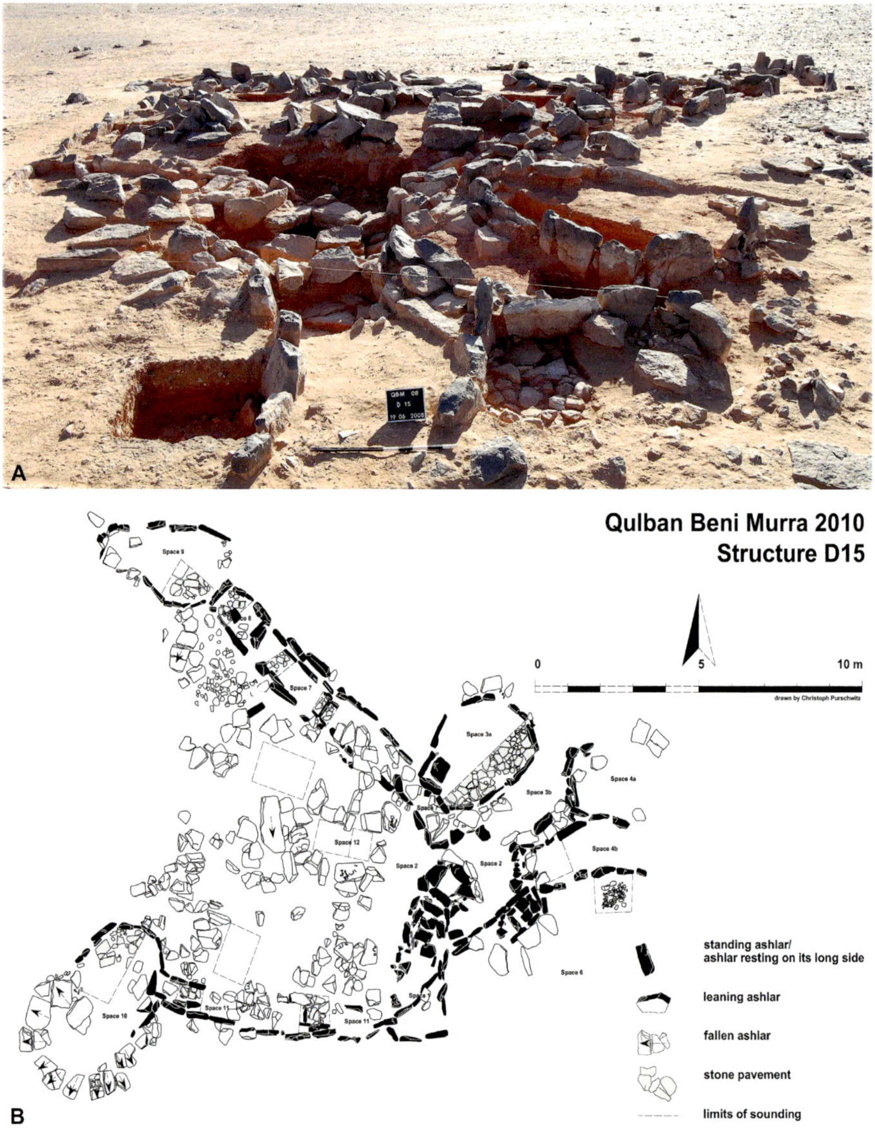


Figure 7. Qulban Beni Murra. watering / well complex D15 with well room, two-three canals with compartments ending in round troughs (Early-Late Rajajil Cultures): A) foreground: Spaces 4a-b, 6 from the east; B) top plan. (field records: Pokrandt/ Keilholz/ Suleiman, photo: Gebel; drawing: Purschwitz, EJP)

chambers west of the extended ashlar line. A particular variation of the ashlar-line chambered cairn appears to be 'chequerboard pattern' ground plans of 2-3 chamber rows behind each other (extending westwards), e.g., cairns 8:11 and 9:41-42 at Wadi Sahab al-Asmar or Structure M in Rajajil (Gebel *et al.* forthcoming).

***Rasif*** is an advantageous location for studying millennia-long shifting hydraulic occupations and water management (Zielhofer *et al.* 2018). While modern development has destroyed the water management systems of Rajajil (cf. below), abundant such findings can be reported from its well-preserved sister site Rasif (located some 50km north-northeast of Sakakah, Fig.1) in the *qa* of Rasif. The site is a functionally and stratigraphically complex (in terms of horizontal stratigraphy) multi-period site occupied from at least the 6th millennium BCE until sub-recent times, featuring domestic, hydraulic, and sepulchral occupations overlapping and disturbing each other and being continually buried by the *qa's* sedimentation to the present day. The site's extent – according to surface evidence – might be 1.5-2.0 square kilometres.

The site's chipped Early-Mid Holocene stone industries cover the Late Neolithic and Chalcolithic/EB (6th-early 4th millennium BCE). The unrolled quartzite 'Pre-Acheul' pick and cleaver industry from the *qa* surfaces turned out to be so far undatable picks and cleavers from well-digging. Although we are at the beginning of investigating this vast and complex site, some initial evidence may allow us to speak of a most water-favoured location in Mid-Holocene times (at least having seasonal lakes and ponds) which was transformed in post-5th millennium BCE times by complex dam building into a system of interacting artificial *qa*'s (*sensu mehfar*, the Bedouin name for dammed wadi areas collecting seasonal runoff water). Aligned 6th millennium BCE domestic structures may indicate the former shorelines of (seasonal) lakes; *qa* deposits embedded the many 5th millennium and later wells with troughs, D-shaped and other graves as well as – to a lesser extent – some of the later dams. Our autumn 2013 excavations selected examples of Rasif's most common structure types. Excavation 1 cut one of Rasif's dams and clarified its stratigraphical relation to the upper and lower *qa* layers. Excavation 2 (Figure 9) is a partly excavated 'classical' late 5th millennium D-shaped ashlar-line grave cairn, so far with no evidence of bone preservation; it is founded on a Mid-Holocene surface *c.* 60-70cm below the present *qa* surface. Excavation 3 is a rectangular paved trough with a small well or well-like structure. Excavation 4 is a well with corbelled masonry for its upper shaft and with troughs (ill-preserved due to looting for stone), with a lot of similarities with the Early-Late Rajajil Cultures' well excavated in Qulban Beni Murra (Figure 7). The structure of Excavation 5 (Figure 3) appeared on the surface to be a multi-roomed domestic unit surrounded by a Late Neolithic industry. Full excavation revealed – astonishingly enough – an ashlar-line structure (facing east) with three round spaces at its west end (in one of which a diagnostic piece of Late Neolithic pottery was found). The structure could be a variant of the 5th millennium BCE D-shaped graves, or – more likely –represents a Late Neolithic (6th millennium BCE) domestic unit converted to a grave during the 5th millennium BCE.

The large structural inventory of the many occupations in Rasif shows clear ground-plan types, a high structural variability within the various plan types, and differing preservation statuses.

The subrecent water management, in particular the operating mode of Rasif's 'cascades' of artificial *qa*'s, became obvious (works of Kai Wellbrock *et alii*) as a result of the heavy rainfall on November 18th, 2014 (Zielhofer *et al.* 2018).

***Rajajil*** allows us to cover both phases of the Rajajil Cultures at one site, supporting evidence for their transformation from mobile pastoralism to sedentary horticulturalism (Gebel 2016, 2017a; Gebel and Wellbrock 2018).[7] The site, located some 20km south of al-Jawf's provincial administrative centre Sakakah (Figure 1), once covered at least 1.5 square kilometres (when the records from 1979 are also considered); it has so far only been possible to date its chronology relatively, but much of its data, although still lacking or most likely gone, can be supplemented by its previously described sister sites.

The site survey could hardly identify any surviving natural land surfaces. In recent decades, extensively cultivated irrigated fields and plantations, roads, urban sprawl through fenced farms, and undeveloped wastelands have almost completely destroyed the natural environment of one of the most essential nexus sites of the Rajajil Cultures. According to old reports (Zarins 1979), the extent of prehistoric Rajajil along the ridge may have reached *c.* 3km.

The site's Mid-Holocene topography consists of three physiographic units: depression, terrace, ridge escarpment and ridge, and the rocky outcrops and terrain edges exposed in this sequence. Over 80% of the non-dune landscape features and sedimentary environments have been extensively bulldozed or otherwise leveled and modified. The fencing off of the Rajajil area hosting the prominent standing stones also meant that areas outside with less spectacular archaeological remains were released for agricultural use.

The minimal occurrence of pottery (Zarins 1979), compared to sites in the moderate Southern Levant, is an indication of the almost aceramic character of the Rajajil Cultures;, supported by the virtual absence of pottery at all the other Early and Late Rajajil Culture sites. Including the cairns on the southern escarpment and southern ridge, the immediate site area still hosts some 90 visible megalithic ashlar-line multi-chambered graves/cairns and other small structures from the Chalcolithic/Late Chalcolithic times. The preservation of the monuments is affected by ever-shifting sand accumulations, deflation of cultural layers, and the weathering of exposed dressed sandstone features. Due to deflation, natural stone pavements with desert varnish characterise Area A. Excavated in situ layers and other cultural deposits show little and poor organic matter preservation, including human bones. In addition to the various causes of poor natural preservation, the structures' history witnessed ritual and other cleansing (cf. below) by 'contemporary' reoccupations and looting throughout all periods until the present.

The preservation of the exposed parts of ashlars results from wind erosion, geochemical weathering, and heat fracturing, which depends,

7 Another recent article by Munira Almushawh (2018) discusses an astronomical significance of the site.

of course, on the resistance of the sandstone bedrock qualities. There are incredibly different states of preservation for the ashlars (cf. Gebel *et al.* forthcoming), including fracturing by grass fires[8] and/or culturally induced fires and the various typical combinations of wind/heat/moisture/ geochemically induced weathering on exposed ashlars.

## Structural inventories

The dominant classes of the Rajajil Cultures' structural inventories comprise sepulchral, ritual, hydraulic, and domestic buildings (including pens). In the following, we summarise their general traits and main implications.

***Sepulchral architecture*** is the most eye-catching and monumental part of the cultures' structural heritage; megalithic efforts appear to be invested first into memorials to the ancestors.

The dominant grave type is the megalithic multi-chambered grave, bordered by an ashlar line at its east. Depending on the locally available bedrock/boulders when erected and/or reused, this primary type may appear in different layouts. There are two structurally different sub-types, related by the fundamental construction idea of the cultures' graves. The earlier D-shaped multi-chambered ashlar-line graves/burials are short or longer north-south rows of rectangular chambers west of an ashlar line, protected cairn-like by a shallow stone cover and mainly laid out in flat terrain or foothills (Figure 4A,C).[9] Late Rajajil Culture graves are neighbouring (aligned) isolated cairns of 2-12m round or oval stone accumulations built along the edges of escarpments or on the summits of ridges overlooking the residential and hydraulic areas. The latter may contain more than one chamber, which also are marked by eastern ashlars inside their high and labour-intensive stone cover. It appears not uncommon that stone covers of neighbouring graves were robbed to protect new graves, depending on the availability of stone material. Both sub-types represent successively

8 Grass fires are a neglected topic in arid land archaeology. In fact, we have strong evidence for such fires in Rajajil, witnessed by chunks and layers of blistered and glazed materials attested in Rajajil Area C. Near a D-shaped grave not far from nearby Olduvan Shuweihtiyah even the flow of glazed sand was observed on stones. Intentional grass fires can also be used as thermal weapons in (pre-) historical conflicts (destruction of subsistence like burning vegetation/fields, settlements and camps); such blazes develop great destructive power in arid landscapes by winds.

9 Early Rajajil Culture's Grave M in Rajajil (Gebel *et al.* forthcoming) stands for a 'checkerboard' variant of the D-shaped multi-chambered graves. It shows three to four parallel north-south rows of narrow (*c.* 1m west-east) burial chambers without built subdivisions, which are only divided lengthwise by ashlars resting on their long side (Gebel *et al.* forthcoming: Figure 9). The narrow length of these undivided rows raised speculations about a special children's burying place, furnished with a few medium to small-sized ashlars erected at the eastern end of the elongated chambers. This principle of a grave layout (parallel rows of chambers with/without subdivisions behind each other towards the east) was also observed for the later Rajajil Culture cairns but was covered in this period by huge stone accumulations.

Figure 8. Rajajil Area C. Dune-buried Structures aw (Early-Late Rajajil Cultures): A) Sub-areas A-F with a complex of grave, ritual, domestic and unknown structures, from the southwest; foreground: Sub-Area F with western perimeter wall; B) Sub-Area B with ovoid burial chamber showing the interior walls lined (panelled) by (burnt) ashlars, standing on a terraced bedrock; foreground: terrace walls supporting the northern part of the ovoid chamber; access area with depressions in boulders (for liquids?); from the northwest. (Photos: Gebel, RJJ)

occupied collective burials of peer groups, obviously used over several generations. Some show traces of reoccupation after ritual cleansing by firing the remains inside the structures, including human bones.

It is assumed that members of extended families were buried collectively in the individual chambers and that an ashlar was erected/added for each important deceased person. Depending on the clan's size and the number of generations, long rows of chambers with standing stones could result (e.g.,

Figure 9. Rasif. Ashlar-line D-shaped grave cairn embedded in the site's upper `*qa* layers (Late Rajajil Culture). A) from SSE; B-D) various views/details (B) showing the *in situ* flat sandstone cylinder on top of the burial). (Photos: Gebel, RJJ)

Figure 2A), which had commemorative, identity-establishing and social status-manifesting functions.

We call these graves D-shaped because the ever-extended stone cover of the added chambers piles up in a semicircle behind the ashlar line. The ashlars' eastern orientation – towards the rising sun – probably served astral belief concepts. Even when roundish chambers were attached west of the ashlar line (e.g., Figure 9) – a feature most probably related to the Late Rajajil Culture and its chambers in circular cairns – the basic principle of a D-shaped grave was still respected. The many variants of the primary D-shaped grave type are evident in Qulban Beni Murra, where the predominantly single-phase remains and direct visibility make this apparent.

***Ritual Buildings*** are the most challenging category in the Rajajil Cultures, both by definition and evidence. The monumental graves should be considered ritual buildings with particular (inhumation) functions. At the same time, in many cases it remains – for various reasons – unclear how graves and non-sepulchral ritual buildings are to be differentiated: 1) It is possible that, in addition to inhumation rituals at D-shaped graves there were large burial structures (e.g. Figure 8B) that served other forms of (repeated) sepulchral rituals, and that the cultures' ancestor thanatology/ deathlore was much more diversified than previously thought; 2) that such large graves were converted into ritual structures serving additional/non-sepulchral rites; 3) that ritual structures were reused for burials without a rebuilding that resulted in a true grave type; 4) that conversions through ritual cleansing (burning of bones and grave goods) obfuscate functions by disturbing features. Ritual buildings in the sense of separate sanctuaries were only found in Qulban Beni Murra and Telelat Mehfar Sabha (cf. Footnote 10 and Figure 5).

To explain such complexities, we provide a more detailed description of the monumental dry-stone masonry buildings in Sub-Areas A-F (Figure 8A-B) of Structures aw in Rajajil Area C.[10] They stand on partly artificial slope terraces, representing building, re-building and ritual events whose sequence is difficult to understand, not least because of loose sandy sedimentary environments and stratigraphies inside the dune.[11] In Sub-Area F, a thoroughly preserved large building is recognisable, whose coherent paved surface or respectively platform-like stone cover shows the tops of an agglomeration of smaller structures below, sharing perimeter walls up to 2m high in the west and the south (Figure 8A). Embedded in this stone cover, the tops of the walls of these adjoining smaller structures are visible, possibly representing graves (a cairn cluster?). However, this interpretation is not secure: a platform over unknown fills or a building of unknown function also cannot be excluded. The western and southern perimeter walls of this above-ground building in Sub-area F were partly panelled with ashlars (Figure 8A). At the cover's southern edge, a stone with an ovoid depression was inserted into the stone cover, expected to have held a liquid serving a ritual function.[12]

In Sub-Area B's eastern part, an ovoid burial chamber 6m in length has been preserved (Figure 8A-B). Its stone cover had been removed in the later phase of the Rajajil Cultures to burn its contents (human remains, grave goods and ritual items). Such ritual cleansing was documented at several contemporary sites in our study area of Wadis Sahab al-Asmar and Sahab al-

10 For a more detailed description, see Gebel *et al.*, forthcoming Table 3, which informs also about the complexity of the stratigraphical events preserved in the southern dune of Rajajil. In Qulban Beni Murra, the separation of graves from other ritual structures is easier: The deflated monumental ritual complex (Structures A39-48; cf. Gebel and Mahasneh 2013: Figure 5) at the edge of the wadi floor, below and immediately east of the 130m long row of circular 'residential' buildings of Area A, appears devoid of sepulchral functions and shows a groundplan not yet attested elsewhere.

11 The dune (Area C) immediately south of the Rajajil's fenced Area A – supposedly blown against the southern ridge/plateau (Area D) in the first half of the 4th millennium BCE – appears to contain a 'gallery' of fully preserved monumental dry-stone masonry architecture on terraces, which was unknown for the site until our works.

12 In the upper part of the slope, further to the southwest, there are traces of a fossil spring.

Figure 10. Rajajil Area A. Selection of the 5th millennium BCE of megalithic collective ashlar-lined chambered burials (Early Rajajil Culture). A) Structure A from the north; B) Structure B from the southwest; C) Structure R from the southeast; D) Structure G from the east. (Photos: Gebel, RJJ)

Asmar north of Jabal Tubaik. Subsequently, the bones, ritual artefacts and grave goods that survived the fire were left behind in a 'post-blaze cache', and the chamber was backfilled with its former stone cover. The interior of the ovoid chamber was lined (panelled) with ashlars leaning outwards (Figure 8B). The western part of Sub-Area B and Sub-Area C may have been the location of other graves or ritual structures that are no longer preserved; further burnt grave goods and remains of the original stone cover are present.

The previously described sub-areas and their structures were bordered to the east by an almost 14m-long ashlar line restored after the fire(s) (Sub-Area A). The line was also modified by the insertion of a huge pillar (made of fine, stone-wedged masonry) related to the creation of domestic rooms in Sub-Area D. This long ashlar line also received benches on its eastern side; here, a partially paved passageway led up the slope. It possibly relates to establishing the domestic rooms in Sub-Area D during the Late Rajajil Culture (cf. below).

About 36 cairns and other small structures occupy the southern ridge/plateau's edge (Rajajil Area D; cf. Gebel *et al.* forthcoming Figure 4), looted throughout the millennia until recent times. They show chambers with eastern ashlars with shallow stone covers; their looted sediments contained quite a few remains of burial goods, chiefly ornaments (similar to those shown in Figure 15).

***Hydraulic installations*** in the shape of wells, with canals leading off a well room (often with a small staircase) and ending in circular troughs, are typical for the Rajajil cultures (e.g., Figure 3A-B); the well shaft's upper part is executed by corbelled masonry and either rests on bedrock (e.g., Rasif; Zielhofer *et al.* 2018: Figure 10) or on the deeper wadi gravels (e.g., Qulban Beni Murra; Gebel and Mahasneh 2013: Figure 17b).

The canals and troughs are bordered by stones or small ashlars and have pavements; they all can be identified by the silty deposits found in artificial or natural ponds in the region. Of course, the shepherds' hydrological and hydrotechnological expertise was always transferable to irrigated horticulture and vice versa. In this respect, the hydraulic experience necessary for subsistence was present in both lifeways of the periods.

Other forms of water management should be found in the expected agricultural activities (niche farming) of the Rajajilian shepherds. In surface runoff-favoured locations, we expect the use of dry-stone wadi barriers and diverting dams on the surrounding plateaus to feed the fields of shepherds, at least in years with higher rainfall. There is quite some evidence for this near the 5th millennium pastoral areas, but these are also the most difficult to date if they are preserved on the surface.

Flood protection is a major and hitherto neglected issue of field research for the Rajajil Cultures. Massive protective fortification walls were observed in some foothill zones of the Late Neolithic – Chalcolithic *inselberg* settlements in the greater Wadi Sahab al-Asmar and Sahab al-Abyad regions.

***Domestic Structures*** occur at sites both with and without a sepulchral function; it is astonishing how few fan scrapers are present. The non-sepulchral sites always have (megalithic) pens (e.g., Figure 6B), some of which can be up to 20 m in diameter. The smaller, deflated, practically empty stone circles of the same type, but often with small annexes and working platforms inside and outside, probably served residential

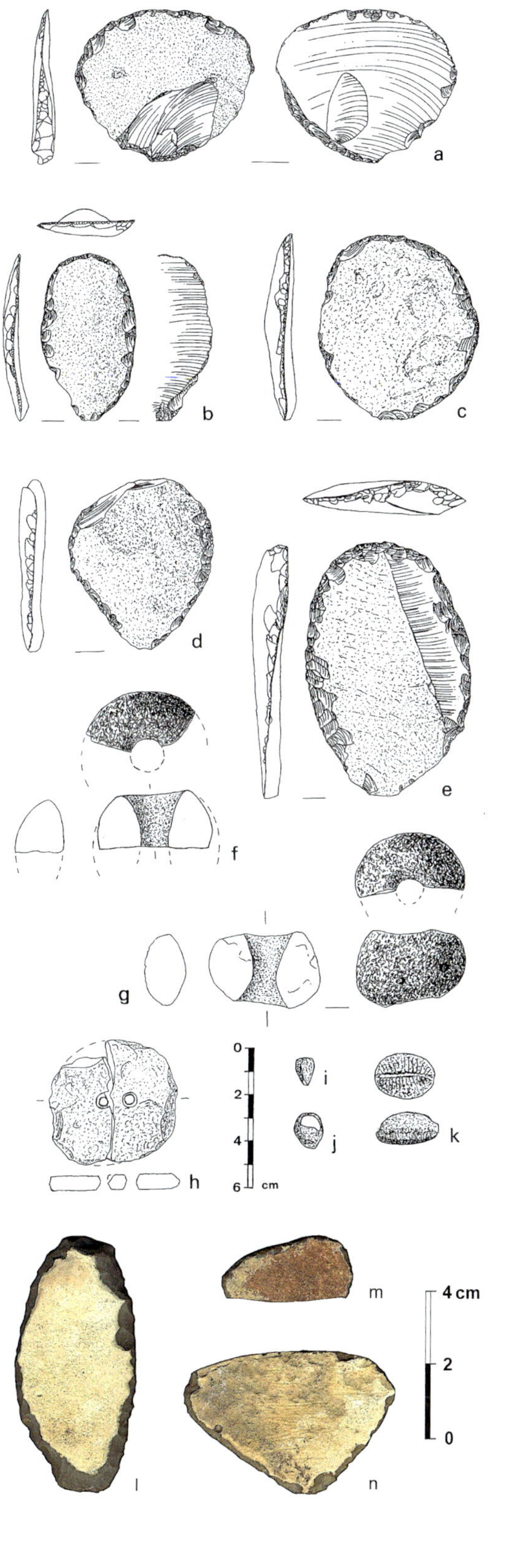


Figure 11. Qulban Beni Murra Areas A-E. Surface finds (a-g,i-k Early-Late Rajajil Cultures) and Wadi Sahab al-Asmar 9 (l-n Late Neolithic?): selection of (fan) scrapers and small finds. a) Area A (with dorsal and ventral bulb reduction); b) Area B; c-e) Area C (d with terminal/distal hinge negatives, showing previous flat flakes taken from opposite directions); f-g) fragments of basalt 'mace heads', found near Structure B31 (f) and on Area B (g); h) broken knob-shaped disk made of soft limestone/marl with two bi-conical perforations (Bedouin toy); i-k) Area B (i small *Conus* sp., j *Nerita* sp., k cowrie); l-n) Late Neolithic? (tile) scrapers. (drawings/photos: Gebel, EJP)

purposes. They also show waist-high foundation walls whose upper structure must have consisted of lightweight building materials.

Domestic buildings without pens appear to occur in the sepulchral sites, whereby their use – as in the case of Area A of Qulban Beni Murra (Gebel and Mahasneh 2012: Figure 4) – was more closely related to the function of these sites and less to subsistence activities. Only the last use of Area A shows chipping floors, which indicate the processing of fan scraper blanks. It is possible that the 130-metre-long chain of these single-roomed megalithic roundhouses provided accommodation for pastoralist groups, who met here for burials and social interaction.

The three domestic rooms of Sub-Area D in Rajajil Area C, Structures aw, were apparently inserted during the later Rajajil Culture into pre-existing architecture and the rubble of a previous non-domestic occupation (terraced cairn/other ritual structures). The finds are a few fan scrapers, ground sandstone vessels and a sandstone tablet with checkerboard incisions, burnt ornaments from one locus (Figure 15), bones, and again no pottery. The interior faces of the double- or single-faced walls were panelled/outlined with reused ashlars. Reused stone slabs and ashlar fragments with ibexes were found inside these walls and on one of the floors, too.

## Ashlar working

Stone carving was undoubtedly one of the most important crafts of the mobile herders at the burial sites. We assume that there were specialists in each clan, although it should not be ruled out that there were resident specialists at these major burial sites. All sites provide evidence of recycling ashlars, i.e., re-dressing and using them in smaller dimensions for other graves. There are also occasional suggestions that ashlars were removed from neighbouring graves to be used in constructing new ones.

In Qulban Beni Murra, we identified two areas where ashlars were extracted and prepared for transport close to the banked quartzitic sandstone resources, apparently intended to be finished at the place of erection. The quarry for the ashlars of Rajajil is immediately to the northern edge of Area A's burial ground.

The ashlars required different stonemasonry techniques depending on the type of stone. Splitting and breaking techniques appear to have been fundamental to all kinds of sandstone, both in the extremely hard quartzitic sandstones of Qulban Beni Murras and in the softer sandstones of Rajajil or the tough calcareous crusts or hard tabular limestones of Rasif. Where shaping operations after splitting, breaking and crude flaking of the parallel narrow longitudinal sides (direct percussion with hard stone tools) were still necessary or desired, these were possible in various ways with the softer sandstone in Rajajil. These works mainly relate to trimming the faces of the ashlars. The most common technique was levelling and smoothing an ashlar's face by pecking and grinding; the grinding did not remove all traces of pecking. The example in Gebel *et al.* forthcoming: Figure 10B-C shows the final levelling of an ashlar's face with a chiselling/carving tool with a convexly or concavely used working edge of some 4-6cm in width. Figure 10D even shows the levelling by a chiselling/carving tool with a dentate working edge of 3-4 cm. Figure 10E in Gebel *et al.* forthcoming shows an ashlar's extremely neatly chiselled side. Experiments made in other contexts proved that sandstone surfaces could be easily chiselled with hardwood chisels when surfaces were soaked in water (Michiels *et al.* 2012).

## The chipped and ground stone industries

Chipped, ground and grinding stone industries are poorly attested in the Early and Late Rajajil Cultures. This may relate to the absence or scarcity of activities related to those sectors that use ground stone items and

Figure 12. Rajajil Area C, Structures aw. Ritual objects: ground and pecked ritual sandstone items (Early-Late Rajajil Cultures): A) Sub-Area A, Locus A35: neatly ground flat sandstone cylindrical slab/disc with rectangular section, found as part of the stone pavement in front of/east of the 14m-long ashlar-line; B) Sub-Area A: distinctively shaped stela/'ashlar' (*c.* 105cm in length), found in the deposits above the stone pavement in front of/east of the ashlar-line; C) Sub-Area B, Locus B13: finely ground (whitish) round plate with handles, blackened by ashes?; D) Sub-area B, Locus B15 ('post-blaze cache'): Unique pecked and ground quadrangular sandstone plate with the convex side decorated by two diagonal rips. (Photos: Gebel, RJJ)

grinding tools (e.g., a reduced need for stone vessels or ground tools for processing cereals and pigments). Grinding slabs and querns are virtually absent. The few vessels found in the five seasons at, e.g. Rajajil, mostly appear in related ritual contexts (Figure 12C-D, Gebel *et al.* forthcoming: 20D, 21, 22a-d), and this is also true for the ground non-vessel items (e.g. Figure 12:A-B); thus, they are described in a special section below.

The ground stone industry represented by basalt items like the mace-heads (Figure 11f-g) or the statue (Figure 14A) may not be Chalcolithic. The maceheads are well-attested in L-FPPNB grave contexts and may have come into Chalcolithic contexts due to their being attractive finds; the face style of the Dalish statue could well also be Early Neolithic, resembling the LPPNB 'green head' of Basta (Hermansen 2004).

The chipped stone industry of the Rajajil Cultures is 'undeveloped' and restricted in terms of primary production and toolkit compared to the contemporary industries of sedentary settlements in the southern Levant; it is limited to a few types and pieces. The reason for this is probably a restrictedly developed and needs-reduced material culture, as is characteristic of mobile societies. Another characteristic of such material cultures is their conservative and minimally innovative repertoire.

The main formal tools of the Rajajil Cultures were fan scrapers/knives, which may also have been made of suitable thin tabular flint, but the latter raw material was chiefly exploited in the preceding Late Neolithic (Figure 11). Fan scrapers were the shepherd's multi-purpose tools used for most activities. As mentioned before, they are only found in limited numbers in domestic areas but are common as grave goods. During surveys, they are often found isolated in the open landscape. They were probably produced in specialised workshops at the flint sources (large nodules in the landscape or banked flint strata) on an industrial scale in limestone regions, showing a preference for coarse-grained, tough and opaque raw material qualities. At any rate, the 'pastoral-standard' of the Rajajil Cultures' toolbox is functional and insignificant diagnostically for dating. Other tools, e.g., projectiles, are unknown, unique or intrusive.

## Mobile ritual inventory

It is striking that the Rajajilians' poor material culture is expressed mainly in objects related to sepulchral/ritual activity.

Ritual artefacts are defined here as all items whose discovery context is in graves or unique, non-domestic structures. The selection of presumed mobile ritual artefacts presented here from Rajajil (Figure 12A-D; Gebel *et al.* forthcoming: Figures 20-21, 22a-d) is supplemented by installed objects, which primarily include the special stela-type ashlars (like Figure 12B), petroglyphs and the three stones with ovoid impressions on the terrace of Sub-Area B (Gebel 2016: Figure 5) and in the surface cover of Sub-Area F. Some of the mobile ritual items show a potential relationship with liquids; using oily substances should not be excluded. Among the still rare ritual items, the two plates (Figure 12C-D) are outstanding: they

Figure 13. Qulban Beni Murra Area B, Structure B39 (Late Rajajil Culture) (photos: Bshesh/Gebel, EJP)

A) successively used cairn with a central row of standing ashlars, peripheral terrace pavements, and standing ashlar clusters (triliths) to the southeast, viewed from the northeast; B) ashlar with animal petroglyphs standing in the cairn's central row of ashlars; facing east (black scale is 50cm).

were deposited in the 'post-blaze cache' Locus B15 (the quadrangular plate Figure 12D, found together with charred bones, beads and remains of the extraordinary mother-of-pearl object Gebel *et al.* Figure 18) and nearby Locus B13 (the round plate Figure 12C).

The three ground and pecked flat cylindric sandstone slabs/discs (e.g., Figure 12A) were found either in the (re)fill of the ovoid chamber grave in Sub-Area B, re-used in the pavement in front of/east of Sub-Area A's ashlar line, or *in situ* on top of a D-shaped grave in Rasif (Figure 9A-B); the latter may indicate that their meaning may relate to a ritual for sealing the grave. The fine-grained and neatly ground, distinctively shaped sandstone stela/'ashlar' (Figure 12B) has a flat ovoid section and a preserved length of *c.* 105cm. It could represent a stela with a well-known meaning, not needing a decorative explanation; a phallic significance can't be excluded.

The wholly preserved, unique quadrangular sandstone plate (Figure 12D) of reddish-white sandstone has oblique bi-conical perforations from the 'decorated' outside and the concave 'inside', found in the corners of one side. The *in situ* broken, possibly intentionally fractured, very finely ground round plate (Figure 12C) has two horizontally perforated 'handles'. It bears dark residues on all sides, probably coming from ashes.

## Iconographic inventories

The iconographic inventory of the Rajajil Cultures is poor, too; it shows a minimal number of motifs. The pastoral iconographic mindscapes essentially only knew ibex/oryx and cheetah motifs and rarely dancing individuals/couples. The animal depictions are likely to be popular hunting mini-scenes (cheetahs apparently were used for hunting), possibly also a reflection of a most common but unspecific commonsensical/shared and decorative iconography of magical veneration (the 'commonsensical ibex scape', cf. Gebel and Mahasneh 2009),[13] which is not explicitly related to the sepulchral contexts of the sites.

For Rajajil, secure iconographic contexts are the culturally typical isolated oryx/ibex representations on the reverse of an ashlar panel (domestic room wall) and from a floor context (Gebel *et al.* forthcoming: Figure 17A-B). Some motifs (dancing couple, oryx?, cheetah) on the sandstone block southwest of Area A arc also believed to belong to the 5th millennium BCE (Gebel *et al.* forthcoming: Figure 16).

Two Rizqeh-type? human-shaped statues (cf. Kirkbride 1960, 1969) are reported to have been found in the 1980s by local people in Rajajil's southern dune. One was destroyed immediately for 'being an idol', the

13 This has a good analogue in Tall Hujayrat al-Ghuzlan's well-dated domestic mural decorations (wall plaster impressions) near Aqaba (Schmidt 2009), contemporary to the later Rajajil Cultures

other was subsequently brought by the late Prof Dr al-Ansari to Riyadh (no further information locally available).

The most impressive iconographic material, at least used in the Rajajil Cultures, are the two incomplete statues from a multi-chamber grave in Wadi Sahab al-Asmar 8 (Figure 14A-B; Gebel 2010, 2016). They show two long-nosed human heads, one with the chest part still preserved; they were made of columnar basalt and chalky limestone. The costume of the basalt statue is most striking since it resembles traditional male Arabic dress: the headdress resembles a *kufiya* with an *igal*, and the chest placket is that of a *dishdasha*.

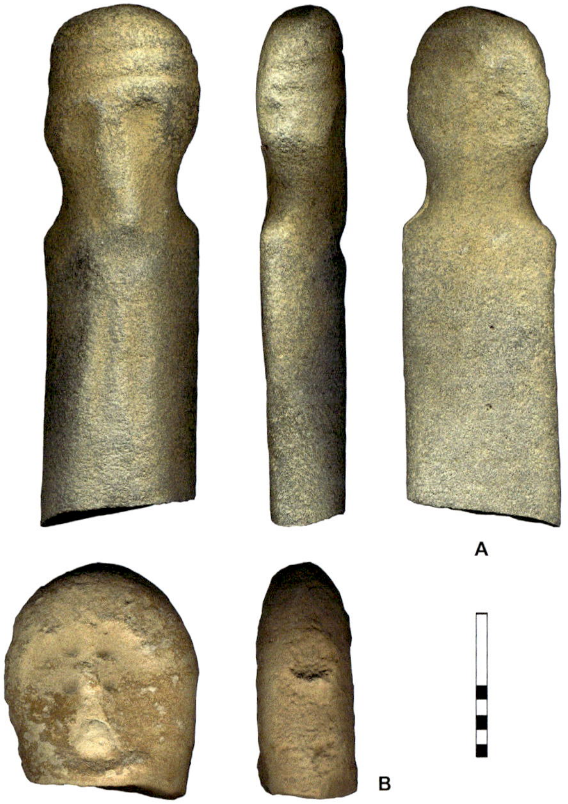


Figure 14. Wadi Sahab al-Asmar 8. Statue fragments from the stone cover of multi-chambered ashlar-line Cairn 11 (Late? Rajajil Culture): A) statue, called Dalish, with features of the traditional Arab male costume? (columnar basalt; height: 35cm); B) head of a statue (chalky sandstone; height: 15,5cm). (Photos: Gebel, EJP).

## Ornament industry

Ornament industries are mainly known for burial goods, possibly suggesting that jewellery did not play a significant role in the everyday life of the Rajajil Cultures. No culturally diagnostic ornament types have yet been discovered from Rajajil, and the beads – though their range of shapes and raw materials is impressive – show no special features. Detailed mineralogical and biotic analyses could provide information about the migration routes and cultural contacts of the Rajajil shepherds and gardeners.

The partly burnt ornaments in Figure 15 are characteristic of Rajajilian jewellery. They were found in fills of western Rajajil Area C, Structures aw, Sub-Area D, mixed with other charred material and former cover stones. They may originate from emptied and burnt graves previously existing in Sub-Area C.

## Archaeobiological findings

The rare samples with identifiable palaeoethnobotanical, archaeozoological, palaeoanthropological, and palynological material are awaiting analysis or export for analysis. The first palaeoethnobotanical

samples retrieved from the later Rajajil Culture fills in Rajajil Area C contained Chenopodiaceae, *Tamarix* sp. and ashes probably from grasses (Reinder Neef, personal communication).

## Rajajil Cultures' societal, economic and cultural frameworks interacting with changing climate and environment (Updated Synthesis, Table 1)

The preliminary results from the southern Jordanian Badia and the Sakakah region suggest two phases for the Rajajil Cultures, represented by its standing stone sites that occupy the Greater Sirhan interaction spheres and beyond; the term 'phases' should be understood functionally rather than temporally. To the extent that, during and towards the end of the 5th millennium BCE, grasslands deteriorated, lakes and wetlands dried up, waterholes and springs vanished, and aquifers and intermediate flows subsided, the hydrologically favoured locations still unoccupied by sedentary lifeways increasingly became attractive permanent abodes of formerly long-distance migrating pastoralists. Hydrological prime locations like Tayma (Hausleiter 2017), in which sedentary irrigated open land horticulture and agriculture could be practised from at least 5000 BCE due to perennial water sources (Tayma paradigm), must only have watched this development of the

▲ Figure 15. Rajajil Area C, Structure aw, Sub-Area D, Locus D18 (Early-Late Rajajil Cultures): partly burnt ornaments from fills, possibly originating from vanished grave contexts in Sub-Areas B-C. Top three rows: 16 burnt flat/semi-tubular bone/shell/mineral beads. Left of centre: two cylindrical beads from light unknown material (light after exposure to heat?). Centre and right: three pendant-like items/'beads' (burnt mother-of-pearl?). Bottom row: two laterally flaked obsidian disc beads. (Photo: Gebel, RJJ)

Rajajil Cultures. Contrary to earlier assumptions, we now believe that the hydraulic (hydrotechnological) skills of the Rajajil Cultures with their well/trough systems were not autochthonous achievements (Gebel 2013, 2016, 2017a) but were hydraulic specialisations of mobile herders based on the older hydrological and hydraulic knowledge of mobile life in the steppes.[14]

The 'more' sedentary later Rajajil Culture took over the social organisation, the hydraulic, sepulchral and ritual traditions, and the shepherds' overall cognitive dispositions and belief system. Our current working hypothesis assumes that it was mainly the innovative hydro-agronomic power of this new, now sedentary Late Rajajil Culture that triggered a supra-regional momentum in the development of the later proto-oases due to reduced water availability compared with hydrological prime locations like Tayma.

During the first phase of the Rajajil Cultures (4500-4000 BCE), the sites discussed here were probably central hubs for mobile and tribally organised herders who came together seasonally for more extended stays to bury, reinforce social and religious cohesion, settle conflicts, water livestock and hold markets.

The second phase of the Rajajil Cultures must have transferred Rajajil into a proto-oasis while continuing to be a central hub. Other, less hydrologically favoured central places continued as hubs for the still-mobile parts of the Late Rajajil Culture. The latter would also apply to Qulban Beni Murra and two other hubs found by the Eastern Jafr Joint Archaeohydrological Project in the 2022 survey area (Figure 6). While the Early Rajajil Culture used multi-chambered stone cist graves with east-facing rows of ashlars, the Late Rajajil Culture began to use cairns containing multi-chambered stone cist graves and east-facing ashlars. So far, all two-phase sites have shown these two types of related grave constructions.

The grave forms are the main argument for the presumed social organisation: we assume that both the early and late mobile/sedentary Rajajilians formed tribal chiefdoms with relatively flat hierarchies consisting of individual clans, some of which may have been socially dominant. In the large ashlar-line graves and cairns, we see clan burials in continual use (by being extended), which must express an ancestral clan identity and represent territorial claim markers for the clans. Furthermore, the grave finds and ritual buildings suggest that in both phases we deal with corporate communities in which 'conservative' habitus rules and dividuals (Gebel 2017b, 2024) determined living and surviving together.[15] Accordingly, we assume that the Rajajil Cultures' social organisation significantly differed from the more complex and hierarchical settlement communities at the prime hydrological locations.

---

14 Settlements like Tayma also benefitted from former permanent settlements' hydraulic heritage in water management, transferred from Middle-Final PPNB and Pottery Neolithic occupations (e.g. Fujii 2009, 2018; SCTA 2011; Alasmari 2019).

15 In several publications, we often refer to their pastoral lifeways and cultures as 'Palaeo-Bedouin', pointing out that Bedouin lifeways are thousands of years old and hardly changed.

| | Socioeconomies | Ritual/sepulchral/cognitive | Climate/environment/ population dynamics |
|---|---|---|---|
| Early Rajajil Culture c. 4600-4200 BCE* ('Chalcolithic') | Tribally organised mobile pastoralists establishing burial aggregation sites with watering facilities at hydrologically favoured locations, forming nexuses for their long-distance networks with large burial grounds; dispersed pen- sites with housing structures and graves along the routes; co-existing with developing sedentary horticultural proto-oases like Tayma | (Megalithic) multi-chambered, of D-shaped ashlar-line graves oriented towards the east; roundish ritual and domestic structures form sepulchral landscapes at aggregation (nexus) sites; astral belief system? | Pastoral use of constantly reducing steppe landscapes during gradually deteriorating climate witnessing short-term oscillations with adaptive mobile pastoralism; role of overgrazing?; hydraulic land use characterised by well/trough installations, dams and other hydrotechnological installations; by climate-controlled mostly stagnant population dynamics |
| Late Rajajil Culture *c.* 4200-3800 BCE* ('Late Chalcolithic') | Tribally organised mobile pastoralists increasingly becoming sedentary at hydrologically favoured burial aggregation sites, establishing tribally organised settlements practising horticulture and irrigation, establishing cairn burial grounds; co-existing and exchanging with still mobile pastoral groups who continue to use the now settled nexus sites for watering, market and social exchange; continuing dispersed pen- sites with housing structures and graves along the routes; raising conflicts over well 'property'?; phase of dual socioeconomies with shared belief systems and cognitive/ritual dispositions; late proto-oasis contexts; all co-existing with developed traditional sedentary horticultural proto-oases like Tayma | Round cairns with chambers and central ashlars/ashlar lines oriented towards the east; cairn lines occupy ridge edges accompanying settlements or campsites, shared watering places of still mobile herders and settled gardeners; astral belief system? | Drastic reduction of grassland as a result of a significant climate impact: signals of a temporary deterioration from 4200 BCE: progressing oasisation); overgrazing increases climate impacts; intensification of hydraulic land use through diversification and combination of water harvesting technologies; stagnant or regressive population dynamics supported by sustainabilities provided by joining the late proto-oases |

Table 1: The Rajajil Cultures: summary of main hypothetical characteristics of the mostly megalithic occupations, based on current working theses. (*expected dates BCE; for the amended definitions of proto-oases and ashlar-line graves cf. the text).

While the earlier Rajajil Culture remained broadly aceramic, the later phase appears to have used pottery to a limited extent; however, the graves of either phase contain no pottery. The highly fragmented and eroded pottery still found in Rajajil by J. Zarins (1979) is hardly diagnostic; it may relate to the Chalcolithic, a later Iron Age/Thamudic occupation, or even sub-recent occupations that used the ashlars in Rajajil for tent and hut construction in the 1930s.

Regarding social constitutions, the Rajajl Cultures further promoted the social phenotypes known from the Late PPNB times onwards, the so-called dividuals and the confined relational group selves embedded in the steppes' special habitus societal conventions. The steppes' potential natural deficits and vulnerability demanded and sustained fierce, internally effective and informal behavioural, ritual and symbolic regimes, operated without medial assistance (e.g., imagery); their norms and values were supposedly transmitted through narratives and were most likely monistically (*sensu* a religious monism) constituted. In these habitus aggregates, members understood themselves as the 'property' of their peers. We expect that they formed tribal systems (the 'Palaeo-Bedouins') whose flat-hierarchical social order was controlled by confined reciprocity systems. (Gebel 2017b, 2024, forthcoming). Moreover, we expect that these habitus aggregates continued to remain effective in the various ethnoontological and mental constitutions of the Southern Levant's semi-arid and arid regions' social lifeways, maintaining their – historically attested – 'conservatism' despite shifting developments in the crossroad networks.

The seasonally(?) visited aggregation centres of the Rajajil Cultures, such as Rajajil itself, developed at hydrologically favoured locations along the routes of horizontal transhumance. Their basic *raison d'être* must have been that of a burial place for ancestors, a place of negotiation for the social and political affairs of the tribal associations and a place to rest with sufficient watering facilities for their flocks. They existed parallel to the permanent settlements at consistently water-rich steppe locations (in terms of aquifers, lakes, large drainage catchments, and areas with guaranteed plentiful rainfall), where agriculture has always been practised since Neolithic times (non-refugia locations). Early irrigated agriculture/horticulture was established successfully and sustainably in such locations, starting with the early proto-oases (Tayma evidence or paradigm) in the early 5th millennium BCE at the latest. Due to a marked deterioration in climate around 4200 BCE, which led to a further reduction in grazing areas and natural water supplies, many of the mobile herders of the Early Rajajil Culture (*c.* 4600-4200 BCE) gave up their mobile lifeways and settled in the remaining hydrologically favoured refugia locations. They became farmers/horticulturists, joining the late proto-oasis trajectory.

## The updated set of theses on the Rajajil Cultures (version v4)

The scenario described in Table 1 and in the previous section represents a hypothetical summary, which considers the current state of the set of theses on the Rajajil Cultures (cf. below, the updated version v4; for the earlier versions v1- v3 cf. Gebel 2013, 2016, 2017a: Frame 1; version v3 was still called the 'oasisation model') and its changed empirical substratum; the heuristic and epistemological meaning of the set of theses is explained in the section 'Rajajil Cultures research transdisciplinary aggregate'. The new set of theses concentrates on modelling the Rajajil Cultures' trajectory and hypothesises socioeconomic and land use development from well-based mobile pastoralism in the Early Rajajil Culture to well-based sedentary oasis horticulturalism co-existing with well-based mobile pastoralism during the Late Rajajil Culture,as suggested by the results of our two case study regions in northwestern Arabia; passages marked with an * refer to attested findings.

### *Hypothesis 1 on the Rajajil Cultures*

Parallel to sedentary Chalcolithic cultures in the moderate (*sensu* temperate) regions of the southern Levant (5th millennium BCE), and parallel to contemporary sedentary settlements allowing open-air horticulture with irrigation in northwestern Arabia (the Tayma Paradigm), complex mobile pastoral societies, the Rajajil Cultures,* established and populated extensive sepulchral landscapes* with watering places* along extensive migration systems in northwestern Arabia's present-day arid lands. Their subsistence and initially progressive population dynamics were favoured by the so-called Mid-Holocene climate optima* on the Arabian Peninsula, during which extensive (open-forest?) steppe grasslands with lakes, aquifers with high water tables, and natural water holes persisted during the Early Rajajil Culture; ephemeral watering places in less favourable/water deficient areas allowed the crossing of drier regions. These conditions not only sustained the progressive productivity of flocks but also provided large migrating ungulate populations to hunt. During the Late Rajajil Culture and increasing droughts, diminishing grasslands made the hitherto mobile shepherds become residents of the last water-favoured natural oases, developing further the proto-oasis trajectory. The potential role of wild date stands – providing fruits with high nutritional value that are easy to store and transport over long distances – is yet unclear. This 'green desert' background of the Rajajil Cultures represents the third large-scale occupation in many parts of Early-Mid Holocene Arabia, after the influxes and often temporary establishments of agro-pastoral and sedentary life related to the Middle/ Late PPNB and Late Neolithic periods were ended by the 8.2 ka BP 'Rapid Climate Change Event' (RCC).

## *Hypothesis 2 on social organisation and long-distance networks*

In 5th millennium northwest Arabia, the Early Rajajil Culture's tribal modes of social organisation remained the dominant and sustainable social identity ('palaeo-Bedouins'), using their specific territorial, social and environmental techniques of adaptation* to steppe regions (as known today from the traditional Bedouin socioeconomy in semi-arid and arid regions). A hydraulic and sepulchral ethos informed the behaviour of these predominantly mobile, hierarchically flat-topped chiefdom societies. Socially, they consisted of confined relational group selves 'owning' dividuals as members, forming 'fierce' habitus societies bound together by belief systems centreing around astral and ancestry perceptions. Arabia's pastoral cultures' long-distance networks during the Mid-Holocene climate optima were part of broader networks from the Sinai* in the west to areas east of Riyadh* and possibly Yemen (representing a 'Mid-Holocene Saharo-Arabian green desert belt') sharing similar cultural and ideological value systems. Early Egypto-Mesopotamian connections may have used such pastoral networks via the al-Jawf/al-Naqab/Sinai regions for long-distance exchange. Places like Qulban Beni Murra*, Rajajil*, and Rasif* were water-favoured locations* in such networks, providing the conditions for the establishment of sepulchral and ceremonial aggregation centres, helping social groups to manifest their identity by commemorating ancestral ties, negotiating social relations, and watering their flocks during extended presences at the sites.

## *Hypothesis 3 on the early regional proto-oasis trajectory*

During the 5th-millennium wet phases (Early Rajajil Culture), the regional (horizontal) transhumance patterns showed tendencies for at least seasonal or even permanent philopatry/sedentism at hydrologically favoured locations* (possibly also with access to ungulate migration routes/ibex habitats). Eventually, such conditions existed in Wadis Sahab al-Abyad and Sahab al-Asmar (and certainly in the Rajajil area: joining the proto-oasis trajectory is most likely*) where the *inselberg* pen campsites with their astonishing structural complexity were founded (or re-occupied, if they were of Late Neolithic origin). Parallel to the dual mobile/proto-oasis socioeconomies of the Rajajil Cultures, 'islands' of permanent occupation based on irrigation* persisted in northwestern Arabia from Middle Pre-Pottery Neolithic B (PPNB; early 8th millennium BCE) times; the Tayma Paradigm represents the 5th millennium BCE expression of this feature.

## *Hypothesis 4 on the late regional proto-oasis trajectory*

From the late 5th millennium, and the onset of drier conditions after 4200 BCE, the Late Rajajil Culture lost much of its pastoral mobility and partly transferred into a sedentary proto-oasis economy at hydrologically favoured locations*. After the Late Rajajil Culture, conditions got steadily drier and colder between 3800 and 3000 BCE (Weninger *et al.* 2009: 'rapid climate change' 6000-5200/5000 BP)*. Steppe habitats with their lakes* and high aquifers retreated in most regions, and the dwindling mobile shepherds concentrated at the remaining water-favoured locations; continued regressive pastoral population dynamics were associated with this development. At such spots, the mobile pastoralists either tried unsuccessfully to settle down (see the aforementioned *inselberg* pen camps of the 5th millennium BCE)* or became sedentary oasis horticulturalists while continuing their tribal social organisation and identity. They used their experience with well-building and canal-type watering systems/troughs* for proto-oasis irrigation and preparing date palm cultivation. In post-Rajajil Culture times, true oasis horticulture developed – by introducing new crops and the human-assisted propagation of the hitherto wind-propagated date stands – in the shade and micro-climate created by the palm fronds. In general, the establishment of the shaded oasis economies on the peninsula must have been a polycentric process constantly triggered by regionally worsening local water availability but backed by the co-existing mobile pastoral networks and their proto-oasis contacts: the new, innovative, and from then on, sustainable oasis horticulture and sedentary life* developed in Arabia from the 4th-millennium drought, which the major part of the mobile pastoral steppe populations must have experienced as a destruction of their life modes. Pastoralism, however, continued to supplement early oasis subsistence patterns and *vice versa.*

## *Hypothesis 5 on regions failing to participate in oasisation processes*

Regions like Qulban Beni Murra probably shared this development (Hypothesis 4) for only a few centuries after 4000 BCE; (re-occupied?) pen campsites like Wadi Sahab al-Abyad 14 and Wadi Sahab al-Asmar 6, 15, 20 and 21 could represent an unsuccessful regional 'warm-up' – see Hypothesis 3 – for the oasis economy. Depending on the locally remaining natural water supplies during the aridisation of the early 4th millennium, such localities either became 1) proto-oasis incubator regions preparing for the shaded oasis economy, 2) places of a disappearing seasonal mode of life, or 3) abandoned after the 5th-millennium climatic optima. The greater Rajajil area transitioned from proto-oases in the later 5th millennium/early 4th millennium to an early establishment of a shaded oasis economy during the (late?) 4th millennium BCE. Burial fields would have been continuously used in all scenarios*, varying in intensity and structural expression*. Rasif must have flourished as an area for watering flocks* at various intensities with accompanying burial fields (depending on climate and water management techniques).

### *Hypothesis 6 on the Rajajil Cultures' aftermath*

By the end of the 4th millennium*, the Middle East's sedentarisation trajectory was almost complete for Arabia's present-day arid zones, through the climatic and ecologically forced adaptation from well/lake-based pastoral life to well/canal-based oasis life*. The essential traits of the hydraulic, hydroethological/ontological and thanatological* dispositions of these 4th and 3rd-millennium oasis societies are expected to have persisted from the 5th millennium (in terms of tribal organisation, well/canal technologies*, burial practices*, and other).

## Acknowledgements

We authors thank the former Saudi Commission for Tourism and Antiquities (SCTA), Riyadh, under the presidency of H.R.H. Prince Sultan bin Salman al-Saud, Vice-President H.E. Prof Dr Ali I. al-Ghabban, and Excavations Director Dr Abdallah al-Zahrani for their devoted support of the Saudi-German Rajajil/Standing Stones Joint Archaeohydrological Project (RJJ), including the principal funding of the infield costs, academic interest and the administrative/logistical support. Additional funding came from ex oriente at Free University of Berlin, Lübeck University of Applied Sciences and the German Research Foundation. For the Eastern Jafr Archaeological Project (EJP) our gratitude goes to the Directors-General of the Department of Antiquities from 2001 onwards, and its Directors of Excavations Drs Muhammad Najjar and Aktham Oweidi. The infield funding for the EJP came from ex oriente at Free University of Berlin, Mu`tah University of Kerak and the German Research Foundation. Prof Dr Hamzeh Mahasneh, M.A. Amer S. Alsouliman, Prof Dr Matthias Grottker and Dr Kai Wellbrock were partly responsible as co-directors of the seasons. Among others, the late Abdelhadi al-Trrad,Dr Jamal Omar, Dr Abdallah al-Saud, Hussein al-Khlifa, Prof Dr Zeidan Kafafi, Prof Dr Abdelaziz al-Ghazzi, Drs Reinder Neef and Dr Julia Gresky were instrumental in various ways for the projects. Warmest thanks go to all government representatives of the different seasons, and to the many infield collaborators, among which Ahmad M. Abu al-Hassan, Zafer H. al-Amri, Dr Wa`el Abu Azizeh, Boris Borowski, Manuel von Grafenstein, Bastian Lischewski, M.A. Jana Pokrandt, Dr Christoph Purschwitz, Denis Stefanisko, Muhammad Tarfawi, Peter Voss, Yousef Abu Zagarit, and others were. Warmest thanks go to all our brothers in the fieldwork for their physical efforts, services, and intellectual contributions, and especially to the tribal people in the survey areas and their warm hospitality.

## References


Almasari, K.F. 2019. The Neolithic Period of Northwestern Saudi Arabia. Unpublished PhD dissertation, University of York.

Almushawh, M.A. 2018. An archaeoastronomical approach to the megalithic sites of Saudi Arabia. *Mediterranean Archaeology and Archaeometry* 18.4, p.1-9. DOI: 10.5281/zenodo.1472244

Avner, U. 2002. Studies in the Material and Spiritual Culture of the Negev and Sinai Populations during the 6th–3rd Millennia B.C. Unpublished PhD dissertation, Hebrew University Jerusalem.

Bar-Matthews, M, Ayalon, A.. 2011. Mid-Holocene climate variations revealed by high-resolution speleothem records from Soreq Cave, Israel, and their correlation with cultural changes. *The Holocene* 21.1: 163-171.

Dinies, M. 2019. Holocene ecology in NW Arabia: Biotic resources and plant cultivation, in S. Nakamura, T. Adachi and M. Abe (eds) *Decades in Deserts: Essays on Near Eastern Archaeology in honour of Sumio Fujii'*, p. 205-214. Rokuichi Syobou.

Dinies, M., Plessen, B. Neef, R., Kürschner, H. 2015. When the desert was green: Grassland expansion during the early Holocene in northwestern Arabia. *Quaternary International*, DOI: 10.1016/j.quaint.2015.03.007

Dinies, M., Neef, R., Plessen, B., Kürschner, H. 2016. Holocene vegetation, climate, land use and plant cultivation in the Tayma Region, Northwestern Arabia, in M. Luciani (ed.) *The Archaeology of North Arabia. Oases and Landscapes. Proceedings of the International Congress held at University of Vienna, 5th-8th Dec., 2013* (Oriental and European Archaeology 4), p.57-78. Vienna: Austrian Academy of Sciences.

Engel, M., Brückner, H., Pint, A., Wellbrock, K., Ginau, A., Voss, P., Grottker, M., Klasen, N., Frenzel, P. 2012. The early Holocene humid period in NW Saudi Arabia - evidence from sediments, microfossils and palaeohydrological modelling. *Quaternary International* 266, p. 131-141.

Fujii, S. 2009. Wadi Abu Tulayha: A preliminary report on the summer 2008 final field season of the Jafr Basin Prehistoric Project, Phase 2. *Annual of the Department of Antiquities of Jordan* 53, p.173-209.

Fujii, S., Al-Mansoor, A., Adachi, T., Al-Khalifa, K.A., Nagaya, K., Al-Anazi, A.S. 2018. Preliminary excavation report of Wadi Sharma 1, a Neolithic settlement in the Tabuk Province (2012-2013). *Atlal. The Journal of Saudi Arabian Archaeology* 26, p.116-124.

Gebel, H.G.K. 2010. Untergegangen im Klimawandel. Die paläo-beduinische Kultur von Qulban Beni Murra, Jordanien. *Antike Welt* 6/10, p.40-44.

Gebel, H.G.K. 2013. Arabia's fifth-millennium BCE pastoral well cultures: hypotheses on the origins of oasis life. *Proceedings of the Seminar for Arabian Studies* 43, p.1-16.

Gebel, H.G.K. 2014. Territoriality in early Near Eastern sedentism. *Neo-Lithics* 2014.2, p.14-44.

Gebel, H.G.K. in collaboration with al-Trrad, A., al-Khlifa, H., al-Amri, Z.H., Abu al-Hassan, A.M., Mahasneh, H.M., Alsouliman, A.S., Wellbrock, K. Grottker, M., Zielhofer, C. 2016. The socio-hydraulic foundations of oasis life in NW Arabia: The 5th millennium BCE shepherd environs of Rajajil, Rasif and Qulban Beni Murra, in M. Luciani (ed.) *The Archaeology of North Arabia. Oases and Landscapes. Proceedings of the International Congress held at University of Vienna, 5th-8th Dec., 2013* (Oriental and European Archaeology 4), p.79-114. Vienna, Austrian Academy of Sciences.

Gebel, H.G.K. 2017a. The origins of oasis life in NW Arabia. A model based on the Qulban Beni Murra and Rajajil case study regions, and the need of archaeohydrology as a discipline for studying Arabia's past, in W. Yasin al-Tikriti and P. A. Yule (eds) *Water and Life in Arabia,* p.1-26. Abu Dhabi: Abu Dhabi Tourism and Culture Authority. Dar-Al-Ummah Publishing.

Gebel, H.G.K. 2017b. Neolithic corporate identities in the Near East, in M. Benz, T. Watkins and H.G.K. Gebel (eds) *The construction of Neolithic corporate identities.* (Studies in Early Near Eastern Production, Subsistence, and Environment 20), p.57–80 Berlin, ex oriente

Gebel, H.G.K. 2019. Polylinear incursions and autochthonous adaptations: Neolithisation and sustainable sedentarisation of the Arabian Peninsula. *Arabian Archaeology and Epigraphy* 2019. https://doi.org/10.1111/aae.12146. (DOI: 10.1111/aae.12146) John Wiley and Sons Ltd.

Gebel, H.G.K. 2024. Sepulchral Commodification: the Rituality of the Ba`ja Daggers, in 'M. Benz, J. Gresky, C. Purschwitz and H.G.K. Gebel (eds) Death in Ba`ja. Sepulchral identity and symbolism in an Early Neolithic community of the Transjordanian Highlands. *Household and Death in Ba`ja* 2', p.371-392 *bibliotheca neolithica Asiae meridionalis et occidentalis. Berlin, ex oriente.*

Gebel H.G.K. forthcoming. The origin of habitus social organisation in the Southern Levantine Early Neolithic. Lecture at the *Conference Social Interactions in Mediterranean Prehistory* (SIMEP), 21-23 October, 2024, Barcelona.

Gebel, H.G.K., Mahasneh, H.M. 2009. Petroglyphs and sepulchral contexts, Preliminary note on late Chalcolithic/early Bronze Age findings at Qulban Beni Murra, Wadi Sahab al-Abyad. *Journal of Epigraphy and Rock Drawing* 3, p.1-9.

Gebel, H.G.K., H.M. Mahasneh, P. Keilholz and J. Baumgarten. 2011. Life at the edge: Sepulchral, hydraulic and pastoral land use in Wādīs as-Sahab al-Abyad and al-Asmar, southeastern Jordan. Preliminary report of the Eastern Jafr J.A.P., 4th Season, 2010. *Annual of the Department of Antiquities* 55, p.537-559.

Gebel, H.G.K. and H.M. Mahasneh. 2012. Qulban Beni Murra. Unknown Mid-Holocene Sepulchral Green Desert Landscapes, Pastoral Well Cultures, and the Origins of Arabia's Oasis Economies, in 'F. Klimscha, R. Eichmann, C. Schuler and H. Fahlbusch (eds), *Wasserwirtschaftliche Innovationen im archäologischen Kontext. Von den prähistorischen Anfängen bis zu den*

*Metropolen der Antike'* (Menschen, Kulturen, Traditionen 5), p.101-122. Leidorf, Rahden.

Gebel, H.G.K. and H.M. Mahasneh. 2013. Disappeared by climate change. The shepherd cultures of Qulban Beni Murra (2nd half of the 5th millennium BC) and their aftermath. *Syria* 90, p.127-158.

Gebel, H.G.K and Wellbrock, K.. 2019. Hydraulic cultures and hydrology under climatic change: North Arabian mid-Holocene pastoral and proto-oasis land use, in E. Chiotis (ed.), *Climate Changes in the Holocene. Impacts and Human Adaptation'*, p.247-270. CRC Press, Taylor and Francis Group

Gebel, H.G.K, Alsouliman, A.S., al-Amri, Z.H., Abu al-Hassan, A.M., Wellbrock, K., Grottker, M., Lischewsky, B., al-Trrad, A.. forthcoming. Excavations' summary report 2012-2016 of the Saudi-German Rajajil/Standing Stones Joint Archaeological Project. Defining the Rajajil Cultures (5th - Early 4th Millennium BCE). Submitted to *Atlal. The Journal of Saudi Arabian Archaeology*, submitted March 2024.

Harrigan, P. 2012. Discovery at al-Magar. *Aramco World Magazine* 63.3. Houston.

Hausleiter, A. 2017. Approaches to the Cultural Heritage of Water in Saudi Arabia, in 'ICOMOS (ed.) *Cultural Heritages of Water. The cultural heritages of water in the Middle East and Maghreb'*, p.313-344 (2nd edition). Paris, ICOMOS.

Hermansen, B.D. 2004. Patterns of Symbolism at Neolithic Basta, in H.D. Bienert, H.G.K. Gebel, R. Neef (eds) *Central Settlements in Neolithic Jordan* (Studies in Early Near Eastern Production, Subsistence and Environment 5), p.177-182. Berlin, ex oriente.

Kirkbride, D. 1960. Khirbet Rizqeh. *Revue Biblique* 67, p. 232-235.

Kirkbride, D. 1969. Ancient Arabian ancestor idols. Parts I and II: The discovery of the sanctuary at Risqeh. *Archaeology* 22, p.116-121, 188-195.

Lüthgens, C., Luciani, M., Prochazka, S., Firla, G., Hoelzmann, P., Abualhassan, A.M. 2023. Watering the desert: Oasis hydroarchaeology, geochronology and functionality in Northern Arabia. *The Holocene* 33.5, p.1-19. DOI: 10.1177/09596836231157292

Michiels, T., Alsouliman, A.S., Gebel, H.G.K. 2012. Stage 3 manufacturing traces of the Ba'ja LPPNB sandstone rings. *Neo-Lithics* 2/12, p. 41-50.

Neugebauer, I., Dinies, M., Plessen, B., Dräger, N., Bauer, A., Brückner, H., Frenzel, P., Gleixner, G., Hoelzmann, P., Krahn, K.J., Pint, A., Schab, V.F., Schwarz A., Rik T., Engel, M. *et al.* 2022. The unexpectedly short Holocene humid period in northern Arabia. *Communications Earth and Environment* 3: Article 47. https://doi.org/10.1038/s43247-022-00368-y

Palmisano, A., Lawrence, D., de Gruchy, M.W., Bevan, A., Shennan, S. 2021. Holocene regional population dynamics and climatic trends in the Near East: A first comparison using archaeo-demographic proxies. *Quaternary Science Reviews* 252: 106739. https://doi.org/10.1016/j.quascirev.2020.1067390277-3791/

Petraglia, M.D., Groucutt, H.S., Guagnin, M., Breeze, P.S., Boivin, N. 2020. Human responses to climate and ecosystem change in ancient Arabia. *Proceedings of the National Academy of Sciences* 117 (15), p.8263-8270. https://doi.org/10.1073/pnas.1920211117

SCTA (Saudi Commission for Tourism and Antiquities). 1432(2011). Al-Maqar civilisation. An advanced civilisation from the Neolithic era in the Kingdom of Saudi Arabia and older evidence. The domestication of horses in the world nine thousand years ago. Al-Riyadh, General Authority for Tourism and Antiquities - Antiquities and Museums Sector. Press file: 1-41. (in Arabic)

Staubwasser, M. and Weiss, H. 2006. Holocene climate and cultural evolution in late prehistoric - early historic West Asia. *Quaternary Research* 66, p.372-385.

Wellbrock, K., Voß, P., Grottker, M. 2011. Reconstruction of mid-Holocene climate conditions for north-western Arabian oasis Tayma. *International Journal of Water Resources and Arid Environments* 1, p. 200-209.

Wellbrock, K., Voß, P., Grottker, M. 2012. The evolution of water management methods in north-western Arabia and the southern Levant from the Neolithic Age through Antiquity. *Schriften der Deutschen Wasserhistorischen Gesellschaft* 20/1, p.29-48.

Wellbrock, K., Grottker, M., Gebel, H.G.K. 2017. Archaeohydrological investigation in NW Arabia. Potentials, problems, needs and goals, in W. Yasin al-Tikriti, P.A. Yule (eds), *Water and Life in Arabia'*, p.27-43. Abu Dhabi, Abu Dhabi Tourism and Culture Authority/Dar-Al-Ummah Publishing.

Wellbrock, K., Strauss, M., Külls, C., Grottker, M. 2018. The oasis of Tayma, NW Arabia: transformation in terms of water management and hydrology during the last millennia, in L. Purdue, J. Charbonnier, L. Khalidi (eds) *From refugia to oases: living in arid environments from prehistoric times to the present day*. XXXVIIIe Rencontres Internationales d'Archéologie et d'Histoire d'Antibes: 231-249. Antibes, Éditions APDCA.

Weninger, B., Clare, L., Rohling, E.J., Bar-Yosef, O., Böhner, U., Budja, M., Bundschuh, M., Feurdean, A., Gebel, H.G.K., Jöris, O., Linstädter, J., Mayewski P., Mühlenbruch, Reingruber, T., Rollefson, G., Schyle, D., Thissen, L., Todorova, H., Zielhofer, C. 2009. The impact of rapid climate change on prehistoric societies during the Holocene in the eastern Mediterranean. *Documenta Praehistorica* 26, p.1-53.

Zarins, J. 1979. Rajajil – a unique Arabian site from the fourth millennium B.C. *Atlal. The Journal of Saudi Arabian Archaeology* 3, p.73-77.

Zielhofer, C., Wellbrock, K., Alsouliman, A.S., Fitzsimmons, K., Stele, A., Lauer, T., von Suchodoletz, H., Grottker, M., Gebel, H.G.K., 2018. Climate forcing and shifts in water management on the Northwest Arabian Peninsula (mid-Holocene Rasif wetlands, Saudi Arabia). *Quaternary International* 473, p.120-140.

# Leceia, Moita da Ladra and Outeiro Redondo: Similarities and differences between three walled sites of Portuguese Extremadura

João Luís Cardoso

## Abstract

*The three major walled sites where the author conducted archaeological excavations - Leceia (Oeiras), between 1983 and 2002; Moita da Ladra (Vila Franca de Xira), between 2003 and 2006; and Outeiro Redondo (Sesimbra), between 2005 and 2016 - yielded a body of information of unquestionable relevance to our knowledge of architectures, stratigraphies and absolute datings. This data became essential for understanding the economy and social organisation of the populations that occupied this vast region, with its own cultural significance: the so-called 'Chalcolithic of Extremadura'. In addition to this remarkable wealth of information, the exhumed archaeological remains have been thoroughly studied and published in detail.*

*This paper will describe the main architectural features, both defensive and residential, of each site. Moreover, the archaeological assemblages will be enhanced based on the identification of artefacts that, given their typology, could provide objective information about the most relevant economic activities carried out by the sites' inhabitants. Such conclusions, combined with the sites' features, including their geographical location and size, led, for the first time, to conclusions on their functional nature and how they fitted into the demographic and economic fabric of the densely populated Lisbon/Setúbal peninsulas during the 3rd millennium BC.*

*Keywords: Leceia, Moita da Ladra, Outeiro Redondo; architectures; assemblages; functionalities; 'Chalcolithic of Extremadura'; Portugal.*

## *Résumé*

*Les trois principaux sites fortifiés où l'auteur a mené des fouilles archéologiques - Leceia (Oeiras), entre 1983 et 2002 ; Moita da Ladra (Vila Franca de Xira), entre 2003 et 2006 ; et Outeiro Redondo (Sesimbra), entre 2005 et 2016 - ont fourni un ensemble d'informations d'une pertinence incontestable pour notre connaissance des architectures, des stratigraphies et des datations absolues. Ces données sont devenues essentielles pour comprendre l'économie et l'organisation sociale des populations qui occupaient cette vaste région, avec sa propre signification culturelle : ce que l'on appelle le « chalcolithique d'Estrémadure ». En plus de cette remarquable richesse d'informations, les vestiges archéologiques exhumés ont été étudiés en profondeur et publiés en détail. Cet article décrira les principales caractéristiques architecturales, à la fois défensives et résidentielles, de chaque site. De plus, les assemblages archéologiques seront enrichis sur la base de l'identification d'artefacts qui, compte tenu de leur typologie, pourraient fournir des informations objectives sur les activités économiques les plus pertinentes exercées par les habitants des sites. Ces conclusions, combinées aux caractéristiques des sites, y compris leur situation géographique et leur taille, ont conduit, pour la première fois, à des conclusions sur leur nature fonctionnelle et leur intégration dans le tissu démographique et économique des péninsules densément peuplées de Lisbonne/Setúbal au cours du 3e millénaire av. J.-C.*

*Mots-clés : Leceia, Moita da Ladra, Outeiro Redondo ; Architectures ; assemblages ; Fonctionnalités ; « Chalcolithique d'Estrémadure » ; Portugal.*

## 1 – Methodological aspects

Even though the areas excavated in each of the walled settlements addressed herein were very large, coherent patterns were observed in all of them in terms of their overall stratigraphic sequences. This was confirmed by the vertical distribution of the respective archaeological materials, which allowed us to devise a general model for the evolution of their occupation, from the earliest times until their final abandonment. The rigour and validity of this model, which was successively confirmed in the course of the excavations conducted at the sites, are based on the quality and representativeness of three distinct aspects, i.e.:

1. the execution of stratigraphic sections at carefully selected locations. Indeed, the sequences observed at locations featuring the greatest amount of information enabled establishing correlations between the various selected locations. This led to the definition of a standard stratigraphy corresponding to the area once occupied by each of the settlements;
2. the constructional sequences identified at each site, whose internal phasing was based on the vertical overlap or lateral juxtaposition (incorrectly referred to as 'horizontal stratigraphy') observed; it was deemed possible and even necessary to articulate these two aspects: the stratigraphic sequence and the constructional sequence, since both reflect, in their own ways, a single reality - the vicissitudes that characterised the human occupation of each of the sites, which are necessarily different;
3. the artefactual content of each of the previously identified layers, with particular emphasis on artefacts which, due to their abundance and rapid typological evolution, support the establishment of sequences with chronological and cultural implications for the Chalcolithic of Extremadura.

We must stress that the formation of all stratigraphic sequences recorded at the three sites was determined by different factors: some of an anthropogenic nature, which in some cases dominated the formation of the deposits themselves, with a purely local expression; and others of a post-depositional nature, determined by natural accumulation processes, spanning vast areas or even the entire archaeological site. Conversely, the observation of stratigraphic sequences pertaining to confined spaces, such as the interior of a dwelling or a bastion, where the anthropic component was decisive, revealed particular sedimentation processes, which cannot be directly correlated with each other.

It is also important to bear in mind some considerations regarding requirements and limitations when it comes to relating stratigraphic sequences to their cultural dimensions. To do so, it is essential to take into account the artefactual content of each of the stratigraphic layers concerned. However, this is not a 'closed' concept, made up of a certain number of mutually exclusive, significant artefacts. The evolution of material culture has rarely taken the form of sudden, absolute and definitive substitutions: interpretation should be guided by the concept of statistical predominance, and it is true that the Chalcolithic of Extremadura has long been recognised as an ideal field for the application of such principles. In the specific case of Leceia, it was possible to relate each of the three main archaeological layers of the stratigraphic sequence, identified according to the aforementioned criteria, with certain ceramic productions, with well-defined shapes and decorations. The latter characterise each layer from the point of view of material culture, resulting in three well-differentiated chrono-cultural phases.

This exercise is neither theoretical nor preconceived, as it stems from the observed facts. The results obtained do not, of course, rule out the phenomena of real coexistence between different artefactual productions, configuring the continuum that has characterised, in the majority of cases, the succession of material cultures observed in a given geographical space.

As a matter of fact, the actual chrono-cultural correlation of the overall sequence was fully demonstrated by the series of radiocarbon dates obtained (Cardoso, 2000) for each of the layers. Thus, the sequence was easily and immediately connected to similar occupations identified in other Chalcolithic settlements of Extremadura, particularly Zambujal (Kunst 1966).

These were the methodological principles - and the limitations that were pointed out in due course - that were always present in the course of the vast and extensive excavations conducted. This supported the attribution of unequivocal and reliable chronological and cultural significance to the stratigraphic sequences thus defined. Actually, any and all the individually observed facts – stratigraphic and constructional sequences – were ultimately the result of a single cause: the presence of the human communities that, over a more or less extended period of time, successively occupied the three sites concerned. And, of course, the activities they carried out on a daily basis, which left traces represented by the remains of the artefacts recovered therein. It was therefore important to characterise the defensive architectures, on the one hand, and, on the other, to seek their connection with the domestic activities carried out in each case, expressed by the types of artefacts and their evolution over time at each of the sites concerned, also bearing in mind their original dimension. This is how we sought to understand their importance and functionality as population centres, and how they would have fit into the regional demographic framework of which they were an integral part. This objective was only made possible by the fact that representative information was obtained in all of the three studied cases, which was only possible by conducting ambitious fieldwork programmes that began in 1983 and continued uninterruptedly until 2016. These works are deemed essential for understanding the genesis of complex Chalcolithic societies in western Iberia.

## 2 – Terminological aspects

It is important to clarify the archaeological terminology used. Thus, while the term Early Chalcolithic has been established for a long time, corresponding, in Extremadura, to residential occupations characterised, in terms of the ceramographic record, by the dominant presence of fluted decorations, applied mainly to good quality cylindrical vessels (the well-known 'copos canelados' and 'taças caneladas'), the term Full/Final Chalcolithic requires clarification. Indeed, as far as the phasing of the Chalcolithic of Extremadura is concerned, it is still common to consider that the Full Chalcolithic is characterised by the presence of the well-known 'acacia leaf' and 'crucifera' decorations, corresponding to follicles impressed onto the soft paste using a matrix, especially on large globular vessels, while the term Final Chalcolithic is reserved for the time span corresponding to the appearance of Bell Beaker ceramics. However, as clearly demonstrated in the region concerned, i.e. Lower Extremadura, the emergence of Bell Beaker productions coincided with the 'acacia leaf / crucifera' productions (Cardoso 2014 a; Cardoso 2017), which explains, in some cases, the total absence of Bell Beaker productions, despite the fact that theoccupation dates of the sites where this occurs are fully compatible with the presence of such productions. This evidence is best documented at Outeiro Redondo, where Bell Beaker productions are vestigial and concentrated in the westernmost sector of the settlement. Yet, the chronology of its occupation coincided with the peak of these productions and the site is located in the area with the highest geographical Bell Beaker concentration in the Iberian Peninsula.

In other words, the presence/absence of Bell Beaker productions is not a discriminating factor in the phasing between occupations attributable to the Full Chalcolithic and the Final Chalcolithic of Extremadura. Therefore, by adopting a coherent criterion, based on absolute datings, all occupations postdating ca. 2500 BC recorded in Extremadura, whether or not they feature a Bell Beaker presence, should be associated with the Full/ Final Chalcolithic, and not the Full Chalcolithic or the Final Chalcolithic, according to the absence/presence of Bell Beaker productions criterion, which until now has been common practice.

## 3 – The sites: architectural and stratigraphic aspects; recovered materials

The geographical location of the three sites studied below is shown in Figure 1, along with the most important comparable sites of Extremadura.

### *3.1 – Leceia*

At Leceia, a site excavated over the course of twenty annual excavation filed seasons between 1983 and 2002, four cultural phases and five construction phases were identified, beginning in the Late Neolithic and ending in the Full/Final Chalcolithic; thus, the final stage coincides with the outbreak of the Bell Beaker 'phenomenon'. This is directly linked to the recorded stratigraphic sequence, according to the aforementioned methodological criteria (Cardoso 2010).

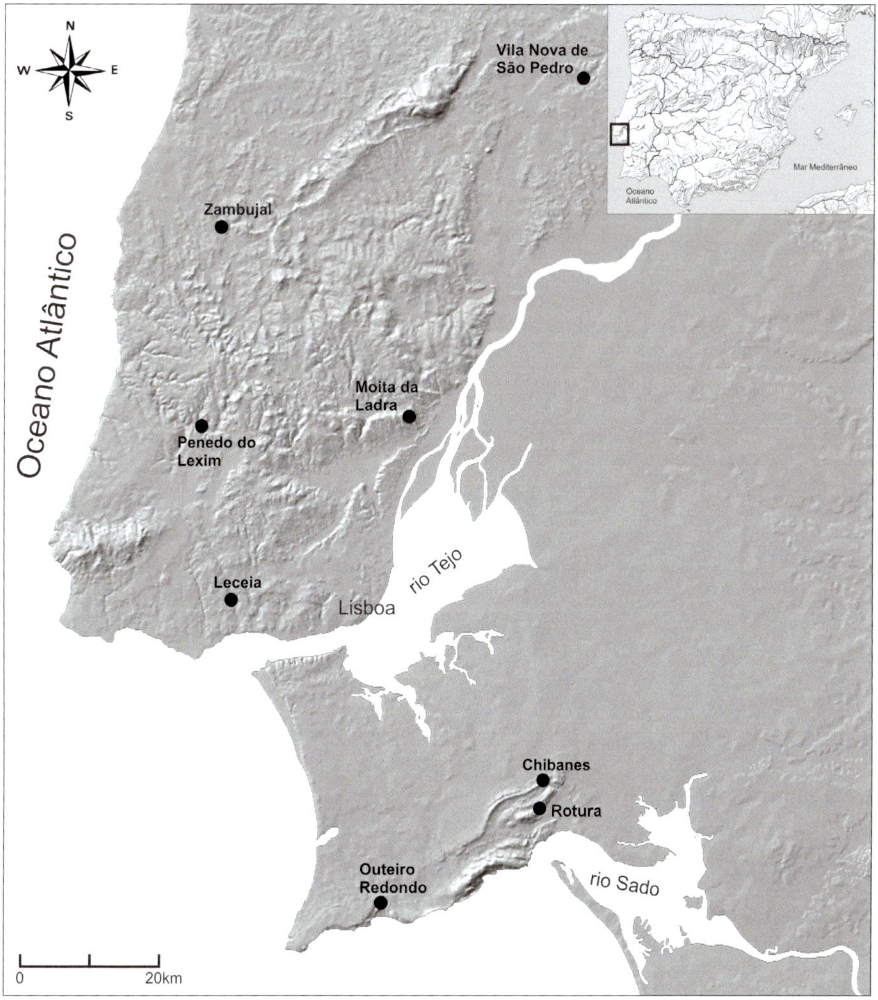


Figure 1. Geographical location of the settlements of Leceia, Moita da Ladra and Outeiro Redondo in the framework of the Chalcolithic settlement of Extremadura

Figure 2. Ground plan of the fortified Chalcolithic settlement of Leceia (acc. J. L. Cardoso).

The first cultural phase corresponds to the establishment of a vast open settlement on the rocky platform of Leceia (Cretaceous reef limestone benches). Wherever the excavation reached bedrock, there was a reddish-brown layer - Layer 4 - directly on top of it, with abundant Late Neolithic materials, particularly ceramics, including the characteristic vessels with indented rims, carinated ceramics and, exceptionally, ceramics decorated with plastic (raised cordons, symbolic lugs), incised or impressed motifs, which can be considered reminiscent of the so-called Early Evolved Neolithic of Extremadura.

Only one construction phase was identified in association with this cultural phase. It is represented by small segments of rectilinear walls, corresponding to residential structures, which had already been razed to the ground when the first defensive line was built at the beginning of the Early Chalcolithic period. However, most of the materials were found in secondary position, filling the most depressed areas of the bedrock, where they naturally accumulated.

At the very beginning of the Early Chalcolithic period, around 2800 BC and after an abandonment that may not have exceeded a few dozen years, a complex defensive structure was built, organised in three curving lines and reinforced by bastions on the outside. This defensive structure enclosed a sub-triangular rocky spur overlooking the Barcarena stream from the top of its right bank (Figure 2).

From a constructional point of view, this cultural phase, which is well defined both in stratigraphic and archaeographic terms, is related to three construction phases: the second, third and fourth phases respectively. The second phase, which can be dated back to the beginning of the Early Chalcolithic period, features the construction of a complex defensive system consisting of three walled lines, curvilinear and sub-parallel, defended and reinforced on the outside by mostly hollow, semicircular bastions. This construction programme, which was probably completed within a short time span, reflects a prior conception of how the available space was to be occupied, according to a plan that was rigorously implemented. The resulting structure is formally comparable to other fortified sites in the Portuguese territory, starting with the two most remarkable and closest parallels, also belonging to the district of Lisbon, the prehistoric settlements of Zambujal (Torres Vedras) and Vila Nova de S. Pedro (Azambuja), whose evident 'family resemblance' denotes comparable characteristics, extendable to the whole of the rich territory of Portuguese Extremadura.

One can clearly see the defensive concerns of the builders, as they closed off the platform by means of the three walled lines, erected on the most vulnerable side, taking advantage of a natural escarpment on the other two sides (south and east). This escarpment is actually a spur overlooking the valley of the Barcarena stream, generally reaching a height of around 10 m and delimiting the inhabited platform.

Such concerns are also evidenced by the successive reinforcements, which have also been carried out in accordance with broad programmes involving the entire defensive system, which has been subject to periodic and internally coherent refurbishments.

Several architectural units of a communal nature can be traced back to the final, Early Chalcolithic construction phase, e.g. the foundations of three threshing floors. It is worth mentioning that all of them are located within the defended area, a fact that illustrates the climate of social instability that prevailed at the time. Another communal structure is a slabbed path, partly overlapping the aforementioned round hut and thus postdating it: it actually belongs to construction Phase 4. Besides being a unique case in Portuguese prehistory, this path has the particularity of being fitted with several steps to overcome the slope on the southern side of the settlement, connecting two entrances, located on the first and second defensive lines respectively.

Some structures, due to their size, were also in common use by the settlement's inhabitants. This is the case of a vast slabbed area between the first defensive line and the large massive tower that connects the second and third defensive lines (see Figure 1). This could be an open area, but it is also possible that it was a covered space, taking advantage of the support provided by the two aforementioned structures. It could serve multiple purposes, such as bringing people and livestock together in more conflictive situations.

The fifth and final construction phase corresponds to the Full/Final Chalcolithic, during which there was a contraction of the occupied space, with a consequent decrease in the number of inhabitants, while the defensive structures reached a stage of almost total degradation. Contrary to what one might believe, the disinvestment in the construction or maintenance of walls and bastions was not coupled with a decline in the quality or quantity of domestic production, quite the opposite in fact: it actually seems to be during this phase that the population based in Leceia reached its greatest economic growth, as evidenced by the rich and varied coeval utensils recovered. On the other hand, the presence of large domestic spaces suggests that the construction investment was transferred to these community buildings, given their size. A number of them have been identified between the second and third walled lines. They feature ellipsoidal floor plans, with a long axis exceeding 10 m and entrances marked by thresholds on both the external and internal sides. Besides the former, two Bell Beaker huts were identified in the extramural area. These huts have demonstrated the antiquity of the emergence of the Bell Beaker phenomenon in the Tagus estuary region (Cardoso 2019 a),supporting its attribution to a population group distinct from the one that inhabited the intramural space and with which it did not initially mix, although both groups did establish close relations, as evidenced by the fact that these two huts are adjacent to the fortified site (Cardoso 2014 a).

The last construction phase also includes a communal structure with a subcircular and closed layout, defined by small upright slabs. It may have originally been a silo, but it was abandoned and reused as a rubbish dump: this is indicated by its infilling, which includes abundant faunal and archaeological remains, including Full Chalcolithic ceramics, along with some human remains. Its dating proves that this small enclosure was reused as a funerary deposit during the Bronze Age, towards the middle of the 2nd millennium BC (Kunst, Cardoso, Waterman 2014).

### *3.2 – Moita da Ladra*

The fortified Chalcolithic settlement of Moita da Ladra was located on top of a basalt chimney of Late Cretaceous age, belonging to the Lisbon-Mafra Volcanic Complex. The works conducted here enabled the extension of the area of archaeological interest to be determined, resulting in the execution of an extended excavation, covering an area of approximately 1000 m2. (Cardoso

Figure 3. Ground plan of the fortified Chalcolithic settlement of Moita da Ladra (acc. J. L. Cardoso)

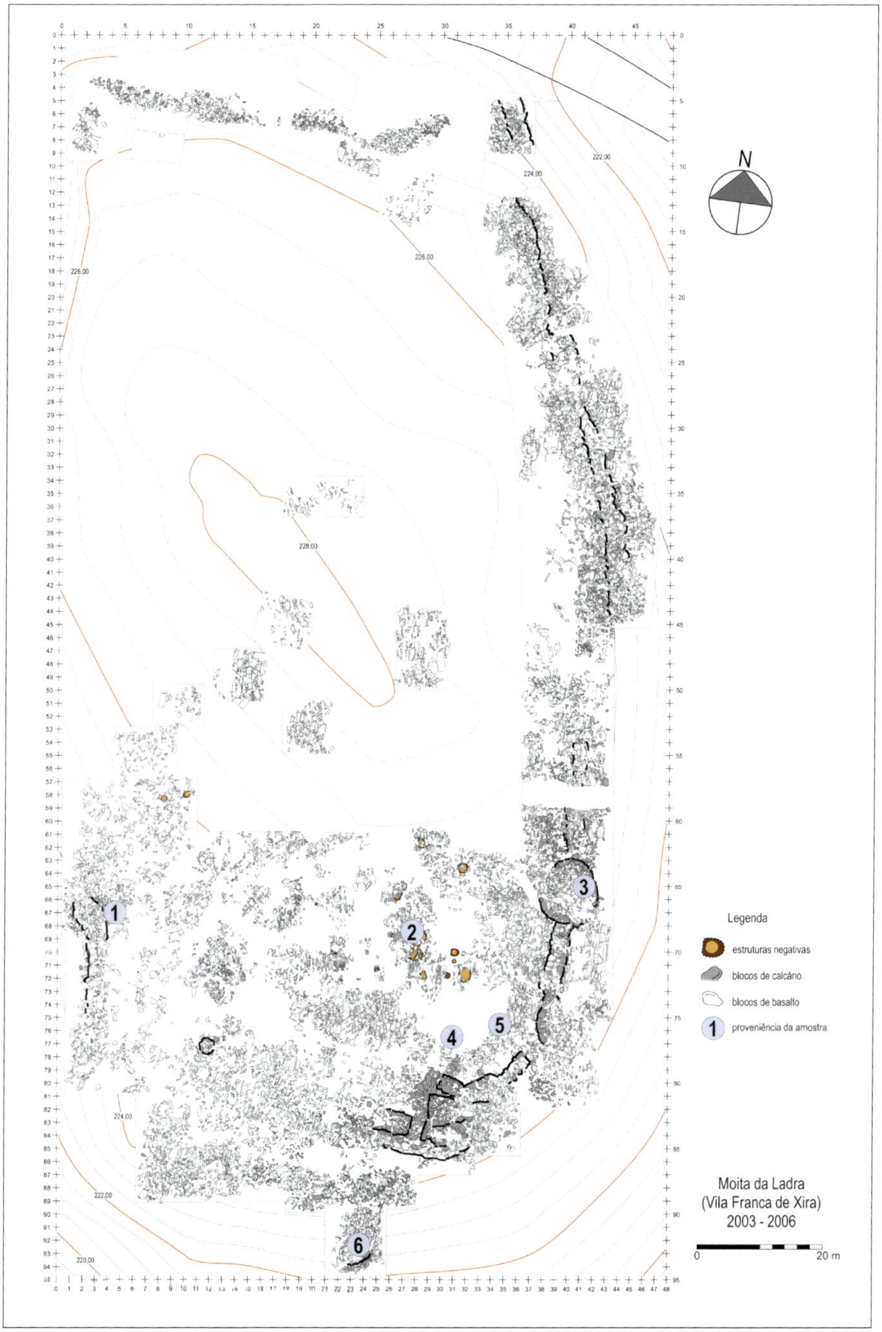


2014 b). The existence of a defensive system surrounding the highest part of the hill was confirmed; this consisted of a simple wall with a ca. 80 m-long major axis, roughly orientated north-south, and a ca. 44 m-long minor axis, which was unearthed along its entire preserved length (Figure 3), This corresponds to a single occupation, related to the formation of a single archaeological layer with a maximum thickness of no more than 0.60 m, resting directly on the bedrock, whose chronology is essentially centred on the last quarter of the 3rd millennium BC (Cardoso, Soares, Martins 2013).

Within the enclosure thus delimited, several negative structures of varying contours, depths and dimensions were identified, located next to each other.

The wall is continuous and is intersected halfway along its extent, on the east side, by a massive subcircular tower. Just like the adjacent wall, this tower is externally clad with limestone blocks of considerable size and has an internal filling made up of smaller angular basalt blocks. From this point onwards, the wall curves to the west and is interposed by another massive tower, in poorer condition than the previous one, which makes it difficult to accurately define its floor plan (see Figure 3).

On the south-facing section of the wall, there is an entrance with a clearly defined corridor delimited by two parallel, limestone block side walls and a slabbed floor. It is worth mentioning that in other places where limestone is entirely absent, such as here, similar defensive systems, also featuring bastions, were built using basalt rocks, e.g. the Chalcolithic fortification of Penedo do Lexim, Mafra, similarly built on top of a volcanic chimney, according to the results of the excavations conducted by A. C. Sousa (Sousa 2021). This proves that the use of limestone elements was not essential to ensure the stability of defensive structures. Thus, there must be other reasons for the systematic use of limestone elements, which involved considerable efforts, given the several tonnes of limestone blocks transported to the site. Indeed, the nearest outcrops only occur at the foot of the elevation, on the west side, where they are exposed in the existing natural escarpment. The most prominent and exposed sector of the enclosure, facing south and clearly visible to anyone travelling along the Tagus or in the adjacent lowlands, is the one with the highest concentration of limestone blocks. This can only be justified by the deliberate intention of the enclosure's inhabitants to make it immediately and easily recognisable as an unmissable landmark in the landscape. Moreover, the existing relationship with the Tagus estuary is underlined by the very position and orientation of the aforementioned entrance, facing the estuary, despite being located on the side of the steepest and most unfavourable slope for accessing it.

Even though these structures are reduced to their foundations, the whiteness of the limestone blocks that compose them, contrasting strongly with the black colour of the surrounding basalt rocks, made them easily identifiable from afar, at the top of the hill. Just imagine what the walled enclosure would have looked like at the time, with the towers and its entrance dominating the landscape from the top of the hill, particularly on the south side - the floodplain and the Tagus estuary. This was the kind of situation in which the defensive functionality of the walled enclosure was combined with another aspect, associated with its importance as a place of reference, due to the deliberate visibility assigned to it, both for the people living along the Tagus, directly related to it, and for the outsiders who visited the region.

### 3.3 – *Outeiro Redondo*

The fortified Chalcolithic settlement of Outeiro Redondo is located on an isolated rise of hard white, Upper Jurassic limestone ('Calcários de Azóia'), reaching an elevation of 210 m. Along with the Sesimbra Castle hill and the Moinho da Forca hill, these three rises form a line of limestone reliefs with a north-east to south-west orientation. The north-west facing slopes are abrupt, forming a vertical escarpment over 20 m high, while on the other sides they are invariably very steep.

For those arriving from the sea, the settlement would be a visible landmark, emphasised by the fortified enclosure, which is particularly well-developed on the south side, sitting on top of the hill. Besides the geomorphological conditions provided by the location, the establishment of the settlement was determined by the existence of fresh water at the base of the elevation, where there is a catchment dating back to the 19th century intended for public supply.

The different excavation field seasons conducted between 2005 and 2016 revealed the existence of a defensive system consisting of a single walled line, surrounding the highest part of the elevation and associated with a series of defensive and residential structures (Figure 4).

The existence of an important stratigraphic sequence was demonstrated, covering a first period of occupation between 2610-2460 cal BC at 2 σ, corresponding to the Early Chalcolithic, and between 2440-2110 cal BC at 2 σ, corresponding to the Full/Final Chalcolithic, according to the statistical treatment of the results of absolute radiocarbon datings (Cardoso, Soares, Martins 2010/2011).

On the front of the south-facing elevation, a curvilinear bastion stands out, in an advanced position in relation to Wall G, constituting a barbican-type structure.

The north-eastern sector of the settlement features a large entrance, facing south-west, delimited by two more modern rectilinear walls, whose characteristics appear to be more symbolic than functional, given their size, disproportionate in strictly defensive terms. This sector also features a wall, which flanked the main wall on the inner side, creating an empty and closed space between the two, which could have served as a barbican. This situation is comparable to the one observed in the fortified Chalcolithic settlement of Zambujal (Torres Vedras).

The first construction phase, by the end of the Early Chalcolithic period, prior to the construction of the defensive enclosure, includes several domestic structures. We would highlight a circular hut, built on the bedrock, which featured a structured hearth inside, located in its north-eastern section.

The second construction phase, contemporaneous with the construction of the wall surrounding the entire highest part of the hill, belonging to the Full/Final Chalcolithic period, is also represented by several residential

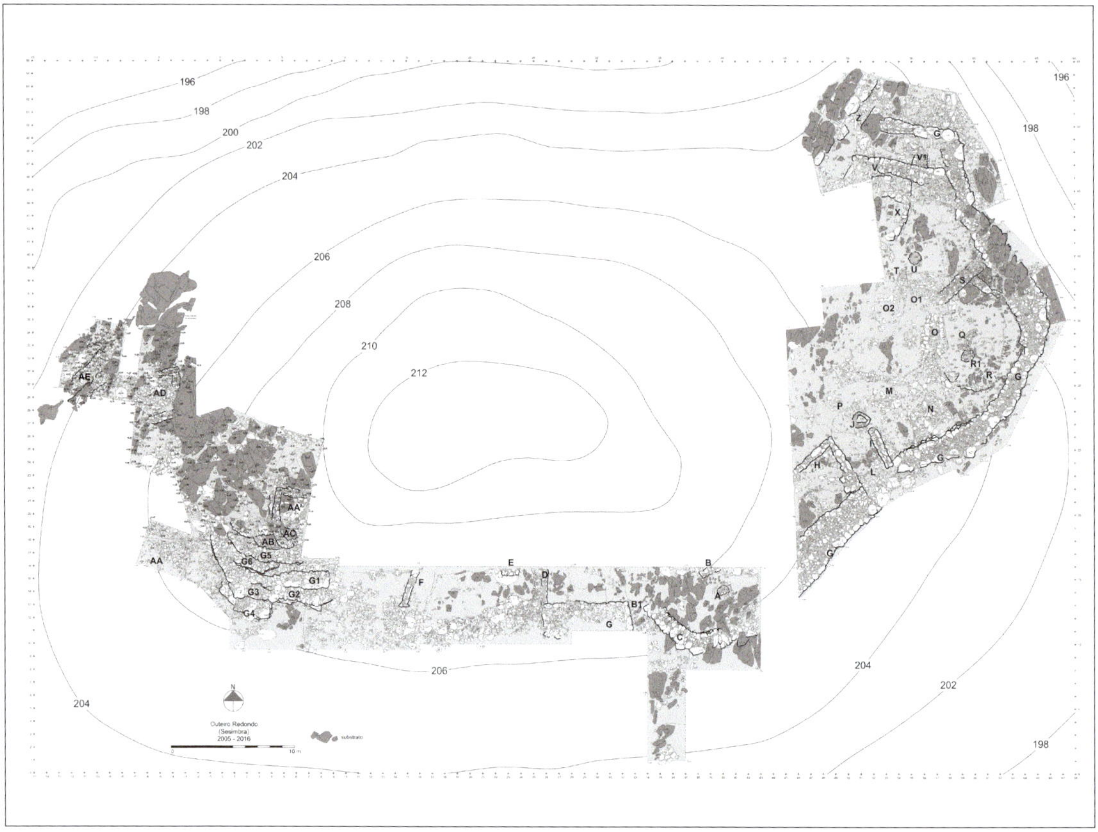


Figure 4. Ground plan of the fortified Chalcolithic settlement of Outeiro Redondo (acc. J. L. Cardoso)

structures. Two orthogonal huts identified in the north-eastern sector belong to the later stage of this last construction phase. These are the oldest architectures of this type recorded so far in western Iberia, although they may have antecedents in the Final Neolithic of Leceia. Lastly, two negative structures embedded in the structure of the wall itself are worth mentioning and may correspond to silos.

## 4 – Comparative essay between some groups of artefacts represented in the three settlements addressed herein

In order to objectively assess the importance of the domestic activities carried out in each of the three settlements addressed herein, during the course of their existence, we used the quantification of different sets of selected artefacts - both lithic, ceramic and metallic -, deemed to be the most representative of the various domestic activities carried out at the sites. The aim was to characterise the main features of the domestic economy at the three sites in question, with a view to identifying similarities and differences in terms of their functionality and complementarity.

## *4.1 – Lithic industry*

Two groups of utensils of a complementary nature were chosen from the assemblage of lithic industries, one related to the wider exploitation of territories - which required their effective domination -, consisting of arrowheads, related to hunting activities and, concurrently, to warfare, associated with the need for territorial domination. The second group of utensils, corresponding to foliate blades, is mainly associated with cereal farming (Cardoso, Gibaja 2019; Clemente, Mazzucco, Soares 2014), whose abundance implied stable and permanent communities within a given territory. It was therefore assumed that the weighing of the relative presence at each site of these two groups of utensils would reflect the nature and characteristics of the very community that settled there.

### *4.1.1 - Early Chalcolithic arrowheads and foliate blades*

At Leceia, foliate blades were the most common type of tool during the Early Chalcolithic, accounting for 26.7% of the total lithic industry, followed by the arrowhead group (20,6%).

The existence of a large number of preforms and blanks reveals that these items were knapped on site; however, the possibility that some blanks were imported and only finished at the settlement cannot be ruled out, as evidenced by the reddish flint specimens, probably originating from the Rio Maior region. Indeed, while the previous layer - Layer 4 - was dominated by items made from localgreyish flint, there is an increase in exogenous flint in Layer 3. From a metric point of view, comparing the two layers reveals a tendency towards an increase in the length and width of the items. Foliate blades with bifacial knapping/covering retouch and an ellipsoidal contour predominate in both cultural stages.

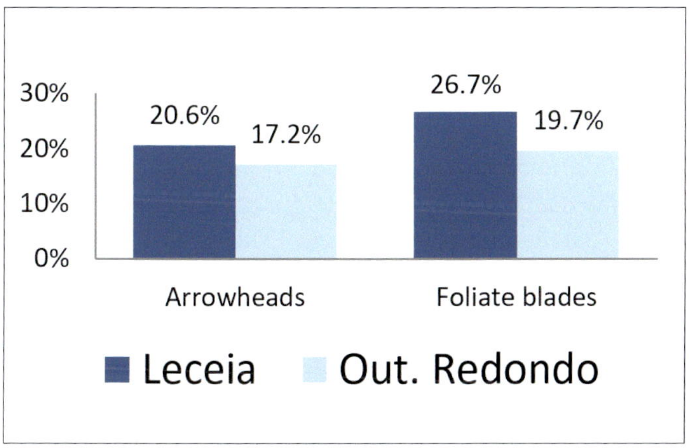


Figure 5. Percentages of Early Chalcolithic arrowheads and foliate blades observed at both sites.

At Outeiro Redondo, all the arrowheads recovered from Layer 3 are made of predominantly greyish flint. A total of 21 items were recovered, representing 17.2% of all the knapped stone industry (Figure 5), making it the third most abundant typological group in the settlement (Cardoso 2019 b, Table 7).

The foliate blades, more representative than the arrowheads in this layer, reaching 19.7%, are represented by 24 items.

### *4.1.2 - Full / Final Chalcolithic arrowheads and foliate blades*

At Leceia, the most numerous group in Layer 2 corresponds to the foliate blades (31.6%), followed by the arrowheads (18.5%), based on the absolute number of items shown in Table 1. This layer yielded the greatest variety of flint tones chosen for the manufacture of foliate blades, with a high percentage of arguably exogenous flint (pinkish and reddish tones), which is consistent with the importance of raw material imports, as either blanks or preforms. Layer 2 also yielded the largest number of items with traces of rejuvenation of damaged cutting edges, indicating a greater concern with the reuse of this type of utensil, perhaps due to the intensification of cereal production, which required the availability of an increasing number of functional items. The diversity of foliate blade types remains the same as in the previous layer but there is an increase in the total amount of items.

Concerning arrowheads, there is an increase in the number of items made on local, greyish or brownish flint, as well as the presence of four jasperoid schist items. The mitriform pieces, dominant in Layer 3, are clearly outnumbered by concave base and straight edge pieces in Layer 2 (Cardoso – Martins 2013).

Moita da Ladra yielded 142 arrowheads, corresponding to 47.2% of all lithic utensils. This is the dominant lithic utensil; 134 of them are complete (94.4%). The dominant raw materials are flint, reaching 133 items, and jasperoid schist, with nine complete items.

Albeit less frequent, foliate blades, both complete and fragmented, were identified, reaching 11.6% of the total assemblage of lithic utensils. Four pieces correspond to blanks (11.4%), 25 are preforms (71.4%) and only six pieces appear to be in a final use stage (17,1%).

At Outeiro Redondo, among the total lithic industry recovered in Layer 2, arrowheads are the most abundant typological group - 110 items, representing 24.4%; we would highlight the presence of 11 items made on jasperoid schist (Cardoso 2019 b).

At all three sites, the presence of items on jasperoid schist, despite their different absolute importance - a situation that can be explained by the different geographical location of each of them in relation to the Alentejo territory - illustrates the exchange relations kept with this region, from which amphibolites and particularly copper (Ossa/Morena Zone) originated. These arrowheads arguably arrived at the three settlements already manufactured, judging from the lack of jasper knapping remains, unlike flint items: the presence of preforms indicates that the latter were, at least partly, locally knapped (Cardoso 2019 b).

Foliated blades account for 18% of the total knapped stone industry in Layer 2 (Figure 6). Out of 81 items, five are blanks, 41 are preforms and/or end fragments (representing 50.6% of the set) and 35 are complete. The diversity of foliate blade types increases in relation to the Early Chalcolithic (Layer 3).

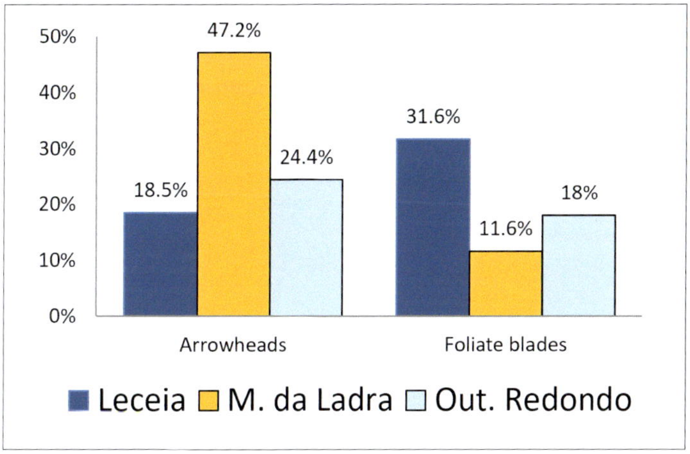


Figure 6. Percentage of arrowheads and foliate blades within the entire Full/Final Chalcolithic knapped stone industry at each of the indicated sites.

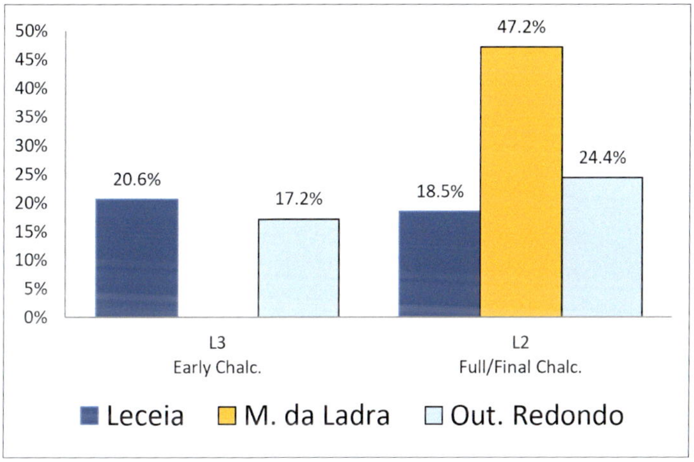


Figure 7. Evolution of the presence of arrowheads at the three archaeological sites concerned

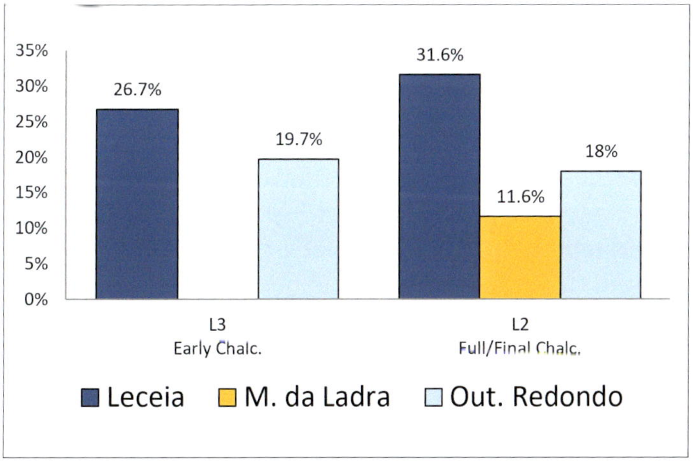


Figure 8. Evolution of the presence of foliate blades at the three archaeological sites concerned

Comparing the results obtained for arrowheads and foliate blades in the different layers recorded at the three settlements under analysis (Table 1; Figs. 5 to 8), with regard to the Early Chalcolithic occupations only recorded at Leceia and Outeiro Redondo, it seems possible to conclude that both

| Site | Knapped stone | L3 Early Chalc. | | L2 Ful/Final Chalc. | | Total | | References |
|---|---|---|---|---|---|---|---|---|
| | | No. | % | No. | % | No. | % | |
| Leceia | Arrowheads | 88 | 20,6% | 93 | 18,5% | 195 | 17% | Cardoso & Martins, 2013 (Table 2) |
| | Foliate blades | 114 | 26,7% | 159 | 31,6% | 288 | 25,1% | Cardoso & Martins, 2013 (Table 2) |
| M. da Ladra | Arrowheads | - | - | 142 | 47,2% | 142 | 47,2% | Cardoso, 2014 (Table 1) |
| | Foliate blades | - | - | 35 | 11,6% | 35 | 11,6% | Cardoso, 2014 (Table 1) |
| Out. Redondo | Arrowheads | 21 | 17,2% | 110 | 24,4% | 131 | 22,9% | Cardoso, 2019 (Table 7) |
| | Foliate blades | 24 | 19,7% | 81 | 18% | 105 | 18,4% | Cardoso, 2019 (Table 7) |

Table 1. Comparative table showing the number of arrowheads and foliate blades and their percentage in relation to the total knapped stone industry at each of the three archaeological sites under analysis.

settlements featured activities of similar importance. We are referring to the activities directly involving these two types of utensils, one of which was related to hunting/warlike activities and the other to food production, bearing in mind the quantities observed.

Regarding the Full/Final Chalcolithic occupations recorded at the three settlements concerned, Leceia shows the lowest percentage of arrowheads in relation to all the lithic tools recovered from the same layer. On the other hand, this is also the site with the largest number of foliate blades. Therefore, out of these three sites, Leceia is the one where productive activities related to cereal farming would be the most important, as opposed to activities related to hunting/warfare. This is indicative of a stable population settled in a continuously and exhaustively exploited territory.

Conversely, arrowheads are more significant at Moita da Ladra, which is also the site where foliate blades are less important in terms of the overall lithic assemblage. The conclusion to be drawn is that this population was not particularly focused on the exploitation of the land. Still, this does not mean that they were less concerned with the control of their territory, as evidenced by the relatively high number of arrowheads, related to hunting/warfare. This is consistent with the settlement's role as a trading hub, receiving products from the Alentejo region and distributing them via the circulation routes of the Lisbon peninsula, whose security and stability had to be assured.

Outeiro Redondo, on the other hand, reflects a situation with intermediate characteristics, i.e. a settlement with a degree of control over its surroundings, embodied by the presence of arrowheads. Consequently, it dominated the route leading towards the interior of the territory, namely the valley it overlooks from the top of its right slope. Notwithstanding, this settlement also featured specialised agricultural production, as evidenced by the remarkable amount of foliate blades recovered.

The following table supports these considerations in quantitative terms. As far as the diachronic evolution of the functionality of the two settlements is concerned, as reflected by the two groups of utensils considered, there are no obvious changes. Nevertheless, at Leceia the relative decrease in the number of arrowheads is consistent with the increase in the number of foliate blades. Conversely, at Outeiro Redondo, the exact opposite can be observed in the transition from the Early to the Full Chalcolithic. In these terms, it can be concluded that Leceia strengthened its essentially domestic status, with an increase of agricultural practices in the fields surrounding the settlement, while at Outeiro Redondo there was a tendency to increase the exploitation of hunting resources, involving the extension of the effective domain of its catchment area.

## 4. 2 -Ceramic artefacts

Among the artefacts likely to expressively characterise the economic activities developed in Chalcolithic residential contexts, certain groups usually referred to as 'industrial ceramics' stand out, since they are directly related to production. Thus, and given their greater or lesser presence in the archaeological record, they are important indicators of the practices prevailing at each site, thereby contributing to our assessment of the possible specialisation of the local production activities.

### *4.2.1 -Foundry crucibles and loom weights recovered from Early Chalcolithic contexts*

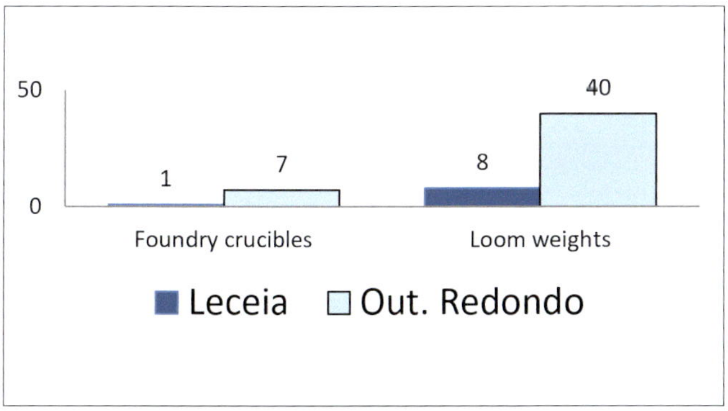


Figure 9. Number of foundry crucibles and loom weights recovered from Layer 3, assigned to the late Early Chalcolithic, at the three sites concerned.

A single crucible fragment was recovered at Leceia (Cardoso *et al.*, 2020, Fig. 8); this is the only unequivocal evidence of the existence of metallurgical practices during the Early Chalcolithic at Leceia (Figure 9).

Loom weights are represented by just eight specimens (only one decorated) at Leceia, in Layer 3 and mostly fragmented (Cardoso 2007).

Seven fragments of foundry crucibles were recovered from Early Chalcolithic contexts (Layer 3) at Outeiro Redondo (Cardoso 2019 b).

With regard to loom weights, 40 items were recovered, 15 of which are decorated (Cardoso 2019 b).

These results show that, despite the inhabited area of Outeiro Redondo, metallurgical activities were much more important than at Leceia; the same applies to another specialised domestic production, weaving . Thus, whereas a small demographic centre hosted a population that was very clearly dedicated to certain specialised domestic activities, a large demographic centre would host a population that mainly consumed those products, which they obtained through exchange with external sources. As we shall see, this tendency was intensified during the most recent phase of the Chalcolithic period.

### *4.2.2 -Foundry crucibles, tuyères, loom weights and cheese presses from the Full / Final Chalcolithic (Layer 2)*

At Leceia, no crucible fragments were recovered from this layer. As far as loom weights are concerned, only six plain specimens (either complete or fragmented) were recovered (Figure 10).

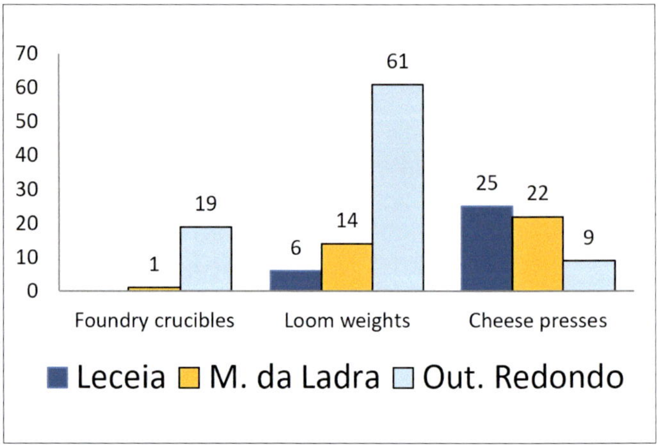


Figure 10. Number of foundry crucibles, loom weights and cheese presses recovered from Full/Final Chalcolithic contexts at the three sites concerned.

Only one crucible fragment was recovered at Moita da Ladra. This is an almost complete, ellipsoidal item (Cardoso 2014 b, Fig. 51, no. 12), which was lying *in situ*, in a horizontal position, next to a combustion structure.

Another artefact directly related to metallurgy, and much rarer than foundry crucibles, are the tuyères; a distal end has been recovered at this site (Cardoso, 2014 b. Fig. 51, no. 11). The loom weight group (Cardoso 2014 b, Figs. 47 and 48) is represented by 14 items (nine plain and five decorated). (Figure 10).

Nineteen crucible fragments were recovered from Layer 2 of Outeiro Redondo. In some cases, they tended to be ellipsoidal to sub-circular and shallow, while others tended to be sub-rectangular and deeper, like those from Layer 3. But all had flat bases and lacked external support legs.

With regard to loom weights, 61 items were recovered, 18 of which were decorated.

Cheese presses were only recovered from Layer 2 at all three settlements: 25 fragments from Leceia, 22 fragments from Moita da Ladra and 9 fragments from Outeiro Redondo. These results are summarised in Table 2.

The absolute distribution of these artefactual groups across the three sites concerned reflects their differences in functional terms. Thus, Outeiro Redondo's specialisation in textile production is strengthened, as evidenced by the high number of loom weights recovered at the site, despite the fact that its area is approximately 0.5 ha, less than half the built-up area of Leceia (around 1.2 ha), where the number of such items is residual and even lower than in Early Chalcolithic contexts. The metallurgical activities evidenced by the recovered crucible fragments

| Site | | L4 Final Neolithic | L3 Early Chalc. | L2 Full/Final Chalc. | Total | References |
|---|---|---|---|---|---|---|
| Leceia | Foundry crucibles | - | 1 | - | 1 | Cardoso, *et al.* 2020 (Fig. 8) |
| | Tuyères | - | - | - | - | Cardoso, *et al.* 2020 |
| | Loom weights | - | 8 | 6 | 14 | Cardoso, 2007 |
| | Cheese presses | - | - | 25 | 25 | Cardoso, 2007 |
| M. da Ladra | Foundry crucibles | - | - | 1 | 1 | Cardoso, 2014 (Fig. 51, no. 12) |
| | Tuyères | - | - | 1 | 1 | Cardoso, 2014 (Fig. 51, no. 11) |
| | Loom weights | - | - | 14 (5 dec.) | 14 | Cardoso, 2014 (Fig. 48 and 49) |
| | Cheese presses | - | - | 22 | 22 | Cardoso, 2014 (Fig. 50 and 51, nos. 1 to 5) |
| Out. Redondo | Foundry crucibles | - | 7 | 19 | 26 | Cardoso, 2019 (Quadro 34) |
| | Tuyères | - | 3 | 3 | 6 | Cardoso, 2019 (Fig. 149) |
| | Loom weights | - | 40 (15 dec.) | 61 (18 dec.) | 101 | Cardoso, 2019 (Table 28) |
| | Cheese presses | - | - | 9 | 9 | Cardoso, 2019 ((Table 30) |

Table 2. Diachronic distribution of the absolute number of casting crucibles, tuyères, loom weights and cheese presses at each of the three archaeological sites under analysis; layers are indicated.

are surprisingly non-existent or residual in two of the studied contexts from this period, with the exception of Outeiro Redondo. This enhances the metallurgical tendency of the latter, inherited from Early Chalcolithic times - a remarkable set of tuyères was also recovered here, strengthening this specialised aspect. This abundance contrasts with the scarcity of cheese presses, much more abundant at Leceia, which emphasises the agro-pastoral nature of this site, as previously evidenced by the relative abundance of foliate blades. Conversely, the small number of items from Outeiro Redondo reveals the scarce agro-pastoral activities carried out at this site, also suggested by the relative scarcity of foliate blades, as previously mentioned. Moita da Lara diverges from this pattern, however, because despite having the lowest relative amount of foliate blades, it features a significant number of cheese presses, reflecting an agro-pastoral economy in which cereal farming had little importance.

### *4.3- Metallurgy*

All three sites feature a remarkable number of artefacts made from copper alloys. However, only the processing of copper imported in the form of ingots produced at the mining areas themselves, both in the upper and lower Alentejo regions, along with fragments of discarded objects (scrap), has been demonstrated. This requires remelting, in the latter case, or simply cold or hot cutting, followed by hammering, in the case of the

Figure 11. Number of saw/handsaw specimens and the total number of metal artefacts recovered from Full/Final Chalcolithic contexts at Leceia, Moita da Ladra and Outeiro Redondo.

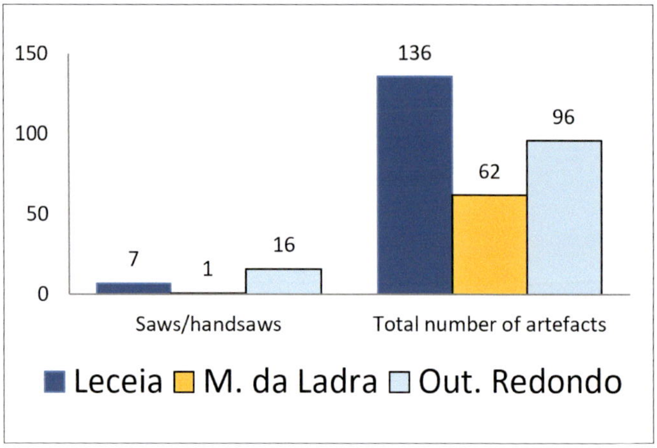


| Site | Metallurgy | L3 Early Chalc. | | L2 Full/Final Chalc. | | Total | References |
|---|---|---|---|---|---|---|---|
| | | No. | % | No. | % | | |
| Leceia | Saws/handsaws | - | - | 7 | 5,1% | 7 | Cardoso, Bottaini, Mirão & Bordalo, 2020 |
| | Total number of artefacts | 8 | 100% | 136 | 100% | 144 | Cardoso, Bottaini, Mirão & Bordalo, 2020 |
| M. da Ladra | Saws/handsaws | - | - | 1 | 1,6% | 1 | Cardoso, 2014 (Fig. 52, No. 4) |
| | Total number of artefacts | - | - | 62 | 100% | 62 | Cardoso, 2014 (Fig. 52 and 53) |
| Out. Redondo | Saws/handsaws | - | - | 16 | 16,7% | 16 | Cardoso, 2019 (Table 34) |
| | Total number of artefacts | 13 | 100% | 96 | 100% | 109 | Cardoso, 2019 (Table 34) |

Table 3. Distribution of saws/handsaws in relation to the total number of metal artefacts, according to the indicated layers.

original ingots. Leceia yielded ingots that bear witness to the process of separation into portions, intended for manufacturing small utensils such as borers, awls and punches. Given the great abundance of this type of pieces, related to tasks that their flint counterparts could not fulfil, they do not appear to be relevant for differentiating the activities carried out at the three settlements concerned. The saw/handsaw group is more relevant to this purpose, as it is only recorded in the layers corresponding to the Full/Final Chalcolithic of the settlements under analysis, as shown in Figure 11 and Table 3.

These tools are thought to be essentially related to the specialised manufacture of wooden objects, without overlooking their possible use as sickles. Their remarkable presence at Outeiro Redondo, where the abundance of metal artefacts is proportionally much higher than at the other two settlements, could be explained by a specialised activity related to wood processing, perhaps the manufacture of fishing gear, or even shipbuilding (log or monoxylous boats). In this regard, it is worth highlighting the large number of copper hooks recovered at the site; the different hook sizes suggest specialised fishing, a fact that was demonstrated here for the first time (Cardoso 2019). The absence (Moita da Ladra) or scarcity (Leceia) of fishhooks at the other two settlements reflects this fact, suggesting a correlation between the two types of utensil, which deserves to be studied in more detail.

## 5 – Discussion and concluding synthesis

An attempt at correlating the characteristics of each of the fortified sites with their archaeological content, as reflected by the relative importance of some of the artefacts exhumed therein, has now been conducted for the first time. The following general conclusions, to be refined as more diversified information becomes available, including faunal data, can thus be drawn.

Leceia is a site of considerable size (ca. 1.2 ha of built-up area). It stands on a rocky platform forming a spur over the valley of the Barcarena stream. Right from an early stage, this site revealed an organisation of the inhabited space, including the pre-definition of a defensive system, which was integrally built in a single stage, at the beginning of the Early Chalcolithic period. Afterwards, it underwent successive reinforcements and adaptations, closely linked to the various communal residential structures that were built here throughout the 3rd millennium BC. It is within this framework that one should integrate the information provided by the typology of some of the utensils deemed most significant for characterising the activities that took place at the settlement and, consequently, understanding the very nature and context of this archaeological site on a regional scale. The scarce relevance of domestic activities such as weaving and metallurgy shows that these products were obtained by exchange and originated from the locations where they were produced. The low intensity of hunting activities was balanced by a considerable agricultural production, evidenced by the importance of foliate blades, related to cereal farming, carried out in areas adjacent to the settlement, which thus acted as a ‘central place’, to which people and products essential to their daily lives flocked.

Moita da Ladra, given its position on the landscape and the architectural features and building materials used, was a visual reference point for those travelling along the Tagus River and, above all, for those travelling to the Lisbon peninsula from territories across the Tagus. In view of the above, it seems reasonable to think that Moita da Ladra’s defensive system, built during the last quarter of the 3rd millennium BC, was related to the economic intensification of the region, as can be deduced from the increase in the trade of amphibolites originating from the Alentejo region (Cardoso 2004). More than just locally controlling navigation in the adjacent estuary, the settlement's role was linked to the movement of goods and people between the Alentejo and the Atlantic coast of Extremadura, close to Torres Vedras, where, in addition to the settlement of Zambujal, there are several other important Chalcolithic settlements whose inhabitants required a regular supply of amphibolites from the Alto Alentejo for their daily tasks: once the Tagus estuary had been crossed, the easiest way to get there would be via the waterways that run obliquely through Lower Extremadura, thus avoiding a more time-consuming cabotage journey around the coast of the Lisbon peninsula. Many other known settlements in this region, densely populated during the second half of the 3rd millennium BC, located halfway between the sites on the Atlantic coast and the Tagus estuary, such as Penedo do Lexim, could also benefit from these distribution networks for amphibolites and other raw materials from across the Tagus, such as copper, already in the form of ingots. The site's function would therefore be to control the inflow of products and raw materials, especially copper and amphibolites, which would then be redistributed to settlements throughout the region. Moreover, due to its location, and taking advantage of the streams, it facilitated the connection to the Atlantic coastline, which could be related to the location of the settlement of Zambujal, situated at the other end of this route. The need to control this circulation route explains the importance of arrowheads within the overall knapped stone assemblage and, conversely, the scarcity of foliate blades, related to cereal farming. Thus, its population was essentially focused on commercial intermediation and coordination at a regional level, in the surrounding territory, through the circulation routes that crossed it. Nonetheless, domestic production is represented by the processing of dairy products (cheese presses) and weaving, along with metallurgy, aimed at meeting the local needs of its inhabitants.

Finally, Outeiro Redondo, comparable in size to Moita da Ladra (ca. 0.5 ha), and fortified, like the latter, only at an advanced stage of the Full/Final Chalcolithic, stands out due to its remarkable metallurgical activity, evidenced by the high number of crucibles recovered, along with tuyères. Among the metal utensils, saws/handsaws are particularly important, which could be related to maritime activity, including shipbuilding, in addition to the importance of weaving, which could also be related in some way to such activities. The importance of metallurgy and weaving contrasts with the limited processing of dairy products (scarcity of cheese presses), although as far as agricultural and hunting practices are concerned, the available data indicates an intermediate situation between what was observed at Leceia and Moita da Ladra. This seemingly reflects a community where activities related to farming were more important than at Moita da Ladra, but less so than at Leceia, counterbalanced by hunting and land control practices that were less relevant than those associated with the former site, but more important than those pertaining to the latter. This would therefore be a site with mixed characteristics, revealing a community that was less attached to the land than to the sea, where hunting was an important part of the diet, with the sea playing a very significant economic role in the daily lives of this community.

As a result of this study, it was possible to demonstrate the interest of exploring different types of information, based on the archaeological record: one intrinsic to the characteristics of the sites themselves, including the nature of their location, geographical setting and extent, and others concerning the characteristics of the recovered lithic tools and ceramic productions. It is therefore important to extend this exercise to the sites of Extremadura where information has been published in an exhaustive and credible manner, on the basis of reliable stratigraphic data. Only then can we obtain a substantiated and credible perspective of the rich and diverse social, cultural and economic circumstances that characterised the whole of the 3rd millennium BC in Lower Extremadura.

## References

Cardoso, J.L. 2000, The fortified site of Leceia (Oeiras) in the context of the Chalcolithic in Portuguese Estremadura. *Oxford Journal of Archaeology*, 19, 1, p.37-55.

Cardoso, J.L. 2004. Polished stone artefacts at the prehistoric settlement of Leceia (Oeiras). *Madrider Mitteilungen* 45, p.1-32.

Cardoso, J.L. 2007. As cerâmicas decoradas pré-campaniformes do povoado pré-histórico de Leceia: suas características e distribuição estratigráfica. *Estudos Arqueológicos de Oeiras*,14, p.9-276.

Cardoso, J.L. 2010. Povoado pré-histórico de Leceia (Oeiras): evolução arquitectónica do sistema defensivo e das técnicas construtivas correlativas. *Transformação e Mudança no centro e sul de Portugal: o 4º e o 3º milénios a.n.e. Colóquio Internacional (Cascais, 2005).* Cascais, Câmara Municipal de Cascais, p.43-63.

Cardoso, J.L. 2014a. Absolute chronology of the Beaker phenomenon North of the Tagus estuary: demographic and social implications. *Trabajos de Prehistoria*, 71 (1), p.56-75 (doi: 10.3989/tp.2014.12124).

Cardoso, J.L. 2014 b. O povoado calcolítico fortificado da Moita da Ladra (Vila Franca de Xira, Lisboa): resultados das escavações efectuadas (2003-2006). *Estudos Arqueológicos de Oeiras* 21, p.217-294.

Cardoso, J.L. 2017. O povoamento campaniforme em torno do estuário do Tejo: cronologia, economia e sociedade. In V.S. Gonçalves (ed.), *Sinos e taças junto ao Oceano e mais longe. Aspectos da presença campaniforme na Península Ibérica*. Lisboa, Centro de Arqueologia da Universidade de Lisboa, p.126-141.

Cardoso, J. L. 2019a. Los vasos campaniformes maritimos y su difusión desde el estuario del Tajo (Portugal). In *Un brindis por el príncipe! El vaso campaniforme en el interior de la Península Ibérica (2500-2000 a.C.).* G., Delibes, E. Guerra (ed. cientificos), Madrid, Museo Arqueológico Regional de la Comunidad de Madrid, p.109-133

Cardoso, J.L. 2019 b. Outeiro Redondo – Sesimbra – escavações 2005-2016. *Estudos Arqueológicos de Oeiras*, 25, p.87-338.

Cardoso, J.L., Martins, F. 2013. O povoado pré-histórico de Leceia (Oeiras): estudo dos utensílios de pedra lascada. *Estudos Arqueológicos de Oeiras* 20, p.357-524.

Cardoso, J.L., Soares, A.M.M., Martins, J.M.M. 2013. O povoado campaniforme fortificado da Moita da Ladra (Vila Franca de Xira, Lisboa) e a sua cronologia absoluta. *O Arqueólogo Português*, Série V, 3, p.213-254.

Cardoso, J. L., Soares, A. M. M., Martins, J.M.M. 2010/2011. Fases de ocupação e cronologia absoluta da fortificação calcolítica do Outeiro Redondo (Sesimbra). *Estudos Arqueológicos de Oeiras* 18, p.553-578.

Cardoso, J. L., Bottaini, C., Mirão, J., Silva, R.J., Bordalo, R. 2020. O espólio metálico do povoado pré-histórico de Leceia (Oeiras). Inventaria ção e estudo analítico. *Estudos Arqueológicos de Oeiras*, 26, p.41-66.

Clemente, I., Mazzucco, N., Soares, J. 2014. Instrumentos para siega y procesado de plantas desdeel Calcolítico al Bronce antiguo de Chibanes (Palmela, Portugal). *Trabajos de Prehistoria* 71 (2), p.330-342

Kunst, M. 1996. As cerâmicas decoradas do Zambujal e o faseamento do Calcolítico da Estremadura Portuguesa. *Estudos Arqueológicos de Oeiras*, 6, p.257-287

Kunst, M., Cardoso, J.L., Waterman, A.J. 2014. Human bones from Chalcolithic walled enclosures of Portuguese Estremadura: the examples of Zambujal and Leceia. In Valera, A. C., ed., *Recent prehistoric enclosures and funerary practices in Europe*. BAR International Series 2676, p.83-98.

Sousa, A.C. 2021. *O Penedo do Lexim (Mafra) no Neolítico Final e Calcolítico da Península de Lisboa.* Lisboa, Direcção-Geral do Património Cultural.

# The large stones of the Neolithic Age. Menhirs and stelae

Svend Hansen

## Abstract

*This chapter provides a synthesis of the large standing stones of the Neolithic period in Europe and the Near East, detailing the different historical names and attempts to explain their function and symbolism.*

*Keywords: standing stones, Europe, Neolithic*

## *Résumé*

*Le présent chapitre propose une synthèse sur les grandes pierres levées d'époque néolithiques en Europe et au proche Orient, détaillant les différentes dénominations historiques et les tentatives d'explications de leur fonction et de leur symbolisme.*

*Mots-clés : pierres levées, Europe, Néolithique*

## Introduction

In the present day prehistoric 'large stones' still have considerable appeal. Those that attract our attention may be single stones of a particular shape, such as that of Ginestou in Languedoc in Southern France (Figure 1). Or alternatively, the overwhelming mass of large, standing stones in Carnac in Brittany (Figure 2) continues to arouse astonishment.

It is the immobility of these stones as well as their immutability that attracts people while at the same time keeping them at a distance. Probably this is because stone is everything that humans are not: hard, solid, immobile, eternal. For most 'large stones', their surface can be pierced only with the help of special tools, and they can only be moved with the help of many people. As far as our perception is concerned, they do not show any signs of aging. French painter Pierre Soulages once remarked that although we are aware that they are of prehistoric age, their presence and power make us forget their origin. They are there, standing in front of us, enigmatic and fascinating (Soulages 2002). The researcher of the phenomenology of religion, Gerardus van der Leeuw, argued in a similar way: 'At any time, stones of particular shape or size have been connected to a notion of power' (Leeuw 1956, 39). This notion of power is due to the qualities of stone we have already noted, to its stability, its eternity. Thus, it is certain that the idea of erecting large stones occurred more than just once in the world.

Figure 1. Ginestous, dép. Herault (height 3.7 m, weight 2.4 t). (Photo Svend Hansen).

Figure 2. Alignements of Ménec at Carnac, dép. Morbihan (photo of post card, Svend Hansen).

Figure 3. Drawings of the menhir-groups of Sables d'Olonne (above) and d'Aurillé (below). (after Caylus 1764, 361–363, pl. 115).

Yet still, in the stricter sense the 'large stones' are no anthropological universal feature but historical phenomena which can in each case be determined more exactly in time and space.

In common parlance they are called 'long stones' or '*pierre longue*'. When the sciences started dealing with them, Anne-Claude-Philippe Comte de Caylus, one of the leading antiquarians of the 18th century, called them pyramids of the grotesque kind (Caylus 1764, 364) (Figure 3). Caylus was perfectly aware that the shape of these stones is not natural but that they had been made by humans.

The term *menhir* was introduced only later, at the turn of the 19th century, by historian Pierre Jean-Baptiste Legrand d'Aussy. By the end of the 18th century he had turned against allegedly imprecise and improper terms such as erected, mounted or high stones, and introduced a word from the Lower Breton language, where the 'rough' obelisks (*obélisques bruts*) are called *ar-men-ir*. Men-ir means long stone, ar, the definite article, is omitted. Of course this was no more accurate than speaking of a 'long stone'. Crucial for Legrand d'Aussy was that the term belongs to France (Legrand d'Aussy 1799, 545).

The debate on these terms was controversial right from the beginning. In 1893 Salomon Reinach wrote that dolmen, like menhir, was a dubious term whose neo-Celtic nature should not be used as an argument in the controversy about the ethnicity of the dolmen makers (Reinach 1893, 37). This was written at a time when the ethnic paradigm, the *völkische* interpretation of the prehistoric monuments, had gained the upper hand. Nevertheless, these terms spread inexorably and found their way into the international specialist literature, so that meanwhile even in the Kazakh steppe one speaks of menhirs and of cromlechs in the northern Black Sea region. In the French archaeological literature, on the other hand, the term menhir has mostly been replaced by the more sober term '*pierre dressée*'.

Whereas in France since the 18th century the 'large stones' were widely discussed amid controversy, a contribution by Friedrich Kofler from the year 1888 betrays a degree of helplessness when it comes to the meaning of the strange monoliths, which, he wrote, were known in Southwest Germany by the name *Hinkelsteine, Spindelsteine, Gollen-* or *Langesteine* (Kofler 1888, 127). The term *Hinkelstein* is common in the Southwest of Germany. It is a remarkable transformation of the word *Hünenstein*. *Hünen* (giants) had been considered to be the builders of the megaliths. This word, which was no longer understood, initially became '*Hühnerstein*'. In the Palatinate as well as in Rhine- and South Hesse this again was translated into the dialect word '*Hinkelstein*'. For, in these regions a *Hinkel* is a chicken (Grimm and Grimm 1877, 1952 (already in Mittelhochdeutsch)). Accordingly, there are even folk tales saying that below the monoliths there lives a chicken with its chicks. Thus, from this new – misunderstood – name there sprang new, invented traditions of interpretation. Today it may be supposed that the *Hinkelstein* is known to a wide audience most of all because of the global success of Asterix and Obelix. Whereas in the German edition Obelix is a maker of *Hinkelsteine*, in the French edition he remains a producer of *menhirs*.

## The medium of the 'large stone'

Basically, monumental sculptures were not limited to the material of stone. For example at Shigir, a swamp area about 100 km north of Yekaterinburg in the Urals, a large wooden sculpture was found which was originally probably 5.3 m high. According to more recent analyses, this board-shaped figure made of larch wood was probably made at about 9,600 BC and is thus roughly contemporaneous with the similarly-sized pillar sculptures of Göbekli Tepe in Southeast Anatolia (Zhilin *et al*. 2018). In the context of an extended ethnographic survey, Christian Jeunesse explained that even by means of wooden poles it is possible to fix memory and make the social order tangible, and that probably this was much more widespread than suggested by the chronological and geographic distribution of the large megalith regions (Jeunesse 2016).

However, the difference between a large wooden pole and a stone pillar or a larger-than-life statue was doubtless evident even in the Neolithic. The wooden pole has in common with humans that it is perishable. Thus, choosing stone was a conscious decision, and it was indeed part of the message (Tilley 2004, 33; Robb 2009, 173). The massive stone monuments represent a degree of stability which provided support to the Neolithic societies with their little developed institutions, as Julian Thomas has explained convincingly (Thomas 2020, 295–296). The individuals were supposed to rely on the power of these stones. It is no contradiction that much later, in societies with particularly stable state institutions, stone becomes the preferred material for the presentation of power – be it the granite statues of the Pharaohs or the marble statues of Roman emperors. Such representations

Figure 4. The three metre head of the statue of Constantine the Great (Capitoline Museum, Rome). (Photo Svend Hansen).

▼ Figure 5. Obelisk in London. (Photo Svend Hansen).

were enlarged to take on a supernatural appearance (Figure 4).

In pharaonic Egypt large aniconic stones, as obelisks, increased in size to become monumental. 'Cleopatra's Needle' (Figure 5), which is in London today, measures more than 20.9 m on a base of 2.3 $m^2$. Playfully, the Greeks called the thin, square columns made of rose granite *obelisks*, i. e. little skewers (after the diminutive of *obelos*, skewer). From quarrying the stone to polishing its surface these are technological masterstrokes. As early as in the Roman period they were felt so fascinating that they were taken from Egypt and erected in Rome and Constantinople. For example, in Constantinople in the 4th century AD an obelisk was erected which had originally been put up by Thutmose III at Karnak in the early 15th century BC (Bruns 1935). Of course its original function, that is to symbolise the connection of humans to the sun god, Ra, had long gone.

As they were non-literate cultures, we cannot find out the actual meaning

Figure 6. *Grand Menhir* in Locmariaquer. (Photo Svend Hansen).

those who erected the 'large stones' attributed to their actions; however some approximations are possible.[1] This medium may be supposed to have been so successful because it allowed for just a few interpretations. It is one crucial aspect of the 'large stones' that they were erected for the sake of immortality and thus of remembrance.

Erecting 'large stones' was a task which required joint efforts. The first step consisted of quarrying the stone and working it into the desired shape. Probably the biggest challenge was transportation, which happened over land and also on water (Cassen *et al.* 2019). For the prestige value of the stone, probably not only its size but also its being of an 'exotic' type that had to be acquired over long distances, was important. It is very likely that all this was accompanied by one or several feasts which were supposed to support the success of the erection. This way, once the stone had been erected, it was also connected to remembering the various elements of its setting-up. As these were necessarily joint efforts, the stones could be read as symbols of cooperation. Probably the labour time itself for quarrying the stone, shaping it and transporting it was rather moderate for a single menhir. More important was the social event which probably required at least as much, if not considerably more, effort. Erecting really monumental stones was certainly also connected to competitive aspects. Transporting a stone of the length of 20 m and the weight 280 tons, such as the Grand Menhir (Figure 6), required different efforts than erecting small stones weighing just two tons. Concerning this, Christian Jeunesse provided the convincing social-historical explanation:

1 Cassen et al. (2011, 238) believe that the erected stones point to the past and the future, that they force the observer to take up an attitude, and that the stones form a boundary between two places, two worlds.

Figure 7. The *alignement* Ménec with the tumulus Saint-Michel, Carnac (picture before 1892). (after Bailloud *et al.* 1995, 49).

'Generally speaking, one could say that the existence of a king explains the invention of the lost wax technique in Varna or in the Maikop culture and drives the processes that led to the erection of the Er Grah broken menhir at Locmariaquer, and certainly not the reverse.' (Jeunesse 2017, 184).

In this way, Jeunesse placed the erection of the 'large stones' in the context of two geographical poles at which the development of social inequalities becomes clearly manifest at about the mid-5th millennium BC: Varna on the Bulgarian Black Sea coast and Saint-Michel near Carnac in Brittany (See also Demoule 2007). In Southeast Europe, the up to 12 m high settlement mounds may have represented the kind of monumentality in the West that became manifest in the first large burial mounds. The historical recording of the *alignement* of Menec (Figure 7) immediately reveals the connection with the large burial mound of Saint-Michel.

## Large stones: a Neolithic phenomenon

Until a few decades ago the dating of the 'large stones' was mostly unclear, and it was also believed that Bronze and Iron Age menhirs were possible. Today it is clear that the overwhelming majority of the 'large stones' in West Asia and Europe are a phenomenon of the Neolithic Age. In West Asia, the erection of 'large stones' and 'large stone' sculptures started as early as in the Epipalaeolithic or the Prepottery Neolithic and was continued at least into the 4th millennium BC. The oldest erected stone currently known from the southern Levant, that of Rosh Zin (Figure 8), is dated to the Natufian. Several flint cores as well as one arrow head were deposited at its base (Avner 2001, 10, Fig. 1; Avner and Kolska Horwitz 2017, 58, Fig. 3). According

Figure 8. Rosh Zin, Negev (after Avner 2001, 10, Fig. 1).

Figure 9. Göbekli Tepe in spring 2010 from the north (after Schmidt 2012, 245, Fig. 1).

Figure 10. Urfa, stone sculpture (after Hansen 2013).

to the Biblical tradition, the steles in the Levant are called *Masseboth*, which is the Hebrew word for erected stones.

At Göbekli Tepe near Urfa in South-East Turkey in the 10th millennium BC large, anthropomorphic stones were erected which were grouped to form round buildings (Figure 9). The pillars were buried under a filling of unprocessed stones, processed flint tools, at least 7,000 millstones, grinders, mortars and pounders, but also anthropomorphic sculptures and bone remains of humans and animals. Recently the excavators have emphasised the significance of better understanding the fill material for the interpretation of the buildings. The back-filling, they say, was a structured process in the context of which the deposits of artefacts and sculptures – often near the pillars – should be situated (Dietrich, Dietrich and Notroff 2019, 152).

It is probable that all these objects were not just backfill but gifts deposited at the pillars. This does not only hold for the sculptures and millstones but also for debris or unprocessed stones. Above all, answering this question requires more, methodically different, excavations in one or several of the pillar buildings.

To this group also belongs the larger-than-life statue (Figure 10) from Urfa, whose exact find circumstances are unfortunately not known (Hauptmann 2003).

On the other hand, 'large stones' and large statues did not find a place in the 'package' of those Neolithic farmers who, in the 7th and 6th millennia BC, colonised Europe via several routes. In Europe, however, in the southwest of the Iberian peninsula, there developed a nucleus where 'large stones' were erected at circular sites as early as in the 6th millennium BC. Not much later there is also evidence for the setting-up of 'large stones' in western France. The few available $^{14}C$ data (Figure 11) show that during the first quarter of the 5th millennium BC at the latest 'large stones' were erected in alignments, thus marking the beginning of the Neolithic Age in Brittany (Cassen *et al.* 2015, 764).

The radiocarbon date Ly-13083 plays an important role because it provides evidence for the beginning of the erection of 'large stones' in the first quarter of the 5th millennium BC (4933-4714 cal BC) (for Saint-Just: Le Roux, Lecerf and Gautier 1989; Douet: Large and Mens 2015; Locmariaquer: Cassen *et al.* 2015, 747, with map). It comes from the foundation pit of the

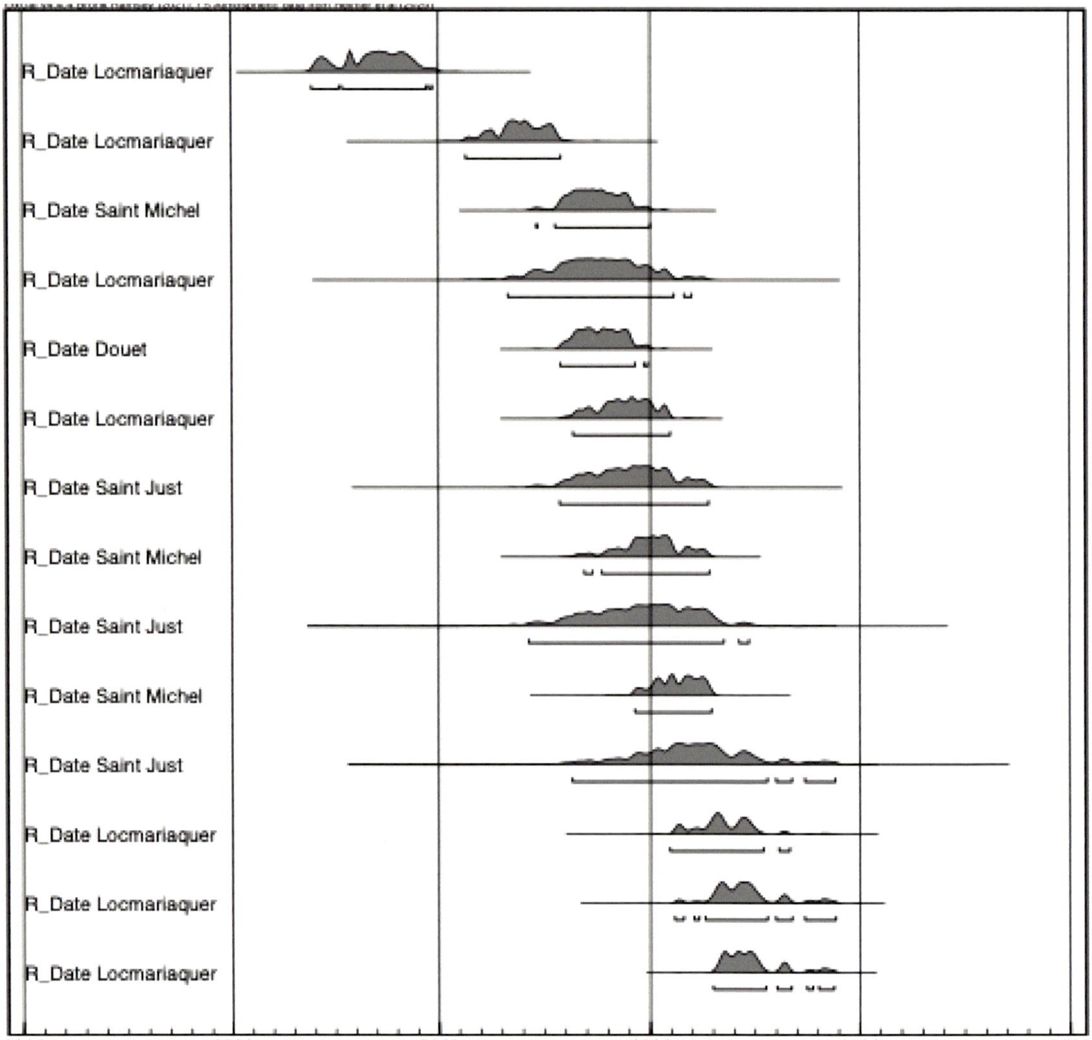


Figure 11. $^{14}$C-Data from the Tumulus of Saint-Michel and the *alignments* of Locmariaquer, Douet and Saint-Just (collection Svend Hansen, graph by Mehmet Karaucak).

menhir, which is covered with numerous crooks in relief (Figure 12), and which was later integrated into the passage grave as the header of the '*table des marchands*' at Locmariaquer (Le Rouzic and Keller 1936, 15, Fig. 3). Thus, menhirs may also have had the function of keystones.

The use of menhirs and anthropomorphic steles at burial sites is a practice for which there is evidence starting with the beginning of the megalithic tombs in the first half of the 5th millennium BC. It was only the reuse of engraved menhirs for the building of several dolmens in the region of the Gulf of Morbihan that established a connection between these two important phenomena of the megalithic culture on the Atlantic and the definition of at least two different chronological periods: one period connected to the erection of these 'large stones', and another which may be connected to the construction of the tombs. This provided space for dating the menhirs to an older period, earlier than the 47th century BC.

Figure 12. *Table des marchands* in Locmariaquer (after Le Rouzic, Keller 1936, 15, Fig. 3)

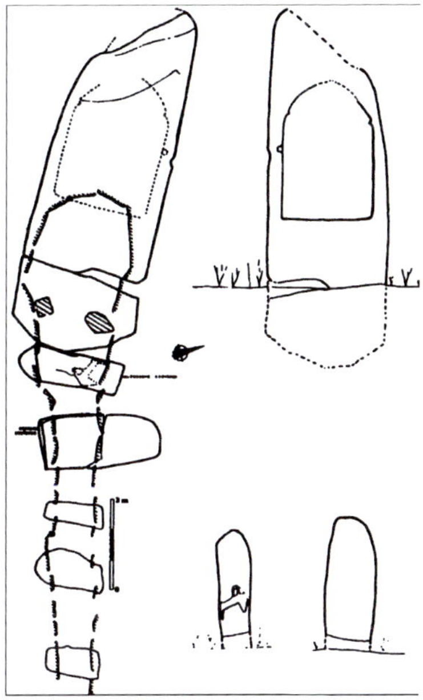

► Figure 13. Locmariaquer – Mane Rutual (after L'Helgouac'h 1983, 61, Fig. 2).

Jean L'Helgouac'h demonstrated this for the first time with the passage tomb of Mané Rutual (Figure 13) on the Gulf of Morbihan, which may be supposed to date from the second half of the 5th millennium BC (L'Helgouac'h 1983, 61 Fig. 2). There several menhirs, some of them displaying markings, had been used both as keystones and also as capstones.

Such cases of reuse are widespread: the capstone of the passage grave of Mané er Groez near Kercado, département Morbihan, for example, shows a depiction of a sperm whale (Cassen, Grimaud and Paitier 2018, 95, Fig. 3). Stèle-Menhir No. 3 at La Bretelliére (Saint-Macaire-en-Mauges, département Maine-et-Loire), which belongs to a series of eight menhirs, also shows the depiction of a sperm whale and suggesting close connections to the depictions in Brittany. This is another piece of evidence that originally these depictions had already been attached to erected menhirs (Cassen, Grimaud and Le Jeune 2020). A crook is also depicted on the cap stone of La Pierre Levée in Poitiers. It is thus very probable that these early finds were not originally used in a funerary context but were only later reused as building material for megalithic burials.

Probably the term 'building material' is misleading anyway, as it implies a degree of arbitrariness which was probably not the case when a particular menhir was used for a burial. As a matter of fact, at a number of burials it is possible to confirm the integration of a menhir with later, anthropomorphic, steles (Gouezin 2015). In these cases the intention was obviously not the destruction of the 'large stone' but its preservation or its effect in a new context. This may have been a numinous power or a reference to the ancestors. Accordingly, the remarkable stele of Langeneichstädt, with its depiction of a 'dolmen goddess' (Figure 14), was used as building material for a megalithic tomb of the early Bernburg Culture (Müller, D.W. 1988, 197–198). It may thus be supposed to belong to the older Salzmünde Culture of the second half of the 4th millennium BC. In this context, however, it was certainly not just some kind of building material but a carrier of meaning.

However, menhirs were not only secondarily integrated into megalithic tombs but also had the function of keystones. A particularly outstanding example is the prominent header, covered with numerous crooks, from the *table des marchands* at Locmariaquer (Figure 12), which was originally freestanding (Le Rouzic and Keller 1936, 15, Fig. 3). It was then integrated into the passage tomb, where the heavy capstone rests on the top of the lancet-shaped menhir. Whereas at Locmariaquer the capstone seems to hover on the keystones (Figure 15), the viewer of the menhir-like keystones of the dolmen of La Roche-aux-Fées near Essé (Figure 16) gets the impression that they emphasise the considerable tonnage of load that they carry (Sellier 2017, with an analysis of the stones).

▲ Figure 14. Langeneichstädt (photo Svend Hansen).

Figure 15. The *Table des marchands* in Locmariaquer at the beginning of the 20th century (1904 postcard).

Figure 16. Dolmen Roche-aux-Fées bei Essé, dép. Ille-et-Vilaine (photo Svend Hansen).

Other indications that the keystones may be imagined as being anthropomorphic are known from the Iberian peninsula. Leonardo García Sanjuán documented the use of menhirs in the dolmen of Llano de la Belleza (Aroche, Huelva) (García Sanjuán *et al.* 2003). At the Megalithic tomb of Montelirio near Seville, many signs are engraved on the orthostats which make some of the keystones anthropomorphic (Bueno Ramírez, Piñón Varela and Prados Torreira 2016, 368–369, with Fig.). For the Late Neolithic stone cist burial of Cabrials (Béziers, département Hérault), dating to around 3,000 BC, aniconic steles were used as building material (Tchérémissinoff *et al.* 2012). Finally also at the Courion dolmen (Collias, département Gard) the keystones were made anthropomorphic by the help of engravings or paintings (Gutherz, Jallot and Garnier 1998, 122, Fig. 4).

## Anthropomorphic menhirs

The 'large stones' can be seen from different angles, from which many of them are of very different shapes, each of which may be interpreted as being anthropomorphic. This has been aptly described by Christopher Tilley: 'The same menhir may, in effect, appear as four or five different menhirs as one moves around it' (Tilley 2004, 38).

Of the Neolithic menhirs, the stone of Monsheim (District of Alzey-Worms) (Figure 17) shows the most anthropomorphic features, visible despite its severe weathering. Between its shoulders there rests a very large head on the mighty torso. Dating the menhirs in southwest Germany

Figure 17. Monsheim (1. after Kirchner 1955, 159 pl. 15; 2. photo Svend Hansen).

Figure 18. The 'Dicker Stein' von Armsheim, Lkr. Alzey-Worms (photos Svend Hansen).

to about the same time as those in Brittany might be suggested by the stone of Monsheim which originally stood on the Hinkelstein fields, in the immediate vicinity of the Neolithic cemetery, and might thus be dated to the early 5th millennium BC (on the chronology see Spatz 1999; Müller, J. 2002; Gleser 2016). Ludwig Lindenschmit had no doubt that this 1.7 m high and 2 m wide stone was connected to the cemetery.[2]

2 Lindenschmit 1868, 2: the desire he expressed, that 'the stone would be erected again at its original location, or at least near the ancient burial field, (... and ...) that the ancient *Hünenstein* would for all times remain a memorial of the burial field which is worth remembering' was unfortunately not fulfilled. Today the stone is integrated into a wall at Gut Monsheim (Monsheim Estate); see also Groht 2013, 338 Fig. on p. 286; Bosinski 1961, 179.

Figure 19. Roses, Prov. Girona (photos Svend Hansen).

If dating the Monsheim Stone to the time of the Hinkelstein Culture is correct, then it is one of the earliest anthropomorphic large-scale sculptures in Europe. It appears at a time when the production of small clay figurines had already come to its end in this region. Neither from the region of the Hinkelstein Culture nor from that of the Rössener Culture are small clay figurines known (Hansen 2007, 292–318).

The proximity of the Monsheim Stone to the Hinkelstein cemetery may be a coincidence, but there are a number of indications for the erection of menhirs even in the early 5th millennium BC. For example, at the original place of the *Dicker Stein* (Big Stone) of Armsheim (Figure 18) (District of Alzey-Worms) sherds from the Hinkelstein Culture were also found (Groht 2013, 322, Fig. on p. 283).

The 2.1 m high *Dicker Stein* (Figure 18) of Armsheim in Rhine-Hesse, at just 25 cm wide, represents a different depiction concept. It is tall, narrow and asymmetrically shaped at the top. This gives an anthropomorphic silhouette of a figure from the side view. The narrow side displays further elements that may be interpreted as being anthropomorphic. Also remarkable is the statue menhir of Roses (Alt Empordá, Province of Gerona) (Figure 19), which clearly shows anthropomorphic features. The head seems to have two eyes and a nose. The head is separated from the upper body by a transversal line. A sculptural 'belt' separates the upper part of the body from the lower part.

Other stones rather seem to depict a large head. For example, the 3.3 m high (visible part: 2.4 m) and 1.6 m wide stone of Münzenberg, Wetterau District (Figure 20), may be interpreted as a head if seen from the broad side, however it may as well be interpreted as a large figure if seen from the narrow side.

Moreover, the 1.4 m high and 2.05 m wide *Weißer Wacken* (White Stone) of Konz, District of Trier-Saarburg (Figure 21), which is in the immediate vicinity of a spring, resembles a human head (Groht 2013, 335). Seen from the side, the marked 'nose' is clearly visible.

Figure 20. Münzenberg, Wetteraukreis (photos Svend Hansen).

Figure 21. 'Weißer Wacken' von Konz, Lkr. Trier-Saarburg (photos Svend Hansen).

One of the most impressive sites for statue-menhirs in Central Europe is the *Promenade des Anglaises* at Yverdon (Canton of Waadt), where an ensemble of 45 examples were found on the old shore of Lake Neuchâtel in 1975 (Voruz 1992). The site is in the immediate vicinity of the shore settlements of Yverdon-Clendy and Yverdon-Champ Ptittet. Some of the menhirs are of rather geometric shape; some look rather human. With some steles a head can be identified (Figure 22). The oldest among

Figure 22. Yverdon, Kt. Waadt: head of Menhir 31 (photo Svend Hansen).

Figure 23. Menhir at Flonheim, District Alzey-Worms (photos Svend Hansen).

them are dated to the beginning of the Middle Neolithic Age between 4,500 and 4,000 BC.

With the smaller, *c.* 1.5 m high menhir (Figure 23) of Flonheim, district of Alzey-Worms, one easily identifies a head as well as a crouched, perhaps running figure (Durst 1928, 21 Fig. 6; Groht 2013, 330, Fig. on p. 268). The *c.* 1.6 m high long stone of Nöggenschwiel, District of Waldshut (Figure 24), may be interpreted as being anthropomorphic if seen from the side (Groht 2013, 90, Fig. on p. 69).

The stone of Lussan (Figure 25), with a height of 5.6 m and an estimated weight of 10 t, is the largest menhir in the Département Gard in Southern France (Coularou, Gasco and Galant 2011, 123, Fig. 146). It is very thin, and in terms of typology, represents a transition to anthropomorphic steles. The side view reveals that the (presumable) front side forms a vertical line along its entire length, whereas the (presumable) rear side is crooked in the area of the head. However, the contrary argument cannot be completely denied, i.e. that the vertical line represents the rear, whereas the crooked side is taken to depict the face, looking upward, which might be in line with the multi-angled nature of the 'large stones'. However, evidence of engraved images, such as on the stele of Men Bronzo near Locmariaquer, are a clear argument in support of the even front side (Cassen / Grimaud 2022, 342 Fig. 1).

Figure 24. Menhir at Nöggenschwiel, District Waldshut (photos Svend Hansen).

Figure 25. Menhir at Lussan, dép. Gard (photos Svend Hansen).

Figure 26. Menhir at St.-Gonvac'h bei Ladunvez, dép. Finistère (photos Svend Hansen).

Figure 27. Mollet del Vallès, Prov. Barcelona (photos Svend Hansen).

In the case of the 5.4 m high stone of St.-Gonvac'h (Figure 26), the front side has been worked, which makes the stone look remarkably anthropomorphic (Sparfel / Pailler 2009, 131 Fig. 121). This would support the idea that the vertical line represents the front side and the crooked line, on the other hand, denotes the rear.

Usually the menhirs do not clearly betray a gender. This is different with phallomorphic stones, although the scope of what may be called phallomorphic is very wide. Phallomorphic stones are clearly male, and of course their shape is the result of appropriate processing. At Mollet del Vallès, Province of Barcelona (Figure 27), in 2009 a stele of quite a unique design was discovered 8 m below ground, in the course of constructing an underground garage on the Pla de les Pruneres. With a height of 4.9 m and a diameter of 110 cm at its base and 69 cm at its top, it weighs 6.2 t (Martínez Rodriguez 2011, 75 Fig. 4). This stele shows a face consisting of a T with two big round eyes. Additionally, there is a depiction at the side which might be interpreted as a wagon.

From Brittany, the 9.5 m high stone (Figure 28) of Champ Dolent near Dol-de-Bretagne must be mentioned, which counts among the largest and,

Figure 28. Champ Dolent, near Dol-de-Bretagne, dép. Ille-et-Vilaine (1-3. photos Svend Hansen; 4. postcard from 1918).

1 2 3 4

Figure 29. Huelgoat, dép. Finistère: Menhir of Kérampeulven in postcards.

at 120 t, the heaviest phallomorphic stones in Europe (Giot 1991, 6–7 with figs). It is probably no coincidence that it was made of a kind of rock which had to be brought from several kilometres away (Chauris 2014, 426). It may be assumed that not only the size but also the 'foreign' kind of rock made the stone particularly prestigious.

The 6 m high phallomorphic menhir of Kérampeulven (Figure 29) is known from a series of postcards from the early 20th century, as is frequently the case with menhirs and Megalithic burials in Brittany. Obviously the photographs were shot in different seasons. That depicting the menhir being encircled by women stages the idea that touching the stone might grant the wish for a child.

More clearly, the 'Langer Stein (Long Stone)' of Einselthum, Donnersbergkreis (Figure 30) is shaped like a vagina. With its height of 1.4 m, however, it is very small for a long stone. In 1960, as a result of excavations, it was dated to the time of the Rössener Culture (Bosinski 1961; Groht 2013, 21). To this group there also belongs the 'large stone' in the forêt de Petite Gouffern, southeast of Sily-en-Gouffern near Argentan in the Département de l'Orne (Figure 31) (Coutil 1926, 115; Rouch 2012, 63, with Fig.). This 6.4 m high and 4.6 m wide stone is shaped similarly to the human pelvis. Clearly visible is the oval recess in its midst, which represents the female sex.

The almost 6 m high 'Lange Stein (Long Stone)' of Tiengen, district of Waldshut (Figure 32), also belongs to the same group of female

Figure 30. The 'Langer Stein' at Einselthum, Donnersbergkreis. (Photos Svend Hansen).

Figure 31. The menhir at Silly-en-Gouffern bei Argentan, dép. Orne (postcard ca. 1910).

Figure 32. The 'Lange Stein' at Tiengen, Lkr. Waldshut (after Kirchner 1955, pl. 6b).

Figure 33. Bonvillars, Kt. Vaud (photo Svend Hansen).

steles. According to Johannes Groth, the 'recess' in the lower part of the stele was made at a later stage (Groht 2013, 92, Fig. on p. 76).

The stone of Bonvillars, Canton of Vaud, (Figure 33), is not a '*simple bloc erratique brut*', as remarked by Jean-Louis Voruz (Voruz 1992, 46). Rather, this 3 m high sculpture, which probably still stands in its original location, reveals in a very subtle way a female figure with its very rugged lower part alluding to the female sex.

Very flat stones, such as the 2.11 m high Feldengel, Kyffhäuser District (Figure 34), do not show any sculpted anthropomorphic features but allow for the assumption that they might

Figure 34. Feldengel, Kyffhäuserkreis (height 2.11 m) (photo Svend Hansen).

▼ Figure 35. 'La Vaissière' Group (photos Svend Hansen).

1 2

Figure 36. Menhir Kergadiou near Plouran, dép. Finistère today (left) and in a painting of 1867 (right). (1. Wikimedia commons; 2. Painting by Félix Benoist, La Bretagne contemporaine, tome 'Finistère', 1867).

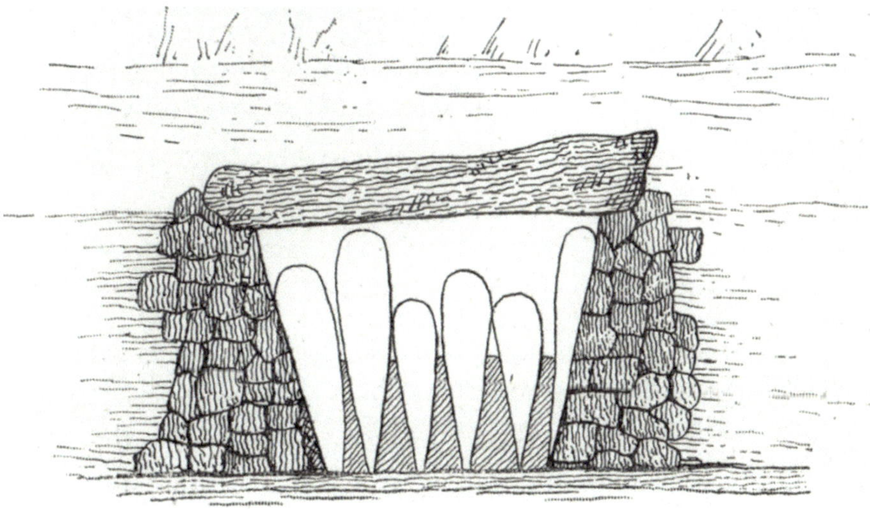

Figure 37. Bernon near Arzon, dép. Morbihan (after Passillé 1894, 265 with Fig.).

have been added with paint. The 'La Vaissiére' group, named after a deserted village on the wide Champ de Bondons plateau in the Cévennes, consists of *c.* 40 menhirs (Morel 1965). Among this group, at a particular place, i.e. at the bifurcation, there stands one stone which is currently integrated into a barbed wire fence (Figure 35). There too the smoothed surface leads us to assume that this 1.5 m high stone was once painted on.

Christopher Tilley has pointed to the axe-shaped menhirs represented by the 'large stone' of Kergadiou near Plouran, Dept. Finistére (Figure 36) (Tilley 2004, 44, Fig. 2.6). The combination of axes and menhirs is significant at several levels: be it the shape, the material, or the social context underlined by the deposition of hatchets at menhirs.

The deposition of axes again may resemble small erected menhirs. For example, 17 axes (Figure 37) were found in the hoard near Arzon, département

Morbihan, their edges facing upward, in a chest which was formed by side walls and a capstone (Passillé 1894, 265, with Fig.; on the dating to the mid-5th millennium BC see Pétrequin *et al.* 2012, 194). Furthermore, at the burial of Saint-Michel at Carnac the axes had been planted vertically into the ground.

The axe-shaped 'large stones' establish a bridge to a particular network of the 5th millennium BC which is based on the exchange of jadeite axes (Pétrequin *et al.* 2012). Jadeite was mined at a quarry in the Ligurian Alps and was made into special objects, most of all axes, but also rings. These very lavishly made, in most cases highly polished, axes were never meant for work but valuable 'prestigious goods'. A remarkably high number of such axes were found in the monumental burials of Mané er Hroëk in Locmariaquer, Saint-Michel, near Carnac (Figure 7), and Tumiac at Arzon in Brittany, where they are interpreted as the symbols of priest-kings (Pétrequin *et al.* 2015, 54). In the 15 m high and 55 m wide burial mound of Tumiac, large amounts of pearls as well as 15 fibrolith axes and 15 made of Alpine rock were found (Cassen *et al.* 2012, 941–944).

These axes were deposited not only in burials but also in hoards: in the case of Petit Rohu near Saint-Pierre-de-Quiberon they were deposited immediately at a menhir, where they may be understood to have been gifts to the imaginary powers (Cassen *et al.* 2010).

These axes were substitutes for social obligations, maybe as bride tokens or presents for hosts. As with the Kula multilateral exchange described by Bronislav Malinowski, the 'magical' object started an entire chain of social interactions (Malinowski 1922/1984; Hansen 2023). At a stroke, Malinowski's book of 1922 put an end to the long-running scientific debate on whether 'primitive' peoples knew trade. However, in contrast to the globalised commodity flows of our time, in archaic societies this exchange was limited to just a few partners. This structural order also characterised the kinship rules described by Claude Lévi-Strauss, which controlled the choice of marriage partners (Lévi-Strauss 1981; Oppitz 1991). Thus, social networks developed from the necessity of exchange as well as from the thereby connected implications of social relations. Archaic exchange was an institution in which all sub-fields of society were involved. Marcel Mauss spoke of a 'total' social phenomenon in the context of which all kinds of institutions found expression at the same time and at a stroke: religious, legal and moral as well as economic institutions, 'not to speak of the aesthetic phenomena resulting from these facts' (Mauss 1968, 17–18). The objects served as vehicles of the social connectedness of those involved in their exchange. According to Mauss, the exchanged objects are not simply objects but are treated as animated objects which never completely lose their ties to the previous owner. Thus, objects are also potentially dangerous. In any case, a chain of gifts and gift exchange is established, which may also be broken any time. There is no guarantee of a gift in return. Nevertheless, the basic idea is that presenting a gift must be connected to a return gift of at least equal value. For Mauss, the swap (beyond the exchange of goods) was the starting point of networking and sociality in every society. This is the fundamental insight Mauss provides us with today.

Accordingly, the identification of an older jadeite axe network in the Aegean Sea, based on jadeite from the island of Syros, did not come as a surprise (Identified by Lasse Sørensen in Schwall *et al.* 2005). The older hoards of stone axes in Central Europe have long been well-known, which just recently have been considered in the *longue durée* by Michael Müller. Obviously, they are also based on certain raw materials for the making of stone tools (Müller, M. and Schirren 2022; Müller, M. 2023).

## Large stones excavated

At the 'Long Stone' (Figure 38) of Einselthum, Donnersbergkreis, more 'large stones', a cobbled pavement, and sherds from the Rössener Culture as well as a stone axe were uncovered in the course of excavations as early as 1960 (Bosinski 1961, 173 Fig. 3). Gerhard Bosinski argued in favour of interpreting the site as a burial; however probably it was a small cultic site of which only the Long – clearly female – Stone has been left standing. Its total height is 2 m, with 1.2 m visible.

Figure 38. The 'Lange Stein' von Einselthum, Donnersbergkreis (1), with excavation (2–3) (after Bosinski 1961).

The first archaeological investigation of an alignment of standing stones was carried out by Charles-Tanguy Le Roux at Moulin de Cojou near Saint-Just, département l'Ille-et-Vilaine (Figure 39-41), and already this showed a complex architecture (Le Roux, Lecerf and Gautier 1989). This is the southern of two neighbouring alignments. There, over the centuries ritual activities were carried out, the beginnings of which reach back to the beginning of the 5th millennium BC. They included depositions of smaller stones, pottery, stone arrow heads and stone axes. The alignment itself (Figure 41) shows a typological range which was doubtless intentional and includes several different 'types' of large stones and their meanings.

The alignment of Douet is one of the oldest Megalithic memorials on the Atlantic coast (Large 2014). As only a small number of blocks are organised as one single alignment, they had never attracted the attention of researchers. The site was established in the Middle Neolithic, in the second quarter of the 5th millennium BC at the latest. The investigations by Jean-Marc Large

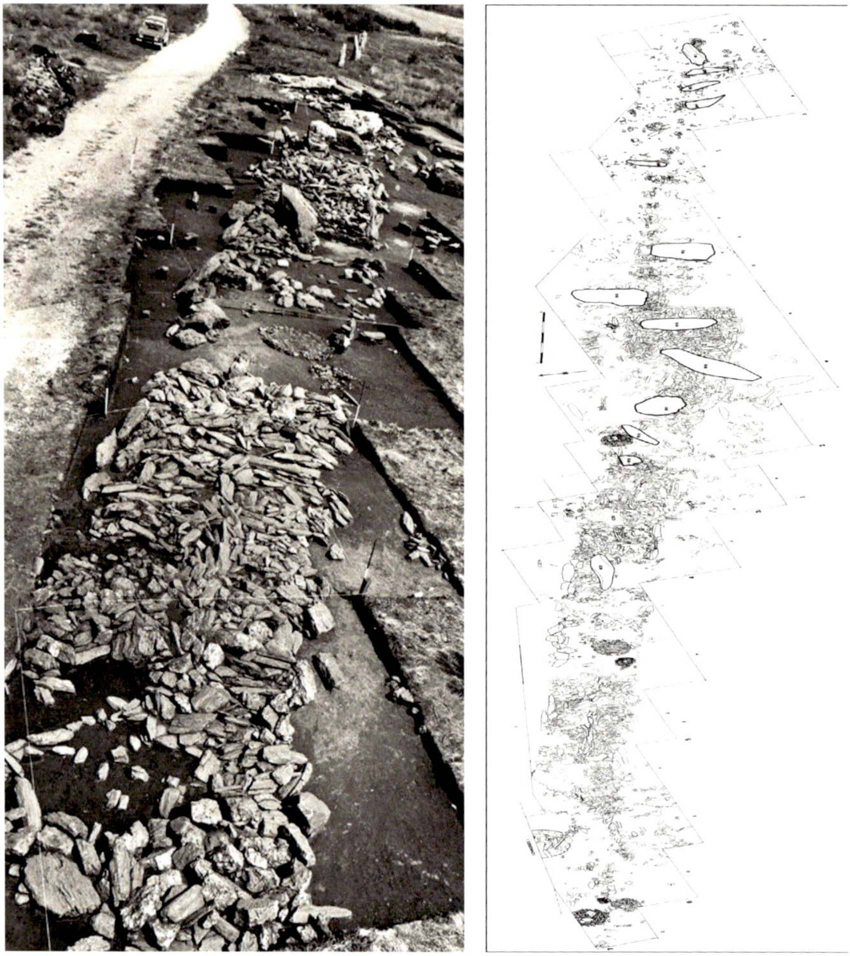

Figure 39. The *alignement* de Moulin de Cojou near Saint-Just, dép. Ille-et-Vilaine (photo after Le Roux 1981, 397, pl. 2; drawing after Le Roux, Lecerf, Gautier 1989, 24, pl. 16).

Figure 40. View of the stone row at Moulin de Cojou near Saint-Just (photo Svend Hansen).

Figure 41. Several stones in the *alignment* at Moulin de Cojou near Saint-Just (photo Svend Hansen).

revealed Block M 1 as a stone designed to be female. This is extraordinary, not least because the alignment had escaped destruction by previous, later, interventions. Next to and between the stones a great number of depositions were found: axe blades and flat pebbles, among them a 'depot' of 14 long, narrow and thin pebbles, as well as pottery.

At the alignment of Groah Denn, also on the island of Hoëdic, objects were also deposited at the foundations of menhirs: stone axes, pottery, natural stones, different kinds of coarse gravel, and also grindstones as well as one large flint blade (Large / Mens 2017, 54). The previously mentioned find of Petit Rohu near Saint-Pierre-Quiberon, département Morbihan, is also important for interpretation (Cassen *et al.* 2010; Cassen *et al.* 2012). There, two hoards with two jadeite axes in each had been deposited, two of them of the Tumiac type in one of the hoards and one axe of the Chelles type as well as another of the Saint-Michel type in the other one. The jadeite axe allows the find to be dated to the mid-5th millennium BC. The very large stones in Brittany, such as the large menhir of Locmariaquer, were also probably erected in the mid-5th millennium BC (Le Roux 2003, 373).

The excavations at the *Pierre de la grande corvée* of Monthelon, département Saône-et-Loire (Figure 42), produced a number of stones, silex tools, arrow points, one fragment of a stone axe, a few pieces of Middle Neolithic pottery and one hand mill fragment (Lagrost and Buvot 1996, 428 Fig. 4).

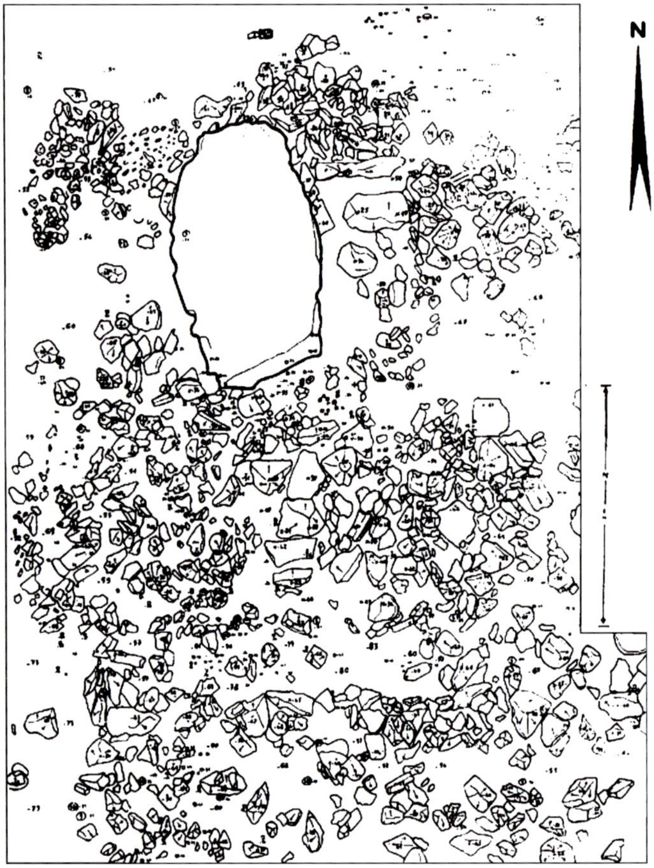


Figure 42. Archaeological situation of the Menhir in Monthelon (after Lagrost, Buvot 1996, 428 Fig. 4).

At Lutry, Canton Vaud (Figures 43-44), depositions of stones were found along an alignment consisting of 23 stones (Masserey 1985). According to the pottery finds and the $^{14}C$ data, this alignment is supposed to have been erected not earlier than in the 27th century BC (Favre *et al.* 2016, 24–25). It would thus be the most recent menhir alignment connected to $^{14}C$ data, which is very improbable. Furthermore, there exists a clearly older $^{14}C$ date (4446-4088 cal. BC). The alignment was uncovered still in situ and thus reveals the arrangement of the stones which were closely positioned to each other. They are grouped, in descending size, around the longest menhir. This shows that size mattered and gave expression to a hierarchical arrangement. It must be emphasized that most stones were deposited around the particularly large menhirs and were called wedge stones (Favre *et al.* 2016, 50). However, a menhir of a weight of several tons cannot be wedged upright by the help of small stones. We may thus consider the majority of these stones to be depositions, which again confirms the hierarchical arrangement of the stones, for they are most numerous at the 'large stones'.

The more recent statue steles from the 4th millennium BC rarely appear in their original positions, as menhirs, so that there are very few comparable finds. Of particular significance is thus the find from Collado de Sejos near

Figure 43. Lutry, 'La Posession' (photos Svend Hansen).

▼ Figure 44. Lutry, 'La Posession', excavation (after Masserey 1985, 6 Fig. 6) .

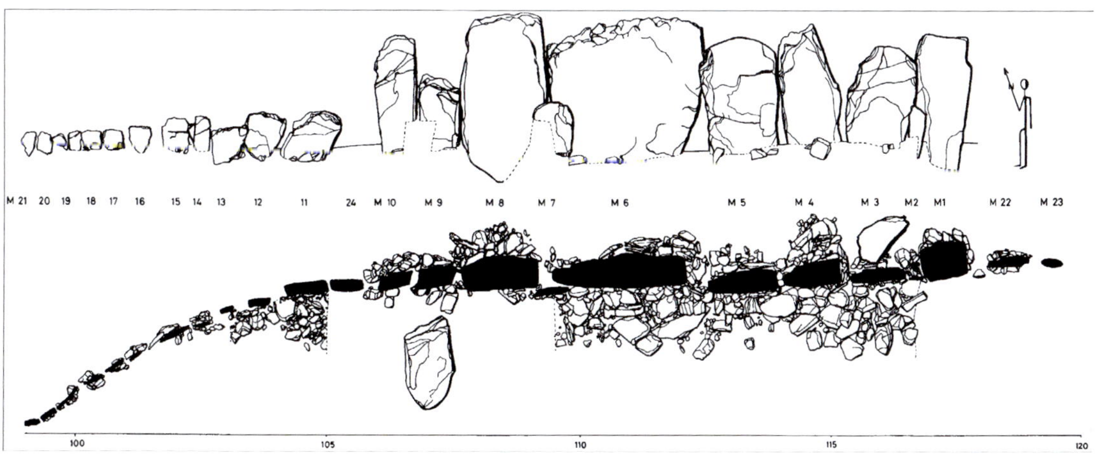

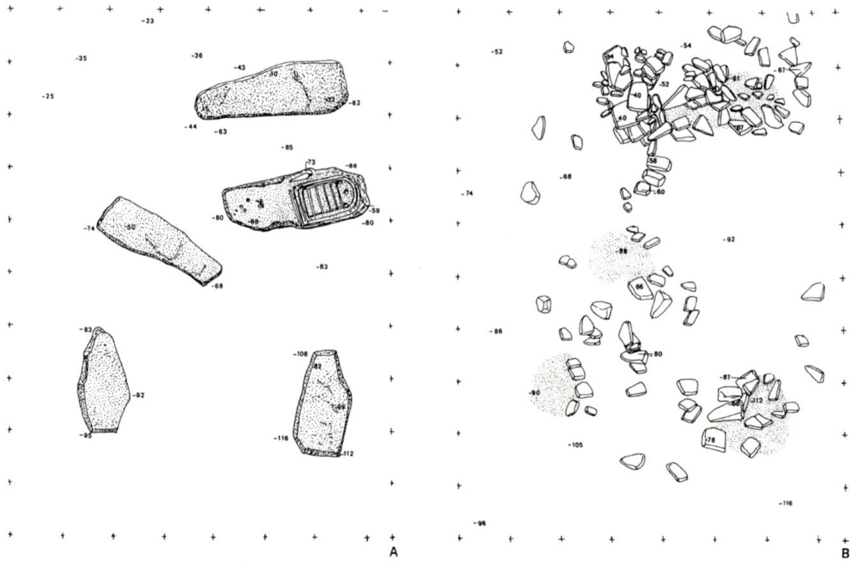


Figure 45. Collado de Sejos: Location of the decorated stones (left); and excavation showing pits and stones (right). (after Bueno Ramírez, Piñón Varela, Prados Torreira 1985, 33–34, Fig. 2).

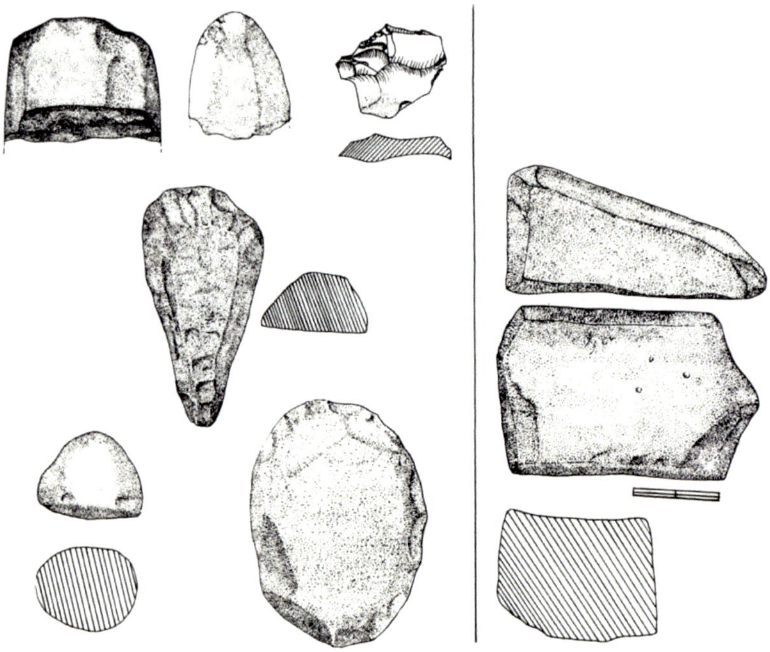

Figure 46. Collado de Sejos: stone tools and handmill (adapted from Bueno Ramírez, Piñón Varela, Prados Torreira 1985, 33–34 figs 5–6).

Saja, Prov. of Cantabria (Figures 45-46). The two decorated stones (1 and 2) were part of a group of five standing stones. The excavations produced a number of other small stones, most of all around Stele No. 1, which may partly be understood as wedging, but more particularly as depositions. Most significantly, the fragment of a hand mill must be emphasized (Bueno Ramírez, Piñón Varela and Prados Torreira 1985, 36 Fig. 6). With five stones,

Collado de Sejos was doubtlessly a special place, located at a height of 1,500 m, perhaps a place of pilgrimage.

## Sanctuaries

These and other comparable finds inevitably raise the question of whether these alignments (or also allegedly single stones) are sanctuaries. In recent years research has focused on sites that, because of the objects that were deposited, have revealed themselves as the place of ritual activities (Hansen 2008; Hansen 2012; Yates and Bradley 2010). What mattered in this context was in particular the location of sites where (Bronze Age) hoards were found, because these could be interpreted as gifts to the imaginary powers. Thus, these sites were assumed to be meaningfully connected to the depositions. However, for the time being there has only been evidence for a few examples of these sites having been used over longer periods. The existence of Neolithic and Bronze Age sanctuaries in Europe is thus disputed. The clearest evidence in this respect is the sanctuary of Keros, dated to 2,750-2,550 BC (Renfrew, Boyd and Bronk Ramsey 2012). There, Colin Renfrew and Michael Boyd uncovered more than 550 fragments of sculptures (Cycladic idols) and more than 2,000 fragments of stone vessels. Renfrew called Keros a pan-Cycladic sanctuary, visited by pilgrims from all neighbouring islands, who deposited already fragmented pieces of the sculptures as gifts there. The so-called 'Pigloner Kopf (Piglon Head – Dosso de Piccolongo)' from the municipality of Pfatten in South Tyrol may be interpreted as a sanctuary from the 3rd millennium BC (Oberrauch 2019, with older literature; Pedrotti *et al.* 2022). This is an isolated rock tower with vertical slopes of 25-30 m at all sides, and is accessible only on two narrow paths. At its peak, the oldest deposits of flint arrow heads date to *c.* 2,900 BC. A hand mill was also found there. The deposition of miniature copper axes should be emphasised. The intensive use of this place came to a sudden end after the mid-3rd millennium BC.

However, the depositions at the 'large stones' show that the sanctuaries in Europe in the 3rd millennium BC were preceded by an older practice, reaching back to the 5th millennium BC, of depositing offerings at particular places. On the basis of their structures and practices, these places may also be called sanctuaries. Among the practices for which there is evidence the deposition of stones, axes, grindstones and pottery is particularly significant. The depositing of grindstones is particularly remarkable, as they usually appear only in settlement contexts and, in individual cases, with burials. Grindstones were deposited as early as at Göbekli Tepe.

By erecting 'large stones' and, later, statue steles, places were marked where ritual activities were performed and stone objects were deposited: axes and hand mills as well as pottery vessels. These objects had the function of gifts by way of which the humans were able to communicate with the imaginary powers. These are sacrifices as described by Henri Hubert and Marcel Mauss in their fundamental study on the kind and function of the sacrifice: 'The method was that communication was established, between the sacral world and the profane world, by way of a sacrificed object, that is an object which is destroyed in the course of the ceremony' (Hubert and Mauss 1899 (2012), 211). The sacrifice is a mediator between the offerer and the imaginary powers and prevents the latter from taking the offerer himself. One gives up on something because one owes it to the gods or spirits and expects a return service. Material gifts were probably only a part. Pottery finds are an indication that food and drink offerings also mattered. The archaeological evidence provides the crucial criteria for addressing these places as sanctuaries.

Any sanctuary requires a boundary which separates it from the profane space. To my knowledge, as yet no such boundary has been proven, however it might have been made of perishable material, and perhaps it might even have been invisible, without any mark. For Émile Durkheim, in his study on '*Les formes élémentaires de la vie religieuse*' of 1912, this separation was fundamental: 'All known religious convictions, whatever simple or complex they may be, show the same feature: they assume a classification of the real or the ideal things imagined by humans according to two classes, to two opposite kinds, which have generally be named by two different words, that is *profane* and *holy*. The separation of the world into two realms, of which one covers everything holy and the other one everything profane, this is the distinctive feature of religious thought' (Durkheim 1984, 62). Accordingly, it is not at all true that for Neolithic people the holy and the profane were constantly intermingled but that they meticulously paid attention to this separation.

When it comes to these Neolithic sanctuaries, what is required is archaeological excavations at the stones, which would not only necessarily produce further details about the sacrifices but also, by way of $^{14}C$ data, provide more details concerning the periods of their use. For, how could it be that at many places the long stone remained a 'ritually' used place without archaeological traces being preserved?

## The solid and the fluid

The formation of tradition and remembrance culture is subject to constant dynamics. Concerning the aniconic steles in Israel, Carl Graesser had it as follows: 'Indeed, without any specific indication by an inscription, different individuals could easily attach diverse meanings to the same stone. Nor would it be at all difficult for the understanding of a given masseba to change over the course of changing generations. The diverse opinions regarding massebot in the Old Testament offer a good example of this fluidity and shift of mean' (Graesser 1972, 35).

Thus, at first sight the stone stele or the 'large stone' appear as the guarantors of immutability, for they are materially unmovable evidence of the alleged truth of tradition. This is only seemingly contradicted by the fact that even in the Neolithic Age they could be frequently reinterpreted. For the stability of the stone must again and again be brought into line with the oral discourse, or the oral tradition must be brought into line with the stone. Thus both the oral tradition and the stone are elements of a dialectic of remembrance work. The stone was a lasting institution where memory could be accumulated. Maurice Halbwachs called cultic sites '... a piece of ground whose position in space is exactly defined. Like everything material, then this spatial position tends towards continuation. And then, here the power which ties humans to such a holy site is of a somewhat mechanical nature' (Halbwachs 2003, 165).

However, many other ideas may be projected onto the stones. Today, not only anthropomorphic steles but also menhirs are considered aniconic yet at the same time anthropomorphic stones. Erecting them in space has thus been interpreted as 'anthropisation', which holds particularly for the alignments in Brittany, although also for those groups of anthropomorphic steles erected in the 4th millennium BC (Large 2015, 153). These interpretations go back to André Leroi-Gourhan, who spoke of humanised space (Leroi-Gourhan 1984, 395). They are also not far from Ian Hodder's allegedly opposite spheres of the domesticated ('domus') and the wild and natural ('agrios') environment (Hodder 1990). Menhirs and Megalithic tombs are said to have been purposefully erected in the landscape outside the domesticated spheres, to intrude into the other sphere and to symbolise human predominance over the wilderness. However, Elisabetta Mottes and Franco Nicolis have asked whether in the Copper Age there was really any distinction between a human, culturally, anthropologically or even usually 'habitable' landscape and a natural, 'grandiose' landscape, and they warn against projecting current ideas on the past (Mottes and Nicolis 2015, 21).

## The Church and the power of the stones

Many of the 'large stones' may be supposed to have eventually just fallen down. Others, however, remained an element of the historical landscape and were perhaps still the centres of 'particular places'. A crucial turning point for the stones was the introduction of Christianity as the state religion under Emperor Theodosius I (see Hansen 2014). From the 5th century AD onward the Church no longer aimed at delimitation but at actively fighting the non-Christian religions, in particular the Jews, but also pagans. The destruction of synagogues and their transformation into churches allows for the assumption that parallel action was taken against pagan sites. In Late Antiquity the demolition of non-ecclesiastical 'holy' places counted among the tasks of the bishops. This way, pagan temples became the targets of these 'men of action'. St. Gallus had to escape across Lake Zurich after he had burned down a temple and thrown a cultic image as well as ritual objects into the water (Schwarz 2005, 255). The destruction of cultic images and the felling of sacred trees was the trademark of St. Boniface, following his cutting down the so called Donar's (Thor's) Oak at Geismar in North Hesse.

At several Councils between AD 465 and 615 decrees against the pagans were passed. On several occasions, bans were formulated which forbade the leaving of offerings at springs, trees and stones and the taking of vows there (Harmening 1979, 54–60). The ecclesiastical sources – irrespective of whether they reflect actual events or just repeat well-known *topoi* – show that particular places existed that were generally known as the sites of older cultic practices. And obviously these were respected over long periods of time, as they continue to find expression today in a number of field names.

At the Council of Nantes in 658 AD it was decided to dispose of the 'large stones', which at ruined sites and in woods were still worshipped by people - 'betrayed by the taunting of the demons' - and where vows were still taken. The stones were ordered to be completely uprooted and taken to places where they could no longer be adored by their followers (Grimm 1877, 406; Harmening 1979, 61).[3] This way one avoided the demolition of the 'large stones'. The burying of menhirs may be supposed to have been a method of taking the 'large stones' out of sight, as had been decided by the Council of Nantes. The evidence from Görschen, Burgenland district, may be supposed to illustrate these decrees. In the course of putting up a scaffold at the outer wall of the apse of the Protestant church of St. Crucis in 2006, a large white stone (Figure 47) was discovered. It had been covered by just 20 cm of soil. This find suggests that here a consensual solution was reached by which, in the 10th century AD at the earliest, the stone could be disposed of, while remaining at a prominent place. Those attending the service faced towards the altar, but at the same time towards the 'large stone' lying outside. In this way, over the past one thousand years it had not been subject to weathering. It is smooth on three sides, and the apparent front side is much carved. It may be supposed to represent a female figure. As shown by longer working edges, the stone was purposefully shaped as a pillar and was carefully smoothed and polished.

One particularly striking example of the coexistence of menhir and church is the menhir of Langenstein, Marburg-Biedenkopf district, which today rises 5.09 m above the ground and even gave the village its name (Figure 48). Also, as the legend has it, at this place a chapel had been built as early as the 8th century by St. Boniface. Today's St. James's Church, dating to the 13th century, is in the immediate vicinity (Groht 2013, 339, Fig. on

3 *Lapides quoque quos in ruinosis locis et silvestribus daemonum ludificationibus decepti venerantur, ubi et vota vovent et deferunt, funditus effodiantur atque in tali loco projiciantur ubi nunquam a cultoribus suis venerari possint.*

▲ Figure 47. Görschen, Burgenlandkreis (photos Svend Hansen).

p. 313). The Long Stone stands immediately next to the wall of the cemetery. The Church came to terms with its coexistence with the older cultic symbol.

The archaeological evidence illustrates the diagnosis by Sigmund Freud: 'One might say, they all are "badly christened"; under the thin veneer of Christianity they have remained what their ancestors were, barbarically polytheistic.' (Freud 1939, 137). From this Freud concluded that they had not overcome their resentment against the new religion that had been forced upon them but had transferred it to the source of Christianity, that is to Jewry. This observation had already been made in 1929 by the Marburg classical scholar Ernst Maass, who made the following observations: 'And when then, under constraint, the ritual cultic activities have outwardly come to a complete standstill, inwardly the attitude has hardly changed, and by more than just a few of the loveliest, deepest narration motifs very

▼ Figure 48. The 'Lange Stein' in Langenstein, district of Marburg-Biedenkopf (photos Svend Hansen).

Figure 49. Câtel, Guernsey: Granite stele (Wikimedia commons, public domain).

ancient paganism goes on (...). The monastic church of Heiligenstein near Ruhla has preserved its pre-history only by its name, yet for eternity' (Maass 1929, 5–6).

Evidence of a particularly close relationship between the Church and a pagan cultic symbol is found in the 2.50 m high granite stele of Câtel on Guernsey (Figure 49), which as early as 1878 was found below the chancel of the church of Sainte-Marie-du-Câtel and was erected in a cemetery belonging to the church (Le Roux 1998, 232 Fig. 8; Scarre 2010). We may assume that this church, dedicated to the Virgin Mary, was built at a

▼ Figure 50. Menhir near Pontusval (Men Marz), dép. Finistère (photos Svend Hansen).

1 2 3

1 2

Figure 51. Cheyroux (photos Svend Hansen).

'particular place' marked by this female statue and that the deposition could be understood not as destruction but as a continuously working power. The parish priest announced the message of salvation not least on the basis of the authority of this stone.

Many more examples could be given. Particularly in Brittany a number of menhirs were 'decommissioned' by applying the sign of the cross. Despite this, as with the impressive 8.35 m high stone of Pontusval at Brignogan-Plages, département Finistère, they are in fact hybrids with a message of their own (Figure 50). These 'large stones' with their small crosses look like captured ships sailing on under a foreign flag. Some of them were probably christianised as early as in the Middle Ages, others, like the stone of Pontusval, only in the 18th century. For most stones, however, a metal cross sufficed. West of Mende, Département de la Lozére, the *c.* 1.80 m high, column-shaped Stone of Cheyroux (near Saint-Frézal-d'Albuges, Département de la Lozére), stands at the side of the road, topped with a simple iron cross (Figure 51).

## Prospects

Since the early 5th millennium BC at the latest, 'large stones' were erected in Western Europe. As early as since the second quarter of the 5th millennium BC they had also the function of keystones in Megalithic tombs. In this way they were not destroyed or disempowered but integrated into an additional function. According to the evidence provided by excavations, other stones or *alignments* with many deposited gifts may be interpreted as early sanctuaries, serving for communication with the imaginary powers, the ancestors or spirits. It is an open question how the transformations of their functions since the 3rd millennium BC should be described. At any rate, in Late Antiquity the 'large stones' still marked 'particular places' and thus became the targets of anti-pagan policy. At many places they finally ended in peaceful coexistence with the Church.

## Bibliography


Avner, U. 2001. Sacred stones in the desert. *Biblical Archaeology Review* 27, 2001, p.30–41.

Avner, U., Kolska Horwitz, L. 2017. Offerings, Sacrifices and Innovations in the Desert Prehistoric Religion. *Aram* 29, 2017, p.35–70.

Bailloud, G., Boujot, C., Cassen, S., Le Roux, C.-T. 1995. *Carnac. Les premières architectures de pierre.* CNRS Éditions, Paris.

Bosinski, G. 1961. Der "Lange Stein" von Einselthum (Pfalz). Ein Menhir der Rössener Kultur? *Germania* 39, p.171–185.

Bruns, G. 1935. *Der Obelisk und seine Basis auf dem Hippodrom zu Konstantinopel.* Istanbuler Forschungen 7. Arch. Institut des Deutschen Reiches, Istanbul.

Bueno Ramírez, P., Piñón Varela, F., Prados Torreira, L. 1985. Excavaciones en el Collado de Sejos (Valle de Polaciones. Santander). Campaña de 1982. *Noticiario Arqueológico Hispánico* 22, 1985, p.27–53

Bueno Ramírez, P., de Balbín Behrmann, R., Barroso Bermejo, R., Carrera Ramírez, F., Hunt, M. 2016 El arte y la plástica en el tholos de Montelirio. In: A. Fernández Flores, L. García Sanjuán, M. Díaz-Zorita Bonilla (eds). *Montelirio: Un Gran Monumento Megalítico de la Edad del Cobre.* Consejería de Cultura. Junta de Andalucía, Sevilla, p.365–405.

Cassen, S. Grimaud, V. 2022. Résolution d'un signe (2). La stèle Men Bronzo à Locmariaquer (Morbihan) à la lumière du vase Cerny de Belloy-sur-Somme. In R.-M. Arbogast, A. Denaire, S. Grando-Valeckova, P. Lefranc (eds), *D'Oberlag à Wesaluri, itinéraire d'un préhistorien - Mélanges offerts à Christian Jeunesse.* MAGE, Strasbourg, p. 341–356.

Cassen, S., Grimaud, V., Le Jeune, Y. 2020. Signes et désordres sur la stèle néolithique no. 3 à La Bretellière (Saint-Macaire-en-Mauges, Maine-et-Loire). Signs and disorders on the Neolithic stele no. 3 in La Bretellière (Saint-Macaire-en-Mauges, Maine-et-Loire, France). *L'Anthropologie* 124, p.1–26.

Cassen, S., Grimaud, V., Paitier, H. 2018. Les monolithes gravés dans la tombe à couloir néolithique du Mané er Groez à Kercado (Carnac, Morbihan). *Gallia Préhistoire* 58, p.87–138.

Cassen, S., Boujot, C., Errera, M., Menier, D., Pailler, Y., Pétrequin, P., Marguerie, D., Veyrat, E., Vigier, E., Poirier, S., Dagneau, C., Dégez, D., Lorho, T., Neveu-Dérotrie, H., Obeltz, C., Scalliet, F., Sparfel, Y. 2010. Un dépôt sous-marin de lames polies néolithiques en jadéitite et sillimanite, et un ouvrage de stèles submergé sur la plage dite du Petit Rohu près

Saint-Pierre-Quiberon (Morbihan). *Bulletin de la Société préhistorique française* 107, p.53–84.

Cassen, S., Pétrequin, P., Boujot, C., Domínguez-Bella, S., Guiavarc'h, M., Querré, G. 2011. Measuring distinction in the megalithic architecture of the Carnac region: from sign to material. In M. Furholt, F. Lüth, J. Müller, *Megaliths and Identities Early Monuments and Neolithic Societies from the Atlantic to the Baltic.* 3rd European Megalithic Studies Group Meeting 13th–15th of May 2010 at Kiel University. Rudolf Habelt, Bonn, p.225–248.

Cassen, S., Boujot, C., Dominguez Bella, S., Guiavarc'h, M., Le Pennec, C., Prieto Martinez, M.P., Querré, G., Santrot, Vigier, E. 2012. Dépôts bretons, tumulus carnacéens et circulations à longue distance / Breton hoards, Carnac tumuli and long-distance circulations. In P. Pétrequin, S. Cassen, M. Errera, L. Klassen, A. Sheridan, A.-M. Pétrequin (eds), *Jade. Grandes haches alpines du Néolithique européen Ve et IVe millénaires av. J.-C.* vol. 2 Presses Universitaires de Franche-Comté et Centre de Recherche Archéologique de la Vallée de l'Ain, Besançon. p.918–995

Cassen, S., Lanos, P., Dufresne, P., Oberlin, C., Delqué-Kolic, E., Le Gofic, M. 2015. Datations sur site (Table des Marchands, alignement du Grand Menhir, Er Grah) et modélisation chronologique du Néolithique morbihannais. In S. Cassen (ed.), *Autour de la Table. Explorations archéologiques et discours savants sur des architectures néolithiques à Locmariaquer, Morbihan (Table des Marchands et Grand Menhir).* CNRS and Université de Nantes, Nantes p.737–768.

Cassen, S., Rodríguez-Rellán, C., Fábregas Valcarce, R., Grimaud, V., Pailler, Y., Schulz Paulsson, B. 2019. Real and ideal European maritime transfers along the Atlantic coast during the Neolithic. *Documenta Praehistorica* 46, p.308–325.

de Caylus, A.C.P. 1764. *Recueil D'Antiquités, Egyptiennes, Etrusques, Grecques Et Romaines.* vol. 6 N.M. Tilliard, Paris.

Chauris, L. 2014. Pour une géoarchéologie du patrimoine: pierres, carrières et constructions en Bretagne sixième partie: les granites cadomiens du batholite mancellien. *Revue archéologique de l'Ouest*, 31, p.409–430.

Coularou, J. Gasco, J., Galant, P. 2011. *Autour du Pic Saint Loup à l'Age du Cuivre. Un monde villageois il y a 5000 ans.* Musée Du Pic Saint Loup, Toulouse.

Coutil, L. 1926. Inventaire des monuments mégalithiques de l'Orne. *L'Homme Préhistorique* 13, p.97–126.

Demoule, J.-P. 2007. L'origine des inégalités. In J.-P. Demoule (ed.), *La révolution néolithique en France.* La Découverte, Paris, p.78–89.

Dietrich, O., Dietrich, L., Notroff, J. 2019. Anthropomorphic Imagery at Göbekli Tepe. In J. Becker, C. Beuger, B. Mueller-Neuhof (eds), *Human Iconography and Symbolic Meaning in Near Eastern Prehistory*. Proceedings of the Workshop held at 10th ICAANE in Vienna, April 2016. Austrian Academy of Sciences Press, Vienna, p.151–166.

Durkheim, E. 1984. *Die elementaren Formen des religiösen Lebens (3rd ed.)* Suhrkamp Verlag, Frankfurt.

Durst, G. 1928. Die Monolithe der Provinz Rheinhessen. *Mainzer Zeitschrift* 23, 1928, p.14–26.

Favre, S., Burri-Wyser, E., Chaix, L., Weidmann, D. 2016. Lutry, les stèles-menhirs de La Possession. In E. Burri-Wyser (ed.), *Destins des mégalithes vaudois: Lutry, La Possession, Corcelles, Les Quatre menhirs et La Vernette, Concise, En Chenaux et Fin de Lance, Onnens, Praz Berthoud, fouilles 1984–2012.* Cahiers d'archéologie romande 159, Lausanne, p. 15–62.

Freud, S. 1939. *Moses and Monotheism* (trans. K. Jones). Garden City Press, Letchworth.

García Sanjuán, L., Rivera Jiménez, T., Wheatley, D.W. 2003. Prospección de superficie y documentación gráfica en el Dolmen del Llano de la Belleza (Aroche, Huelva). *Anuario Arqueológico de Andalucía* 3, p.181–192.

Giot, P.-R. 1991. *Préhistoire de Bretagne. Menhirs et Dolmens* Chateaulin.

Gleser,R.2016.NeueÜberlegungenzurChronologiederpostbandkeramischen Kulturphänomene in Mitteleuropa. In J. Kovárnik (ed.), *Centenary of Jaroslav Palliardi's Neolithic and Aeneolithic Relative Chronology (1914–2014)* University of Hradec Králové, Hradec Králové, p. 107–116.

Gouezin, P. 2015. L'intégration de pierres dressées isolées à l'air libre dans les espaces sépulcraux de l'ouest de la France: Le département du Morbihan. ARPI. *Arqueología y Prehistoria del Interior peninsular* 03, 2015 Extra (Homenaje a Rodrigo de Balbín Behrmann), p.96–110.

Graesser, C.F. 1972. Standing stones in ancient Palestine. *The Biblical Archaeologist* 35(2), p.34–63.

Grimm, J. 1877. *Deutsche Mythologie. 4. Ausgabe, Bd. 3: Nachträge und Anhang.* Edited by E.H. Meyer. Gütersloh.

Grimm, J., Grimm, W. 1977. *Deutsches Wörterbuch.* Bd. 10. Hirzel, Leipzig.

Groht, J. 2013. *Menhire in Deutschland.* Verlag Beier and Beran, Halle an der Saale.

Gutherz, X., Jallot, L., Garnier, N. 1998. Le monument de Courion (Collias, Gard) et les statues-menhirs de l'Uzège méridionale. In: G. Rodriguez (ed.), *Actes du 2ème Colloque international sur la statuaire mégalithique, Saint-Pons-de-Thomières, du 10 au 14 septembre 1997.* Archéologie en Languedoc 22, Albi, p.119–134.

Halbwachs, M. 2003. *Stätten der Verkündigung im Heiligen Land. Eine Studie zum kollektiven Gedächtnis.* UVK Verlag, Konstanz.

Hansen, S. 2007. *Bilder vom Menschen der Steinzeit. Untersuchungen zur anthropomorphen Plastik der Jungsteinzeit und Kupferzeit in Südosteuropa.* Archäologie in Eurasien 20. Philipp von Zabern, Mainz.

Hansen, S. 2008. Bronzezeitliche Horte als Indikatoren für "andere Orte". *Das Altertum* 53, p.291–314.

Hansen, S. 2012. Bronzezeitliche Horte: Zeitliche und räumliche Rekontextualisierungen. In: S. Hansen, D. Neumann, T. Vachta (eds), *Hort und Raum. Aktuelle Forschungen zu bronzezeitlichen Deponierungen in Mitteleuropa* De Gruyter, Berlin, p. 23–48.

Hansen, S, 2013, Harald Hauptmann als Forscher, Ausgräber und Lehrer zu seinem 75. Geburtstag. In: Ü. Yalçin, *Anatolien Metal VI* (Bochum 2013) 19-22.

Hansen, S. 2014. Juden im römischen Reich: Eine archäologisch-historische Perspektive. In: R. Gross, S. Hansen, M. Lenarz, P. Rahemipour (ed.), *Im Licht der Menora. Jüdisches Leben in der römischen Provinz. Ausstellungskatalog.* Campus, Frankfurt am Main/New York, p.21–62.

Hansen, S. 2023. Bronisław Malinowski, Marcel Mauss und die Entdeckung der Gabe: Ein Gesellschaftsvertrag vor dem Staat. In: Editorial Collective (eds.), *What does this have to do with Archaeology? Essays on the Occasion of the 65th Birthday of Reinhard Bernbeck* Leiden 2023, p.83–94.

Harmening, D. 1979. *Superstitio. Überlieferungs- und theoriegeschichtliche Untersuchungen zur kirchlich theologischen Aberglaubensliteratur des Mittelalters.* Erich Schmidt Verlag, Berlin.

L'Helgouac'h, J. 1983. Les Idoles qu'on abat. *Bulletin mensuel de la Société Polymatique du Morbihan* 110, p.57–68.

Hodder, I. 1990. *The domestication of Europe: structure and contingency in neolithic societies.* Oxford University Press, Oxford.

Hubert, H., Mauss, M. 1899/2012. Essay über die Natur und die Funktion des Opfers. In M. Mauss. *Schriften zur Religionssoziologie.* Suhrkamp Verlag, Berlin, p.97–236.

Jeunesse, C. 2016. Pierres dressées et mâts-totem: le pilier comme vecteur de communication publique dans les sociétés pré-littéraires. In O. Buchsenschutz, C. Jeunesse, D. Vialou (eds), *Signes et communication dans les civilisations de la parole.* CTHS, Paris, p. 87–97.

Jeunesse, C. 2017. From Neolithic kings to the Staffordshire hoard: Hoards and aristocratic graves in the European Neolithic: The birth of a 'Barbarian' Europe? In P. Bickle, V. Cummings, D. Hofmann, J. Pollard (eds), *The Neolithic of Europe: Papers in Honour of Alasdair Whittle.* Oxbow Books. Oxford, p.175–187.

Kirchner, H., 1955. *Die Menhire in Mitteleuropa und der Menhirgedanke.* Akademie der Wissenschaften und der Literatur. Abhandlungen der Geistes- und Sozialwissenschaftlichen Klasse Nr. 9, Wiesbaden.

Kofler, F. 1888. Die Hinkelsteine und Langesteine im Großherzogthum Hessen. *Korrespondenzblatt des Gesamtvereins der deutschen Geschichts- und Altertumsvereine* 36, p.126–128.

Lagrost, L. Buvot, P. 1996. Au carrefour de diverses influences: les menhirs ornés de Bourgogne du Sud. In P. Duhamel (ed.), *La Bourgogne entre les bassins rhénan, rhodanien et parisien: carrefour ou frontière?* Actes du XVIIIe Colloque interrégional sur le Néolithique, Dijon, 25–27 octobre 1991. ARTEHIS Éditions, Dijon, p.415–435.

Large, J.-M., 2014. *La file de pierres dressées du Douet (Hoedic - Morbihan)* (Le Bourg 2014).

Large, J.-M., 2015. L'apport nouveau des files de pierres dressées de l'île d'Hoedic (Morbihan). In G. Rodriguez, H. Marchesi (eds), *Statues-*

*menhirs et pierres levées du Néolithique à aujourd'hui*. Actes du 3e colloque international sur la statuaire mégalithique, Saint-Pons-de-Thomières, du 12 au 16 septembre 2012. Direction régionale des affaires culturelles Languedoc-Roussillon, Saint-Pons-de-Thomières, p. 153–163.

Large, J.M., Mens, E. 2008. L'alignement du Douet à Hoëdic (Morbihan, France). *L'Anthropologie* 112, p.544–571.

van der Leeuw, G. 1956. *Phänomenologie der Religion* 2nd ed. Mohr Siebeck, Tübingen.

Legrand d'Aussy, P.J.-P. 1799. *Mémoire sur les anciennes sépultures nationales et les ornemens extérieurs qui en divers temps y furent employés, sur les embaumemens, sur les tombeaux des rois francs dans la ci-devant église de Saint-Germain des Prés, et sur un projet de fouilles à faire dans nos Départements.* Mémoires de l'Institut national des sciences et arts. Sciences morales et politiques 2, Fructidor VII. de Baudouin, Paris, p.411–680.

*Leroi-Gourhan 1984*: André Leroi-Gourhan, Hand und Wort. *Die Evolution von Technik, Sprache und Kunst* (Frankfurt am Main 1984).

Le Roux, C.-T. 1998. Du menhir à la statue dans le mégalithisme armoricain. In: G. Rodriguez (ed)., *Actes du 2ème colloque international sur la statuaire mégalithique, Saint-Pons-de-Thomières du 10 au 14 septembre 1997.* Archéologie en Languedoc 22, Albi, p.217–235.

Le Roux, C.-T. 2003. Les menhirs d'Armorique et leur place dans la vie des hommes du Néolithique. In: V.S. Gonçalves (ed.), *Muita gente, poucas antas? Origens, espaços e contextos do Megalitismo*: actas do II Colóquio Internacional sobre Megalitismo. Instituto Português de Arqueologia, Lisboa, p.371–383.

Le Roux, C.-T., Lecerf, Y., Gautier, M. 1989. Les mégalithes de Saint-Just (Ille-et-Vilaine) et la fouille des alignements du Moulin de Cojou. *Revue archéologique de l'Ouest* 6, 1989, p.5–29.

Lévi-Strauss, C. 1981. *Die elementaren Strukturen der Verwandtschaft.* Suhrkamp Verlag, Frankfurt am Main.

Lindenschmit, L. 1868. Das Gräberfeld am Hinkelstein bei Monsheim, einer der ältesten Friedhöfe, des Rheinlandes. *Zeitschrift des Vereins zur Erforschung der Rheinischen Geschichte und Altertümer* 3, p.1–41.

Maass, E. 1929. Heilige Steine. *Rheinisches Museum für Philologie N. F.* 78 , p.1–25.

Malinowski, B. 1922/1984. *Argonauten des westlichen Pazifik.* Syndikat, Frankfurt am Main.

Marc, B. 2016. Dolmens et menhirs. Lozère, Gard. *24 circuits de découverte préhistorique en Cévennes sur Les Causses et en pays Arlésien.* Éditions du Mont, Cazouls-des-Béziers.

Mauss, M. 1923/1968. *Die Gabe. Form und Funktion des Austauschs in archaischen Gesellschaften* Suhrkamp Verlag, Frankfurt am Main.

Martínez Rodriguez, P. 2011. La estatua menhir del Pla de les Pruneres (Ouvradous 2 de Vallès, Vallès Oriental). *Complutum* 22, p.71–87.

Masserey, C. 1985. Un monument mégalithique sur les rives du Léman, *Archéologie suisse* 8, p.2–7.

More, C. 1965. Le menhirs et les alignements dans la région de Bondons (Lozère). In *Congrès préhistorique de France. Compte rendu de la XVIe session* ». Principauté de Monaco 28 aout – 5 septembre 1959. Société préhistorique française, Paris, p.888–903.

Mottes, E., Nicolis, F. 2015. Il voliti di pietra degli antenati. Le statue stele Arco VII e Arco VIII. *Archeologia delle Alpi* 2015, p.15–23.

Müller, D.W., 1988. Grabkammer vom mitteldeutschen Typ mit Menhir von Langeneichstädt, Kr. Querfurt. *Ausgrabungen und Funde* 33, p.192–199.

Müller, J. 2002. Zur Belegungsabfolge des Gräberfeldes von Trebur: Argumente der typologieunabhängigen Datierungen. *Praehistorische Zeitschrift* 77, p.148–158.

Müller, M. 2023. Evidence of a base model for Neolithic depositions in Central and Northern Europe. In: D. Groß, M. Rothstein (eds.), *Changing Identity in a Changing World. Current Studies on the Stone Age around 4000 BCE.* Sidestone Press, Leiden, p. 265–278.

Müller, M., Schirren, C.M. 2022. Early and Middle Neolithic hoards in the area of the northern Mesolithic. In F. Klimscha, M. Heumüller, D.C.M. Raemaekers, H. Peeters, T. Terberger (eds), *Stone Age Borderland Experience: Neolithic and Late Mesolithic Parallel Societies in the North European Plain.* Stichting Oude Groninger Kerken, Hannover, p.135–157.

Oberrauch, H. 2019. Zum Ursprung der Brandopferplätze. In S. Hye, U. Töchterle (eds), *UPIKU:TAUKE. Festschrift für Gerhard Tomedi zum 65. Geburtstag*. Rudolf Habelt, Bonn, p.435–456.

Oppitz, M. 1991. *Onkels Tochter, keine sonst. Heiratsbündnis und Denkweise in einer Lokalkultur des Himalaya.* Suhrkamp Verlag, Frankfurt am Main.

Passillé, M. 1894. Découverte de Bernon, près d'Arzon, presqu'île de Rhuys (Morbihan). *Revue archéologique* 34, p.260–267.

Pedrotti, A., Angelini, I., Artioli, G., Canovaro, C., Tecchiati, U., Oberrauch, H. 2022. The Bell Beaker Rock Sanctuary Pigloner Kopf (South Tyrol, Italy): Burnt Offerings and Local Metallurgy in the Eastern Alps. In C. Abegg, D. Carloni, F. Cousseau, E. Derenne, J. Ryan-Despraz (eds), *The Bell Beaker Culture in All its Forms. Proceedings of the 22nd Meeting of 'Archéologie et Gobelets' 2021 (Geneva, Switzerland)* Archaeopress, Oxford, p. 265–278.

Pétrequin, P., Croutsch, C., Errera, M., Honegger, M., Jaccottey, L., Mariéthoz, F., Rey, P.-J. 2012. Approche des productions valaisannes en amphibolite calcique (néphrite), The production of axeheads and axehead-chisels made from calc-amphibolite (nephrite) in the Valais Pierre. In P. Pétrequin, S. Cassen, M. Errera, L. Klassen, A. Sheridan, A.-M. Pétrequin eds), *Jade. Grandes haches alpines du Néolithique européen Ve et IVe millénaires av. J.-C.* Vol. 1 Presses Universitaires de Franche-Comté et Centre de Recherche Archéologique de la Vallée de l'Ain, Besançon, p.184–213.

Pétrequin, P., Pétrequin, A.-M., Cassen, S., Errera, M., Gauthier, E., Prodéo, F., Vaquer, J. 2015. Les grandes haches polies en jades alpins. In *Signes des richesses 2015. Inégalités au Néolithique*. Ausstellungskatalog. RMN, Paris, p.43–54.

Reinach, S. 1893. Terminologie des monuments mégalithiques. *Revue archéologique* 3, serie 23/2, p.35–48.

Renfrew, C., Boyd, M., Bronk Ramsey, C. 2012. The oldest maritime sanctuary? Dating the sanctuary at Keros and the Cycladic Early Bronze Age. *Antiquity* 86 (331), 2012, p.144–160

Robb, J. 2009. People of Stone: Stelae, Personhood, and Society. *Journal of Archaeological Method and Theory* 16, 2009, p.162–183.

Rouch, J. 2012. *Mégalithes de Normandie. Pierres de legends.* Éditions OREP, Bayeux.

Le Rouzic, Z., Keller, C. 1936. *La table des marchands: ses signes sculptés et ceux de la pierre gravée du dolmen de Mané-er-h'roëk.* Imprimerie Armoricaine , Nantes.

Scarre, C. 2010. Stone people: monuments and identities in the Channel Islands. In M. Furholt, F. Lüth, J. Müller (eds), *Megaliths and Identities. Early Monuments and Neolithic Societies from the Atlantic to the Baltic.* 3rd European Megalithic Studies Group Meeting 13th–15th of May 2010 at Kiel University. Rudolf Habelt, Bonn, p. 95–104.

Schwall, C., Brandl, M., Gluhak, T.M., Milić, B., Betina, L., Sørensen, L., Wolf, D., Horejs, B. 2005. From near and far: Stone procurement and exchange at Çukuriçi Höyük in Western Anatolia. *Journal of Lithic Studies* 7(3). DOI: https://doi.org/10.2218/jls.3093

Schwarz, P.-A. 2005. Spätantike Religion in der ehemaligen obergermanischen Provinz. In Archäologisches Landesmuseum Baden-Württemberg und Badisches Landesmuseum Karlsruhe (ed.), *Imperium Romanum. Römer, Christen, Alamannen - Die Spätantike am Oberrhein.* Ausstellungskatalog. Konrad Theiss Verlag, Stuttgart, p. 251–262.

Sellier, D. 2017. Le dolmen de la Roche-aux-Fées à Essé (Ille-et-Vilaine) et son environnement géomorphologique : approche géoarchéologique. *Revue archéologique de l'Ouest* 34, p.23-47.

Soulages, P. 2002. Les statues-menhirs, des œuvres d'art. Pour une lecture esthétique des statues-menhirs. In A. Philippon (ed.), *Statues-Menhirs des énigmes de pierre venue du fond des âges.* Éditions de Rouergue, Rodez, p.18–20.

Sparfel, Y., Pailler, Y. (eds) 2009. *Les mégalithes de l'arrondissement de Brest. Inventare et essai de synthèse.* CeRAA et Institut culturel de Bretagne, Rennes.

Spatz, H. 1999. *Das mittelneolithische Gräberfeld von Trebur, Kreis Groß-Gerau.* Selbstverlag des Landesamtes für Denkmalpflege, Wiesbaden.

Tchérémissinoff, Y., Pellé, R., Remicourt, M., Schmitt, A., Sendra, B., Errera, M. 2012. La sépulture collective mégalithique de Cabrials (Béziers, Hérault). Une petite allée sépulcrale enterrée du début du Néolithique final. *Préhistoires Méditerranéennes* 3, p.1–147.

Thomas, J. 2020. The Lives of Monuments and Monumentalising Life. In A.B. Gebauer, L. Sørensen, A.M. Teather, A.C. de Valera (eds), *Monumentalising Life in the Neolithic: Narratives of Change and Continuity.* Oxbow Books, Oxford, p.287–297.

Tilley, C.Y. 2004. *The Materiality of Stone: Explorations in Landscape Phenomenology.* Berg, Oxford.

Voruz, J.-L. 1992. Hommes et dieux du Néolithique. Les statues-menhirs d'Yverdon. *Jahrbuch der Schweizerischen Gesellschaft für Ur- und Frühgeschichte* 75, p.37–64.

Yates, D., Bradley, R. 2010. The Siting of Metalworking Hoards in the Bronze Age of South-East England. *The Antiquaries Journal* 90, p.41–72.

Zhilin, M., Savchenko, S., Hansen, S., Heussner, K.-U., Terberger, T. 2018. Early art in the Urals: new research on the wooden sculpture from Shigir. *Antiquity* 92, p.334–350.